高等学校"十二五"规划教材

上海市精品课程配套教材
上海市教育高地建设项目

数据库原理及应用学习与实践指导（SQL Server 2012）

贾铁军 主编
沈学东 胡 静 连志刚 副主编
陈国秦 宋少婷 王 坚 编著

電子工業出版社
Publishing House of Electronics Industry
北京 • BEIJING

内 容 简 介

主要特色：上海市精品课程“数据库原理及应用”的配套教材。主要突出实用、特色、新颖、操作性、新技术、新应用、新案例、实用性强等特点。

主要内容：结合最新的 SQL Server 2012 技术及应用，重点介绍数据库基本原理、新技术、新应用相关知识的学习与实践指导，以及习题与模拟测试等。第 1 篇为知识要点与学习指导，概要介绍数据库基础知识、SQL Server 2012 新功能特点、数据操作、T-SQL 应用编程、数据库安全与完整性、数据库应用系统设计、数据库新技术等；第 2 篇为实验与课程设计指导，较详尽地介绍数据库应用同步实验指导和课程设计指导等内容；第 3 篇为习题与模拟测试，包括相关的练习与实践习题、复习及模拟测试试卷。附录提供了部分解答等。

配套资源：由华信教育资源网（www.hxedu.com.cn）提供实验及课程设计部分的多媒体课件。通过精品课程网站（jiatj.sdju.edu.cn）提供动画视频、应用程序、教案等资源。同时，提供教学大纲、典型案例、学习与交流样例、实验及课程设计指导、习题与实践练习、复习与自测系统及试卷和答案等。

本书可作为高校计算机类、电气及信息类、电子商务类和管理类等专业本科生，以及高职院校相关课程的辅助教材，亦可单独使用。同时，也可作为培训及其他参考用书。

图书在版编目（CIP）数据

数据库原理及应用学习与实践指导：SQL Server 2012/贾铁军主编. —北京：电子工业出版社，2013.6
ISBN 978-7-121-20295-7

Ⅰ. ①数… Ⅱ. ①贾… Ⅲ. ①关系数据库系统－高等学校－教学参考资料 Ⅳ. ①TP311.138

中国版本图书馆 CIP 数据核字（2013）第 091368 号

策划编辑：路 璐
责任编辑：李秦华
印　　刷：北京中新伟业印刷有限公司
装　　订：北京中新伟业印刷有限公司
出版发行：电子工业出版社
北京市海淀区万寿路 173 信箱 邮编 100036
开　　本：787×1092 1/16 印张：19.25 字数：488 千字
印　　次：2013 年 6 月第 1 次印刷
定　　价：37.50 元

凡所购买电子工业出版社图书有缺损问题，请向购买书店调换。若书店售缺，请与本社发行部联系，联系及邮购电话：（010）88254888。

质量投诉请发邮件至 zlts@phei.com.cn，盗版侵权举报请发邮件至 dbqq@phei.com.cn。

服务热线：（010）88258888。

前　言

数据库技术与计算机网络、人工智能一起被称为计算机三大热门技术，是现代信息化建设与管理的强有力工具。数据库技术是计算机技术中发展最快捷、应用最广泛的一项技术，已经成为各类计算机信息系统进行数据处理的核心技术和重要基础。数据库技术是数据处理与管理的高新技术，是计算机科学的重要分支。

进入21世纪以来，信息技术的快速发展为现代信息化社会带来了深刻的变革。信息、物资和能源已经成为人类赖以生存和发展的重要保障，数据已经日益成为重要信息资源和新拓展“能源”，数据处理与管理已经广泛应用于各个领域和各种业务，数据库技术及应用已经遍布各行各业的各个层面：电子商务系统、网络银行、管理信息系统、企业资源计划、供应链管理系统、客户关系管理系统、决策支持系统、数据挖掘信息系统等，这些都离不开数据库技术强有力的支持，数据库技术具有广阔的发展和应用前景。

SQL Server 2012是微软公司21世纪初具有重要意义的数据库新产品。作为新一代的数据平台，其数据管理能力强大，全面支持云技术与多种系统，可快速构建相应的解决方案实现私有云与公有云之间数据的扩展与应用的迁移。它提供了对企业基础架构最高级别的支持——专门针对关键业务应用的多种功能与解决方案，亦可以提供高级别的可用性及性能。在业界领先的商业智能领域，提供了更多更全面的功能以满足不同人群对数据信息的需求，包括支持来自于不同网络环境的数据的交互和全面自助分析等创新功能。SQL Server 2012在企业级支持、商业智能应用、管理开发效率等方面具有显著功能，是集数据管理与商业智能分析于一体的新式数据管理与分析平台，并具有完整的关系数据库创建、管理、设计和开发功能。

本书作者长期从事计算机相关专业的教学与科研工作，不仅积累了丰富的教学经验，而且还有多年数据库应用系统的研发设计经历。本书是2012年上海市精品课程“数据库原理及应用”的特色配套教材和“校企-校校合作的新成果”，特奉献给广大师生教学和交流。

本书分3篇共14章，重点结合最新的SQL Server 2012，主要介绍与数据库的基本原理、新技术、新应用和新方法有关的学习与实践指导，以及练习题与模拟测试等。**主要内容**包括：第一篇为知识要点与学习指导，主要概述数据库基础知识、关系数据库基本理论、SQL Server 2012新功能、常用的数据库与表操作、查询等数据操作、视图及索引、T-SQL应用编程、存储过程及触发器、数据库安全与完整性、备份与恢复技术、数据库应用系统设计、数据库新技术等相关知识要点与学习指导；第二篇为实验与课程设计指导，主要介绍数据库应用实验指导和课程设计指导等具体内容；第三篇为习题与模拟测试，主要包括数据库基础知识、数据库操作、数据库开发与应用等相关的习题、复习及模拟试卷测试，附录提供了部分解答等。书中带“*”部分为选学内容。

主要突出“实用、特色、新颖、操作性”，旨在重点介绍数据库的最新成果、基本原理、新技术、新方法和实际应用相关知识的学习要点和实践指导。其**特点**是：

1．内容先进，结构新颖。吸收了国内外大量的新知识、新技术和新方法。注重科学性、先进性、操作性。图文并茂、学以致用、有助于自主学习。每章配有“教学目标”和案例等。

2．坚持“实用、特色、规范”原则。突出实用及素质能力培养，增加典型案例和同步学习与实验指导，在内容安排上将理论知识与实际应用有机结合。

3．资源配套，便于教学。师生在教学过程中可使用华信教育资源网（www.hxedu.com.cn）和精品课程网站（jiatj.sdju.edu.cn）提供丰富的教学资源，包括动画视频、应用程序代码、多媒体课件、教案等资源，以及教学大纲、典型案例、学习与交流样例、实验及课程设计指导、习题与实践练习、复习与自测系统及试卷和答案等教学共享资源。

本书由上海市精品课程“数据库原理及应用”负责人贾铁军教授任主编、统稿，并编写第 1 章、第 3 章、第 5 章、第 6 章、第 9 章、第 13 章和第 14 章，上海电机学院沈学东副教授任副主编并编写第 8 章和第 11 章，胡静副教授任副主编并编写第 7 章，连志刚副教授任副主编，并编写第 10 章，陈国秦编写第 4 章，宋少婷（大连信源网络有限公司）编写第 2 章，王坚（辽宁对外经贸学院）编写第 12 章，邹佳芹女士完成了部分习题解答和实验部分的课件制作，并对全书的文字、图表进行了校对编排及查阅资料。邹飞和于淼参加本书编写大纲的讨论、审校等工作。

非常感谢电子工业出版社为本书的编写与出版提供了重要的帮助和指导意见。同时，感谢对本书编写给予大力支持和帮助的院校及企业的领导和同人。在编写过程中参阅大量的重要文献资料难以完全准确注明，在此深表诚挚谢意！

由于内容庞杂、技术更新迅速、时间仓促及水平有限，书中难免存在不妥之处，敬请见谅！欢迎提出宝贵意见和建议，联系邮箱：jiatj@163.com。

2013 年 7 月于上海

目　录

第1篇　知识要点与学习指导

第 2 篇 实验与课程设计指导

第 3 篇 习题与模拟测试

第 1 篇

知识要点与学习指导

第1章 数据库概述

为了更好地学习“数据库原理及应用”课程的基础知识、基本技术和基本方法，提高自主学习能力和学习效率，并将所学到的数据库知识、技术、方法和内容的体系结构进行系统化。同时，便于更好地进行系统复习、总结和深化提高，有利于提高素质和能力，特此对相关知识要点与学习指导分析概述。

重点	数据、数据管理和数据库的基本概念、数据库技术特点、数据库系统的组成及数据库的体系结构
难点	数据库系统的组成及数据库的体系结构 概念模型与数据模型
关键	数据、数据管理和数据库的基本概念
教学目标	熟悉数据、数据管理和数据库的基本概念 掌握数据库技术特点、应用及发展趋势 了解数据库系统的组成及数据库的体系结构 掌握 DBMS 的工作模式、主要功能和组成 理解概念模型与数据模型

1.1 数据库的概念

1.1.1 学习要求

（1）熟悉信息与数据的概念及区别。

（2）掌握数据库、数据处理与数据库管理系统的概念。

（3）掌握数据库技术的特点及应用。

1.1.2 知识要点

1. 信息和数据的概念

1）信息的概念

信息（Information）是人们对客观事物状态和特征的反映，是人们对现实事物的状态和特征的描述，是进行决策的重要依据。

信息是各种客观事物的存在方式、运动形态、具体特征及其之间的相互联系等要素在人脑中的反映，通过人脑的抽象后形成的概念及描述。

2）数据的概念

数据（Data）是信息的表达方式和载体，是人们描述客观事物及其活动的抽象表示，是描述事物的符号记录，是利用信息技术进行采集、处理、存储和传输的基本对象。数据的概念包括描述事物特性的数据内容和存储在某一种媒体上的数据形式。

注意：数据的概念包括两方面含义：一是数据的内容为信息；二是数据的表现形式为符号。数据通常分为数值数据和非数值数据两大类，如数字、文字、符号、图形、表格、图像、声音、录像、视频等。数据是数据库中存储与管理的基本对象。

数据库中的数据具有两个特性：整体性和共享性。

3）信息与数据的区别

数据是信息的具体表示形式和载体，信息反映数据的含义。数据是数据库管理的基本内容和基本对象，是信息的一种符号化表示方法，采用一定的符号表示信息，而具体用哪种形式的符号及表示方式，则是人为规定的。信息来源于数据，数据是信息的具体表现形式，信息以数据的形式存储、管理、传输和处理，数据经过处理后可得到更多有价值的信息。信息是观念性的，数据是物理性的。信息可用数据的不同形式来表示，数据的表示方式可以选择，而信息不随数据表现形式而改变。

2．数据库与数据库管理系统

1）数据处理与管理

数据处理（Data Processing）是对数据进行加工的过程。在这一过程中，对数据进行的查询、分类、修改、变换、运算、统计、汇总等都属于加工，其目的是根据需要，从大量的数据中抽取出有意义、有价值的数据（信息）作为决策和行动的依据，其实质是信息处理。

数据管理（Data Management）是对原有基本数据进行管理的，在数据处理过程中，数据收集、存储、检索、分类、传输等基本环节统称为数据管理。

注意：数据处理与数据管理的区别：狭义上一般使数据发生较大根本性变化的数据加工称为数据处理，如汇总，而广义上时常不加区别地统称为数据处理。

2）数据库与数据库系统

数据库（DataBase，DB）是存储在计算机上的结构化的相关数据集合，可理解为“按一定结构存管数据的仓库”，是在计算机内的、有组织（结构）的、可共享、长期存储的数据集合。数据库中的数据可按一定的数据模型（结构）进行组织、描述和存储，具有较高的数据独立性和易扩展性及较小的冗余度，并可共享。数据库还具有集成性、共享性、海量性和持久性等特点。数据库技术主要用于根据用户需求自动处理、管理和控制大量业务数据。

数据库系统（DataBase System，DBS）是具有数据库功能特点的计算机系统，是实现有组织的、动态的存储大量关联数据、方便多用户访问的计算机软硬件和数据资源组成的系统。其主要特性为：实现数据共享，减少数据冗余度；保持数据一致性和数据独立性；提高系统的安全保密性，并发控制及故障恢复。

3）数据库管理系统

数据库管理系统（DataBase Management System，DBMS）是建立、运用、管理和维护数据库，并对数据进行统一管理和控制的软件。数据库管理系统便于用户定义和操纵数据，并保证数据的安全性、完整性，以及多用户对数据同时并行使用及发生意外时的数据库恢复等。DBMS 是整个数据库系统的**核心**，对数据库中的各种数据进行统一管理、控制和共享。DBMS 的功能和结构将在 1.5 节中介绍。常见的大型关系型 DBMS，有微软的 SQL Server、IBM 的 DB2、Oracle、Sybase、Informix 等，桌面单机或小型 DBMS 有 FoxPro、Access 等。

3．数据库技术的特点及应用

1）数据库技术的主要特点

（1）数据高度集成

（2）数据广泛共享

（3）数据独立冗余低

（4）实施统一的数据标准

（5）控制数据的安全性和完整性

（6）保证数据一致性

（7）应用程序开发与维护效率高

2）数据库技术应用

随着 IT 技术的快速发展，数据库技术的应用从数据处理与管理扩展到计算机辅助设计、人工智能、决策支持系统和计算机网络应用等新领域。在 21 世纪现代信息化社会，由于信息（数据）无处不在，所以数据库技术的应用非常广泛深入，已经遍布各个领域、行业、业务部门和各个层面。网络数据库系统及数据库应用软件已成为信息化建设和应用中的重要支撑性软件产业，并已得到广泛应用。

【案例 1-1】数据库技术应用行业实例。

销售业、金融业、制造业、电信业、航空业、教育系统等。

数据库技术是数据管理的最新技术，新的应用领域包括：多媒体数据库、空间（云）数据库、移动数据库、信息检索系统、决策支持系统等。

1.2 数据库技术的发展

1.2.1 学习要求

（1）了解数据库技术发展的 4 个阶段及特点。

（2）了解数据库技术的主要发展趋势。

1.2.2 知识要点

1．人工管理阶段

1946 年开始以电子管为主要元器件，主要依靠硬件系统，工作效率极低，只能计算并输入输出很少的数据。人工管理数据的特点包括：

（1）计算机不存储数据；

（2）数据面向应用；

（3）数据不独立；

（4）无数据文件处理软件。

2．文件管理阶段

从 20 世纪 50 年代中期到 60 年代中期，计算机以晶体管取代了运算器和控制器中的电子管，出现了操作系统、汇编语言和一些高级语言。这个阶段的计算机不仅限于科学计算，还大量用于管理等，在操作系统中有专门的数据管理软件，称为**文件系统**。

1）文件系统管理数据的特点

（1）数据可长期保存。
（2）数据共享性差。
（3）数据的独立性弱。
（4）具有简单的数据管理功能。

2）文件系统的不足

文件系统的缺陷主要表现为：数据冗余大、数据不一致、数据联系弱。

3．数据库管理阶段

20 世纪 60 年代中期以来，CPU 向超大规模集成电路发展，操作系统得到了发展，而且各种 DBMS 软件不断涌现，使得数据库管理技术不断发展和完善，成为计算机领域中最具影响力和发展潜力、应用范围广、成果显著的技术之一，形成了"数据库时代"。此阶段的主要特点包括：

（1）数据的集成性强；
（2）数据高度共享冗余低；
（3）数据独立性高；
（4）数据统一进行管理和控制。

4．高级数据库管理阶段

20 世纪 80 年代以后，数据库技术在商业领域取得巨大成功，激发了其他领域对其需求的快速增长，开辟了新的应用领域。

1）分布式数据库技术

具有 5 个**主要特点**：

（1）大部分数据在本地进行分布处理，提高了系统处理效率和可靠性。数据复制技术是分布式数据库的重要技术。
（2）解决了中心数据库的不足，减少了数据传输代价。
（3）提高系统的可靠性，局部系统发生故障，其他部分仍可继续工作。
（4）各地终端由数据通信网络相连。
（5）数据库位置透明，方便系统扩充。

分布式数据库系统兼顾集中管理和分布处理两项任务。

2）面向对象数据库技术

主要具有两个**特点**：

（1）对象数据模型能完整地描述现实世界的数据结构，并能表达数据间的嵌套和递归等。
（2）具有面向对象技术的封装性（数据与操作定义一起）和继承性（继承数据结构和操作）的特点，提高了软件的可重用性。

3）面向应用领域的数据库技术

为了适应应用多元化的需求，结合各应用领域的特点，将数据库技术应用到特定领域，从而产生了工程数据库、地理数据库、统计数据库、科学数据库、空间数据库等多种数据库。同时，也出现了数据仓库和数据挖掘等技术，数据库领域中的新技术不断涌现。

最新的 SQL Server 2012 是一个实现了为“云”做好准备的信息平台。

***5．数据库技术的发展趋势**

（1）混合数据快速发展。

（2）数据集成与数据仓库倾向内容管理。

（3）主数据管理。

（4）数据仓库将向内容展现和战术性分析方面发展。

（5）基于网络的自动化管理。

（6）PHP 将促进数据库产品应用。

（7）数据库将与业务语义的数据内容融合。

1.3 数据库系统的构成

1.3.1 学习要求

（1）理解数据库系统的构成及数据库管理员职责。

（2）掌握数据库系统的结构类型。

1.3.2 知识要点

1．数据库系统的构成

数据库系统是一个采用了数据库技术的计算机系统，是按照数据库方式存储、管理、维护并可提供数据支持的系统。一个典型的数据库系统包括数据库、硬件、软件（应用程序）和数据库管理员（DBA）4 个部分，如图 1-1 所示。

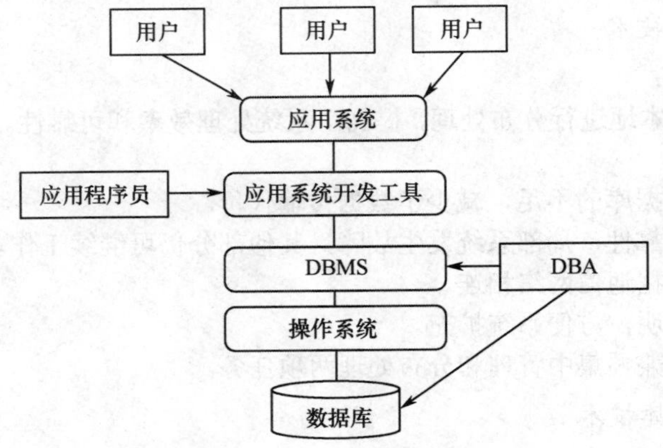

图 1-1 数据库系统的构成

用户（User）是指使用数据库的人员。用户可分为终端用户、应用程序员和数据库管理员。终端用户（End User）是指在终端按权限使用数据库的各类人员。应用程序员（Application Programmer）负责为终端用户设计和编制数据库应用程序，以便终端用户对数据库进行操作。

数据库管理员（DataBase Administrator，DBA）是数据库所属机构的专职管理员。DBA 的主要职责为：

（1）参与数据库分析设计或引进的整个过程，决定数据库的结构和数据内容。

（2）定义数据的安全性和完整性，负责分配用户对数据库的使用权限和口令管理。

（3）监督控制数据库的使用和运行，改进和重新构造数据库系统。当数据库受到意外破坏时，负责进行恢复；当数据库的结构需要改变时，负责对其结构的修改。

现代数据管理的主要方式是将数据库作为数据库系统的中心。

2．数据库系统的结构类型

1）集中式系统

集中式（Centralized）结构是指一台主机带有多个用户终端的数据库系统。终端一般只是主机的扩展（如显示屏），并非独立的计算机。终端本身并不能完成任何操作，完全依赖主机完成所有的操作。

2）客户机/服务器系统

在**客户机/服务器**（Client/Server，C/S）结构中，将计算机应用任务分解成多个子任务，由多台计算机分工完成，即采用"功能分布"原则。客户端完成数据处理、数据表示和用户接口功能，服务器端完成 DBMS 的核心功能。新型计算机应用模式，如图 1-2 所示。

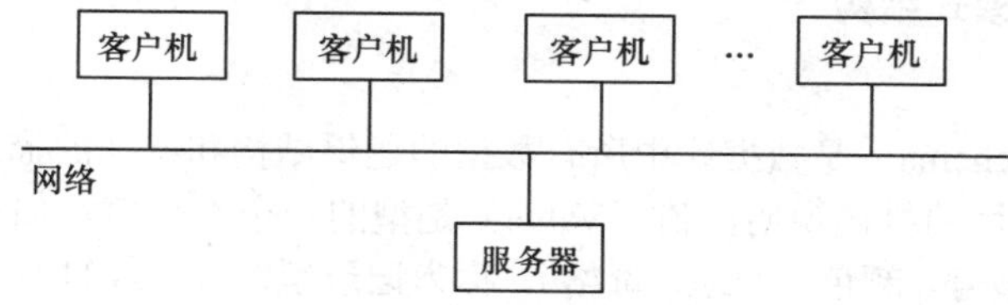

图 1-2　C/S 系统的一般结构

注意：三层结构的 C/S 体系结构比二层结构增加一个应用服务器层，其优点主要包括：整个系统被分成不同的逻辑块，层次清晰，一层的改动不会影响其他层次，可减轻客户机的负担；开发和管理工作向服务器端转移，使得分布的数据处理成为可能，管理和维护变得相对简单。

3）分布式系统

分布式（Distributed）数据库的数据具有"逻辑整体性"：分布在各地（结点）的数据逻辑上是一个整体，由计算机网络、数据库和多个结点构成，用户使用起来如同一个集中式数据库，这是与分散式数据库的区别。分布在不同地域的大型银行和企业等，采用的就是这种数据库。分布式数据库系统结构如图 1-3 所示。

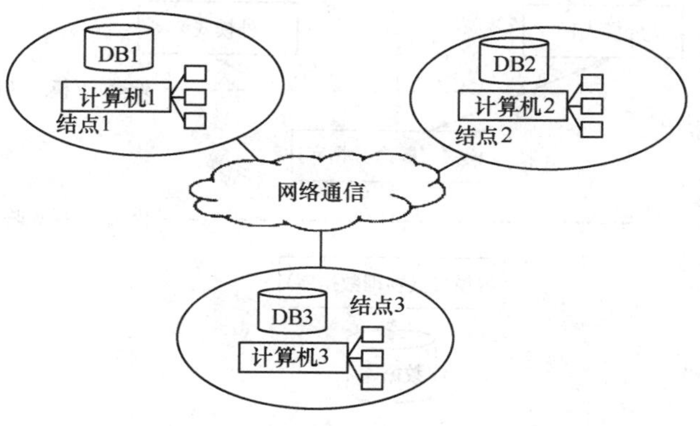

图 1-3　分布式数据库系统结构

4）并行式系统

并行式（Parallel）计算机系统使用多个 CPU 和多个磁盘进行并行操作，提高数据处理和 I/O 速度。并行处理时，许多操作同时进行，而不是采用分时的方法。

并行 DBS 有两个重要的性能指标：

（1）吞吐量；

（2）响应时间。

1.4 数据库的模式结构

1.4.1 学习要求

（1）掌握数据库的三级模式结构及优点。

（2）理解数据库的二级映像。

1.4.2 知识要点

1．数据库的三级模式结构

1）数据模式

数据模式（Data Schema）是数据库中所有数据的逻辑结构和特征的描述。型（Type）是对某一类数据的结构和属性的描述说明，值（Value）是型的一个具体值。如货物记录定义为（货物编号，名称，种类，型号，颜色，产地，价格），称为**记录型**，而（K01101，服装，西服，XXL，黑色，上海，2800）则是该记录型的一个记录值。

模式只涉及型的描述，而不涉及具体的值。某数据模式下的一组具体的数据值称为数据模式的一个实例（Instance）。

2）数据库的三级模式结构

数据库系统的三级模式结构，从逻辑上主要是指数据库系统由内模式、模式（概念模式）和外模式三级构成，且在这三级模式之间还提供了外模式/模式映像、模式/内模式映像，分别反映了看待数据库的三个角度。三级模式结构如图 1-4 所示。

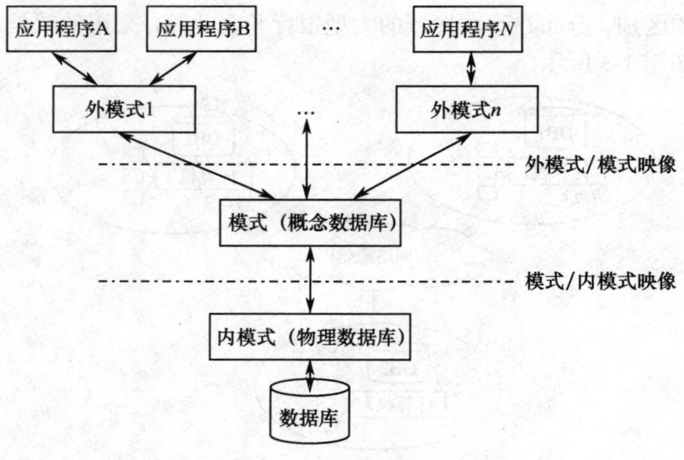

图 1-4　数据库系统的三级体系结构

（1）内模式（Internal Schema）也称内视图或存储模式（Storage Schema），是三级模式结构中的最内层，是靠近物理存储的一层，即与实际存储的数据方式有关的一层，是数据在数据库内部的表示方式，详细描述了数据复杂的物理结构和存储方式，由多个存储记录组成，不必关心具体的存储位置。

（2）模式（Schema）也称逻辑模式（Logic Schema）、概念模式（Conceptual Schema）或概念视图，是数据库中所有数据的逻辑结构和特征的描述。

（3）外模式（External Schema）也称子模式（Subschema）或用户模式、外视图，用于描述数据库数据的局部逻辑结构和特征。

（4）三级模式结构的优点。

① 三级模式结构是数据库系统最本质的系统结构。

② 数据共享。

③ 简化用户接口。

④ 数据安全。

2．数据库的二级映像

数据的独立性由 DBMS 的二级映像功能实现，一般分为物理独立性和逻辑独立性两种。物理独立性是指数据的物理结构（包括存储结构、存取方式等）的改变，如更换存储设备或物理存储、改变存取方式等都不影响数据库的逻辑结构，从而不引起应用程序的改变。逻辑独立性是指数据的总体逻辑结构改变时，如修改数据模式、改变数据间的联系等，不需要修改相应的应用程序。

1）外模式/模式映像

模式/内模式映像位于概念级和内部级之间，用于定义概念模式和内模式之间的对应性。外模式描述数据的局部逻辑结构，模式描述数据的全局逻辑结构。数据库中的同一模式可以有任意多个外模式，对于每一个外模式，都存在一个外模式/模式映像。

2）模式/内模式映像

外模式/模式映像介于外部级和概念级之间，用于定义外模式和概念模式之间的对应性。数据库中的模式和内模式都只有一个，所以模式/内模式映像是唯一的。模式/内模式映像确定了数据的全局逻辑结构与存储结构之间的对应关系。

1.5 数据库管理系统

1.5.1 学习要求

（1）理解 DBMS 的工作模式和访问数据库的过程。

（2）熟悉 DBMS 的主要功能和工作机制。

（3）了解 DBMS 的模块组成。

1.5.2 知识要点

1．DBMS 的工作模式

数据库管理系统（DBMS）是对数据库及其数据进行统一管理控制的软件系统。是数据库系统的**核心和关键**的组成部分，用于统一管理控制数据库系统中的各种操作，包括数据定义、查询、更新及各种管理与控制，都是通过 DBMS 进行的。DBMS 的查询操作工作示意图如图 1-5 所示。

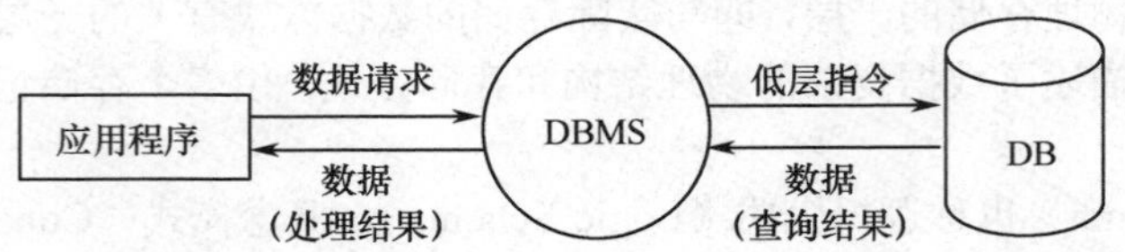

图 1-5　DBMS 的查询工作示意图

DBMS 的查询操作工作模式如下：

（1）接收用户通过应用程序的查询数据请求和处理请求。

（2）将用户的查询数据请求转换成复杂的机器代码。

（3）实现对数据库的操作。

（4）从对数据库的操作中接收查询结果。

（5）对查询结果进行处理。

（6）将处理结果返回给用户。

【案例 1-2】为了对数据库系统工作有整体的概念，现以查询为例，概述访问数据库的主要步骤，其过程如图 1-6 所示。

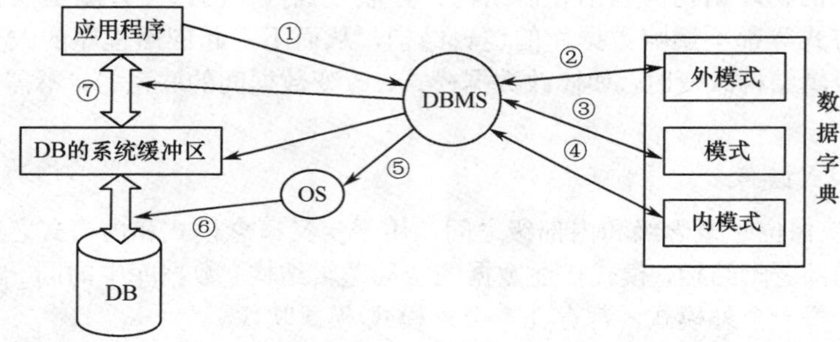

图 1-6　用户访问数据的过程

（1）当用户执行应用程序中一条查询数据库的记录时，就会向 DBMS 发出读取相应记录的命令，并指明外模式名。

（2）DBMS 接到命令后，调出所需的外模式，并进行权限检查；若合法，则继续执行，否则向应用程序返回出错信息。

（3）DBMS 访问模式，并根据外模式/模式映像，确定所需数据在模式上的有关信息（逻辑记录型）。

（4）DBMS 访问内模式，并根据模式/模式映像，确定所需数据在内模式上的有关信息（读取的物理记录及存取方面）。

（5）DBMS 向操作系统发出读相应数据的记录（读取记录）。

（6）操作系统执行读命令，将有关数据从外存调入到系统缓冲区上。

（7）DBMS 将数据按外模式的形式送入用户工作区，返回正常执行的信息。

由此可见，DBMS 是数据库系统的核心，且借助操作系统对数据进行协同管理和控制。

2．DBMS 的主要功能和机制

1）DBMS 的主要功能

（1）数据定义功能。

(2) 数据操作功能。
(3) 事务与运行管理。
(4) 组织、管理和存储数据。
(5) 数据库的建立和维护功能。
(6) 其他功能。

2）DBMS 的工作机制

DBMS 的**工作机制**是将用户对数据的操作转化为对系统存储文件的操作，有效地实现数据库三级模式结构之间的转化。数据库管理系统的主要职能有数据库的定义和建立、数据库的操作、数据库的控制、数据库的维护、故障恢复和数据通信。

3. DBMS 的模块组成

按程序实现的功能可分为以下 4 部分：
(1) 语言编译处理程序；
(2) 系统运行控制程序；
(3) 系统建立与维护程序；
(4) 数据字典。

按照模块结构分，可将 DBMS 分成查询处理器和存储管理器两大部分。其中，查询处理器有 4 个主要成分：DDL 编译器、DML 编译器、嵌入式 DML 的预编译器及查询运行核心程序。存储管理器有 4 个主要成分：权限和完整性管理器、事务管理器、文件管理器及缓冲区管理器。

1.6 数据模型

1.6.1 学习要求

(1) 掌握数据模型的概念、类型和组成要素。
(2) 熟悉概念模型和关系模型的特点及应用。
(3) 理解层次模型、网状模型、面向对象模型。

1.6.2 知识要点

1. 数据模型的概念和类型

1）数据模型的基本概念

数据从现实世界进入到数据库经历了几个阶段。一般分为三个阶段，即现实世界阶段、信息世界阶段和机器世界阶段，也称为数据的三个范畴。其关系如图 1-7 所示。

(1) 现实世界。现实世界是客观存在的事物及联系。

(2) 信息世界。信息世界是对现实世界的认识和抽象描述，按用户的观点对数据和信息进行建模（概念模型——实体与联系）。

(3) 机器世界。机器世界是建立在计算机上的数据模型，以计算机系统的观点进行数据建模（数据模型）。

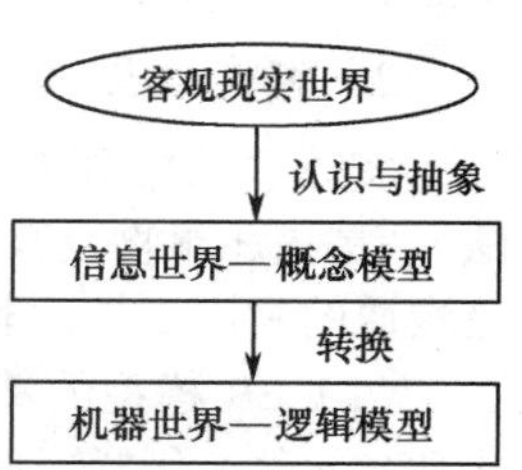

图 1-7 模型的抽象

数据模型（Data Model）是一种表示数据特征的抽象模型，是数据处理的**关键和基础**。专门用于抽象、表示和处理现实世界中数据（信息）的工具，DBMS 的实现都是建立在某种数据模型基础上的。数据模型通常由数据结构、数据操作和完整性约束（数据的约束条件）三个基本部分组成，称为数据模型的**三要素**。

2）数据模型的类型

根据模型的不同应用，可将模型分为两类。

（1）概念模型。概念模型也称信息模型，位于客观现实世界与机器世界之间。只是用于描述某个特定机构所关心的数据结构，实现数据在计算机中表示的转换，是一种独立于计算机系统的数据模型。

（2）逻辑（结构）模型。包括网状模型、层次模型和关系模型等，是以计算机系统的观点对数据建模，是直接面向数据库的逻辑结构，是对客观现实世界的第二层抽象。这类模型直接与DBMS有关，称为逻辑数据模型，简称逻辑模型，又称结构模型。

2．概念模型

1）概念模型的基本概念

（1）实体。实体（Entity）是现实世界中可以相互区别的事物或活动。如一个文件、一项活动等。实体集（Entityset）是同一类实体的集合。如一个班级的全部课程、一个图书馆的全部藏书、一年中的所有会议等都是相应的实体集。实体型（Entitytype）是对同类实体的共有特征的抽象定义。实体值（Entityvalue）是符合实体型定义的、对一个实体的具体描述。

注意： 实体、实体集、实体型、实体值等概念有时很难区分，在以后叙述中经常统称为实体，可根据上下文知其具体含义。

（2）联系。联系（Relationship）是指实体之间的相互关系，通常表示一种活动。

联系集（Relationshipset）是同一类联系的集合。联系型（Relationshiptype）是对同类联系的共有特征的抽象定义。

（3）属性、键和域。属性（Attribute）是描述实体或联系中的一种特征（性），一个实体或联系通常具有多个（项）特征，需要多个相应属性来描述。实体选择的属性由实际应用需要决定，并非一成不变。

键（Key）或称码、关键字、关键码等，是区别实体的唯一标识。如学号、身份证号、工号、电话号码等。实体中用于键的属性称为主属性（Mainattribute），否则称为非主属性（Nonmainattribute）。如在职工实体中，职工号为主属性，其余为非主属性。

域（Domain）是实体中相应属性的取值范围。如性别属性域为（男，女）。

（4）联系分类有三种。

联系分类（Rrelationship classify）指两个实体型（含联系型在内）之间的联系的类别。

① 1对1联系。简记为1∶1。

② 1对多联系。简记为1∶n。

③ 多对多联系。简记为m∶n。

2）概念模型及其表示方法

实体联系模型（Eentity relationship model）也称**ER**模型或ER图（E-R模型或实体-联系方法），是描述事物及其联系的概念模型，是数据库应用系统设计者与普通用户进行数据建模和交流沟通的常用工具，非常直观易懂、简单易用。

（1）ER模型的基本构件。ER模型是一种用图形表示数据及其联系的方法，所使用的图形构件（元件）包括矩形、菱形、椭圆形和连接线。矩形表示实体，矩形框内写上实体名；菱形表示联系，菱形框内写上联系名；椭圆形表示属性，椭圆形框内写上属性名；连接线表示实体、联系与属性之间的所属关系或实体与联系之间的相连关系。

（2）各种联系的 ER 图表示。实体之间的三种联系包括：1 对 1、1 对多和多对多，对应的 ER 图如图 1-8 所示，其中每个实体或联系暂时没画出相应的属性框和连线。

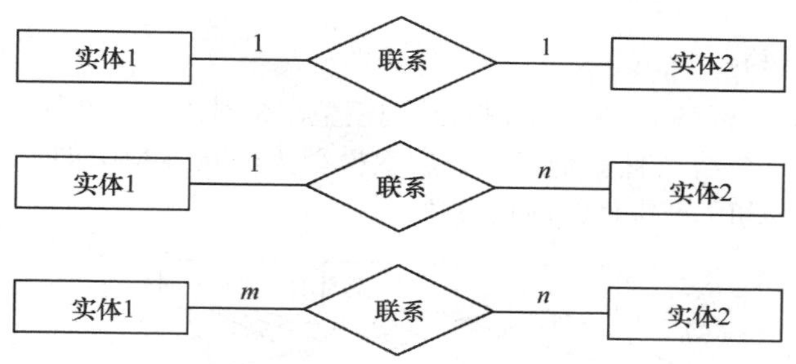

图 1-8　三种联系的 ER 图

3．数据模型的组成要素

数据模型通常由数据结构、数据操作和完整性约束三要素组成。

1）数据结构

对于各种数据模型都规定了一种数据结构，即信息世界中的实体和实体之间联系的表示方法。数据结构描述了系统的静态特性，是数据模型本质的内容。数据结构是所研究的对象类型的集合。其对象是数据库的组成部分，包括两类，一类是与数据类型、内容、性质有关的对象；另一类是与数据之间联系有关的对象。

2）数据操作

数据操作描述了系统的动态特性，是对于数据库中的各种对象（型）的实例（值）允许执行的操作的集合，包括操作及有关的操作规则。对数据库的操作主要有数据维护和数据检索两大类，是数据模型都必须规定的操作，包括操作符、含义和规则等。

3）数据的约束条件

数据的约束条件是一组完整性规则的集合。完整性规则是给定的数据模型中的数据及其联系所具有的制约和依存规则（条件和要求），用于限定符合数据模型的数据库状态及状态的变化，以保证数据的正确、相容和有效。

4．层次模型

数据库的逻辑模型又称数据库的**结构数据模型**，简称**数据模型**。

1）层次模型的结构

层次模型（Hierarchical model）是一个树状结构模型，有且只有一个根结点，其余结点为其子孙；每个结点（除根结点外）只能有一个父结点（也称双亲结点），却可以有一个或多个子结点，当然也允许无子结点被称为叶；每个结点对应一个记录型，即对应概念模型中的一个实体型，每对结点的父子联系隐含为 1 对多（含 1 对 1）联系，如图 1-9 所示。

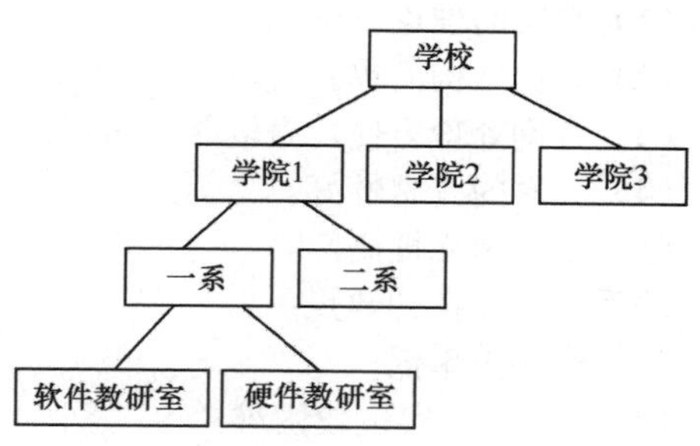

图 1-9　学校组织结构的层次模型

2）层次模型的特点

在此类数据库系统中，要定义和保存每个结点的记录型及其所有值和每个父子联系。

5．网状模型

1）网状模型的结构

网状模型（Network model）是一个网状结构模型，是对层次模型的扩展，允许有多个结点无双亲，同时也允许一个结点有多个双亲。层次模型为网状模型中的一种最简单的情况，如图 1-10 所示为几个工厂和生产零件的网状模型。

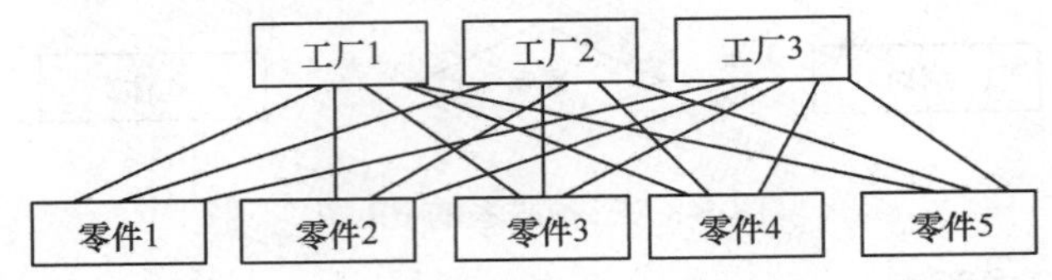

图 1-10　网状模型示例

2）网状模型的特点

网状模型也有型和值的区别。型是抽象的、静态的、相对稳定不变的；值是具体的、动态的且需要经常变化的。由于经常需要对数据库中的业务数据（值）进行插入、删除和修改等实际操作，改变具体实际的数据值；而逻辑数据结构模型一经建立后一般不会被轻易修改。

6．关系模型

1）关系模型的定义

关系模型（Relational model）是一种简单的二维表结构，概念模型中的每个实体和实体之间的联系都可以直接转换为对应的二维表形式。每个二维表称为一个关系，一个二维表的表头称为关系的型（结构），其表体（内容）称为关系的值。关系中的每一行数据（记录）称为一个元组，其列数据称为属性，列标题称为属性名。

2）关系型的关系定义

为了区别于一般保存数据的关系，将保存关系定义的关系称为该数据库的元关系、元数据、系统数据、数据字典等，其提供了数据库中所有关系的模式（即关系的型）。元关系是在用户建立数据库应用系统时，由 DBMS 根据该数据库中每个关系的模式自动定义的。

3）关系模型中的查询和更新

4）关系模型的特点

（1）坚实的理论基础。
（2）数据结构简单。
（3）查询处理方便，存取路径清晰。
（4）关系的完整性好。
（5）数据独立性高。
关系模型存在的缺点：
（1）查询效率低；
（2）RDBMS 实现较困难。
关系模型用于 GIS 地理数据库也还存在一些不足：

（1）无法用递归和嵌套的方式来描述复杂关系的层次和网状结构，模拟和操作复杂地理对象的能力较弱。

（2）用关系模型描述本身具有复杂结构和含义的地理对象时，需对地理实体进行不自然的分解，导致存储模式、查询途径及操作等方面均显得语义不甚合理。

（3）由于概念模式和存储模式的相互独立性，及实现关系之间的联系需要执行系统开销较大的连接操作，运行效率不够高。

7. 面向对象模型

面向对象模型（Object-Oriented Model，OOM）是用面向对象观点描述实体的逻辑组织、对象间限制、联系等模型。共享同样属性和方法集的所有对象构成一个对象类，简称为类，而一个对象就是某一类的一个实例。

1）面向对象的概念

（1）基本概念。主要有对象、类、方法和消息。

① 对象。对象是含有数据和操作方法的独立实体，是数据和行为的统一体。一个对象具有的特征：以一个唯一的标识，表明其存在的独立性；以一组描述特征的属性，表明其在某一时刻的状态；以一组表示行为的操作方法，用于改变对象的状态。

② 类。具有同一属性和方法集的所有对象的集合构成类。

③ 消息。是对象进行操作的请求，是连接对象与外部世界的唯一通道。

④ 方法。是对象的所有操作方式，如对对象的数据进行操作的函数、指令和例程等。

（2）面向对象的基本思想。通过对问题领域进行自然的分割，以更接近人的思维方式建立问题领域模型，并进行结构和行为模拟，使设计的软件能尽可能直接表现出问题的求解过程。

2）面向对象的特性

面向对象方法的包括特性具有抽象性、封装性和多态性等。

（1）抽象性。抽象是对现实世界的简明表示。形成对象的关键是抽象，对象是抽象思维的结果。抽象思维是通过概念、判断、推理反映对象的本质，揭示对象内部联系的过程。

（2）封装性。封装是指将方法与数据放于同一对象中，以使对数据的操作只可通过该对象本身的方法来进行。

（3）多态性。多态是指同一消息被不同对象接收时，可解释为不同的含义。

4 种逻辑数据模型的比较，如表 1-1 所示。

表 1-1 逻辑数据模型的比较

	层次模型	网状模型	关系模型	面向对象模型
创 始	1968 年 IBM 公司的 IMS 系统	1969 年 CODASYL 的 DB TG 报告（1971 年通过）	1970 年 F.Codd 提出关系模型	20 世纪 80 年代
数据结构	复杂（树状结构）	复杂（有向图结构）	简单（二维表）	复杂（嵌套递归）
数据联系	通过指针	通过指针	通过表间的公共属性	通过对象标识
查询语言	过程性语言	过程性语言	非过程性语言	面向对象语言
典型产品	IMS	IDS/Ⅱ、IMAGE/3000 IDMS、TOTAL	Oracle、Sybase、DB2、SQL Server、Informix	ONTOS DB
盛行期	20 世纪 70 年代	70 年代至 80 年代中期	80 年代至现在	90 年代至现在

3）面向对象数据模型的核心技术

（1）分类。**类**是具有相同属性结构和操作方法的对象的集合，属于同一类的对象具有相同的属性结构和操作方法。分类是将一组具有相同属性结构和操作方法的对象归纳或映射为一个公共类的过程。对象和类的关系是“实例”（instance-of）的关系。

（2）概括。是将几个类中某些具有部分公共特征的属性和操作方法的抽象，形成一个更高层次、更具一般性的超类的过程。

（3）聚集。是将几个不同类的对象组合成一个更高级的复合对象的过程。

（4）联合。是将同一类对象中的几个具有部分相同属性值的对象进行组合（集成），形成一个更高水平的集合对象的过程。

4）面向对象数据模型的核心工具

（1）继承。是父类定义子类，再由子类定义其子类，一直定义下去的一种工具。包括单重继承和多重继承。

① 单重继承。可以构成树形层次，最高父类在顶部，最特殊的子类在底部，每一类可看做一个结点，两个结点的“即是”关系可以用父类结点指向子类结点的矢量来表示，矢量的方向表示从上到下、从一般到特殊的特点。

② 多重继承。允许子类有多于一个的直接父类的继承。

（2）传播。是一种作用于聚集和联合的工具，用于描述复合对象或集合对象对成员对象的依赖性并获得成员对象的属性的过程。

1.7 要点小结

本章概述上数据库的基本概念，并通过对数据管理技术发展的三个阶段的介绍，阐述了数据库技术产生和发展的背景，也说明了数据库系统的优点。

数据库具有实现数据高度集成、数据共享、减少数据冗余、保证数据一致性、实施统一的数据标准、控制数据安全性和完整性保障、实现数据的独立性、减少应用程序开发与维护工作量等特点。

数据模型，是数据库系统的核心和基础。本章介绍了组成数据模型的三个要素和概念模型。概念模型也称信息模型，用于信息世界的建模，E-R 模型是这类模型的典型代表，E-R 模型简单、清晰，应用十分广泛。

数据模型的发展经历了非关系化模型、关系模型，正在走向面向对象模型。

在数据库系统中，数据具有三级模式结构的特点，由外模式、模式及外模式/模式映像、模式/内模式映像组成。三级模式结构使数据库中的数据具有较高的逻辑独立性和物理独立性。一个数据库系统中只有一个模式和一个内模式，但有多个外模式。因此，模式/内模式映像是唯一的，而每一个外模式都有自己的外模式/模式映像。

第2章 关系数据库基础

关系数据库在实际业务中是最常用的数据库系统，其基础理论和基础知识为关系数据库技术及应用奠定了重要基础，对以后的学习和发展非常重要。

重点	关系模型及关系数据库的基本概念，关系的相关定义；关系的三类完整性约束的概念；关系运算
难点	关系运算及其用表达式查询的常用方法，以及关系代数中的各种运算
关键	关系模型及关系数据库的基本概念，关系的相关定义；关系运算
教学目标	掌握关系模型及关系数据库的基本概念 掌握关系模型的完整性规则 熟练掌握关系运算及其表达式查询的常用方法 了解关系演算和查询优化基本过程

2.1 关系模型概述

2.1.1 学习要求

（1）熟悉关系模型的有关概念及组成。

（2）掌握关系的定义、类型、性质和关系模式的表示。

（3）掌握将ER图转换成关系模式规则及方法。

2.1.2 知识要点

1．关系模型的有关概念

（1）关系。将相关数据按照一定条件组成的二维表，表示实体之间的联系。

（2）属性、元组和关系。在关系模型中，二维表（关系）的列称为属性。每个属性对应表中的一个字段（数据项），属性名对应字段名，属性值对应于各行的字段值。二维表的行称为元组（也称记录）。元组类型称为关系模式，元组的集合称为关系或实例（Instance）。

（3）域。是一组具有相同数据类型的值的集合。在关系中用域表示属性的取值范围。属性A的域用DOM（A）表示，域中所包含的值的个数称为**域的基数**（用m表示）。每一个属性对应一个域，不同的属性可对应于同一域。

（4）关系模型。是指以二维表结构表示实体集（关系），用键（可唯一标识元组的属性或属性组）表示实体间联系的数据模型。

关系模型由三要素**组成**：关系数据结构、关系操作集合和关系完整性约束。

（5）元数和基数。关系中属性个数称为元数（Arity），元组个数为基数（Cardinaity）。

（6）键。关键码（Key）简称**键**或**码**，在关系中由可标识元组（记录）的属性（列）或属性组构成，用于标识及调用元组（记录）的操作。

（7）超键。在关系中能唯一标识元组的属性或属性集。

（8）候选键。指不含有多余属性的超键。

（9）主键。是在候选键中选定的一个键，也称为该关系的**主关键字**或**关键字**。

（10）外键。外键（Foreign Key）指若在模式 *R* 中包含有另一个关系 *S* 的主键所对应的属性或属性组 *K*，则称 *K* 为 *R* 的外键（码）。

在关系数据模型中主键和外键提供了一种两个关系联系的桥梁。基本关系 *R* 称为参照关系，基本关系 *S* 称为被参照关系或目标关系。

说明：对于关系模型，需要做如下说明。

（1）关系 *R* 和 *S* 不一定是不同的关系。

（2）目标关系 *S* 的主键 *K* 和参照关系的外键 *F* 必须定义在同一个（或一组）域上。

（3）外键并不一定要与相应的主键同名。只是当外键与相应的主键属于不同关系时，习惯上往往取相同的名字，以便于识别。

2．关系的定义和性质

关系模型是建立在集合运算基础上的，可以从集合论角度给出关系的定义。

通常，假设关系 *R* 是一个元数为 *K*（$K \geqslant 1$）的元组（记录）的集合。可将关系 *R* 看成一个集合，集合中的元素是元组，每个元组的属性数目相同。

关系具有**三种类型**：基本关系（常称为基本表或基表）、查询表和视图表。基本表是实际存在的表，由实际存储数据的逻辑表示。查询表是查询结果对应的表。视图表是由基本表或其他视图表临时导出的表，是虚表，不对应实际存储的数据。

基本关系具有以下 6 条**性质**：

（1）关系中的每一个属性值都是（原子的）不可分解的。

（2）同一列（属性）的数据是同质的（Homogeneous），即要求数据同列、同类和同域。

（3）同一关系的属性名不能重复。

（4）任意两列（属性）的次序可以任意交换。

（5）任意两行（元组）的次序可以任意交换。

（6）任意两行（元组）不能完全相同。

3．关系模式的表示

关系模式是对关系的描述方式，可**表示为**：

$$R(U, D, \text{dom}, F)$$

其中，*R* 为关系名；*U* 为组成该关系的属性名集合；*D* 为属性组 *U* 中属性所来自的域；dom 为属性向域的映像集合；*F* 为属性间数据的依赖关系集合。

通常，**关系模式**可以简记为 $R(U)$ 或 $R(A_1, A_2, \cdots, A_n)$。其中，*R* 为关系名，$A_1, A_2, \cdots, A_n$ 为属性名。域名及属性向域的映像为属性的类型、长度和小数位数等。

4．ER 图转换为关系模型

关系模型的逻辑结构是一组关系模式的集合。ER 图由实体、实体的属性和实体间的联系三个要素组成。实际上，将 ER 图转换为关系模型，就是将 ER 图转换成关系模式集合。实体类型和二元联系类型的**转换规则**为：

（1）实体转换关系规则：将每个实体转换成一个关系模式，实体的属性就是关系的属性，实体的标识符就是关系的键。

（2）二元联系类型的转换规则：

① 若实体间联系是 1 : 1，可以在两个实体类型转换成的两个关系模式中任意一个属性中加入另一个关系模式的键和联系类型的属性。

② 若实体间联系是 1 : n，则在 N 端实体类型转换的关系模式中加上 1 端实体类型的键和联系类型的属性。

③ 若实体间联系是 m : n，则将联系类型也转换成关系模式，其属性为两端实体类型的键加上联系类型的属性，而键为两端实体键的组合。

对于联系（R）的转换。下面对二元联系的 1 : 1、1 : n 和 m : n 三种情况分别举例说明。

（1）1 对 1 联系的转换。将联系与任意端实体所对应的关系模式合并，并加入另一端实体的主键和联系本身的属性。

（2）1 对多联系的转换方法有两种。

方法一：将联系与多的一端实体所对应的关系模式合并，加入一的那端实体的主键和联系的属性。

方法二：联系可独立转换成一个关系模式，其属性包括联系自身的属性以及相连的两端实体的主键。

（3）多对多联系的转换。若实体通过联系存在多对多的关系，则可以转换为两个多端实体和联系 3 个关系模式（表）结构。

2.2 关系模型的完整性

2.2.1 学习要求

（1）掌握实体完整性概念及其规则。

（2）掌握参照完整性和用户定义完整性概念及其规则。

2.2.2 知识要点

数据库完整性（Database Integrity）是指数据库中数据的正确性和相容性。数据库完整性由各种各样的完整性约束来保证。关系模型中有三类完整性约束：实体完整性、参照完整性和用户定义的完整性，其中前两个约束条件，称为关系的**两个不变性**。

1．实体完整性规则

（1）**实体完整性**（Entity Integrity）。实体完整性指表中行的完整性。主要用于保证操作的数据（记录）非空、唯一且不重复。即实体完整性要求每个关系（表）有且仅有一个主键，每一个主键值必须唯一，而且不允许为“空”（NULL）或重复。

（2）**实体完整性规则要求**。若属性 A 是基本关系 R 的主属性，则属性 A 不能取空值，即主属性不可为空值。

2．参照完整性

参照完整性属于表间规则。对于永久关系的相关表，在更新、插入或删除记录时，如果只改其一，就会影响数据的完整性。如删除父表的某记录后，子表的相应记录未删除，致使这些记录称为孤立记录。对于更新、插入或删除表间数据的完整性，统称为参照完整性。通常，在客观现实中的实体之间存在一定联系，在关系模型中实体及实体间的联系都是以关系进行描述的。因此，操作时就可能存在着关系与关系间的关联和引用。

在关系数据库中，关系之间的联系是通过公共属性实现的。这个公共属性经常是一个表的主键，同时是另一个表的外键。

参照完整性体现在两个方面：实现了表与表之间的联系，外键的取值必须是另一个表的主键的有效值，或是“空”值。

参照完整性规则（Referential Integrity）要求：若属性组 F 是关系模式 R_1 的主键，同时 F 也是关系模式 R_2 的外键，则在 R_2 的关系中，F 的取值只允许两种可能：空值或等于 R_1 关系中某个主键值。

R_1 称为“被参照关系”模式，R_2 称为“参照关系”模式。

注意：在实际应用中，外键不一定与对应的主键同名。外键常用下画线标出。

3．用户定义完整性规则

用户定义完整性规则（User-defined integrity）也称**域完整性规则**。是对数据表中字段属性的约束，包括字段的值域、字段的类型和字段的有效规则（如小数位数）等约束，是由确定关系结构时所定义的字段的属性决定的。如百分制成绩取值范围在 0~100 之间等。

2.3 关系运算基础

2.3.1 学习要求

（1）掌握关系运算的种类及运算符。

（2）熟悉传统的关系运算和专门的关系运算及应用。

2.3.2 知识要点

1．关系运算种类及运算符

1）关系运算的种类

（1）传统的集合运算。将关系作为集合的定义出发，将关系看成元组（行）的集合，其运算是从关系的“水平”方向即行的角度来进行。可实现的基本操作包括：并运算实现数据记录的添加和插入；差运算实现数据记录的删除；数据记录的修改操作，实际由先删除后插入两个操作步骤实现。

（2）专门的关系运算。主要是针对关系数据库环境进行专门设计的。不仅涉及关系的行（记录），也涉及关系的列（属性）。比较运算符和逻辑运算符是用来辅助专门的关系运算符进行操作的。有时需要表（关系）本身进行运算，如只需要显示表中某一列的值，即关系运算中的“投影”。

2）关系运算的运算符

关系代数是一种抽象的查询语言，通过对关系的运算来表达查询。

关系运算的**三要素**为：运算对象、运算结果、运算符，其中运算对象和运算结果都是关系。

关系运算所使用的运算符，主要包括 4 类：集合运算符、专门的关系运算符、（算术）比较运算符和逻辑运算符。其应用后面将具体介绍。

① 传统的集合运算符：∪（并运算），-（差运算），∩（交运算），×（广义笛卡儿积）。

② 专门的关系运算符：σ（选择），π（投影），⋈（连接），÷（除）。

③ 比较运算符：＞（大于），≥（大于等于），＜（小于），≤（小于等于），＝（等于），≠（不等于）。

④ 逻辑运算符：¬（非），∧（与），∨（或）。

2．传统的关系运算

1）并运算

设关系 R 和关系 S 具有相同的元数 n，即两个关系的属性个数均为 n，且相应的属性取自同一个域，则关系 R 和关系 S 的**并**（Union）由属于 R 或属于 S 的元组组成。其结果关系的元数仍为 n。记为 $R\cup S$。形式定义为：

$$R\cup S=\{t\mid t\in R\vee t\in S\}$$

说明： 其中，t 是元组变量。$R\cup S$ 的结果是 R 中元组和 S 中元组合并在一起构成的一个新关系，并运算的结果要消除重复的元组。

2）差运算

设关系 R 和关系 S 具有相同的元数 n，即两个关系的属性个数均为 n，且相应的属性取自同一个域，则关系 R 和关系 S 的**差**（Difference）由属于 R 但不属于 S 的所有元组组成。其结果关系的元数仍为 n。记为 $R-S$。形式定义如下：

$$R-S=\{t\mid t\in R\wedge t\notin S\}$$

其中，t 是元组变量。

3）交运算

设关系 R 和关系 S 具有相同的元数 n，即两个关系的属性个数均为 n，且相应的属性取自同一个域，则关系 R 和关系 S 的**交**（Intersection）由既属于 R 又属于 S 的元组组成。其结果关系的元数仍为 n。记为 $R\cap S$。形式定义如下：

$$R\cap S=\{t\mid t\in R\wedge t\in S\}$$

关系的交可以用差来表示，即 $R\cap S=R-(R-S)$。

4）广义笛卡儿积

设关系 R 和关系 S 的元数分别为 r 和 s。定义 R 和 S 的笛卡儿积（Extended Cartesian Product）$R\times S$ 是一个 $(r+s)$ 元的元组集合，每个元组的前 r 个分量（属性值）来自 R 的一个元组，后 s 个分量是 S 的一个元组，记为 $R\times S$。形式定义如下：

$$R\times S\equiv\{t\mid t=<t^r,t^s>\wedge t^r\in R\wedge t^s\in S\}$$

说明： 其中，t^r、t^s 中 r、s 为上标，分别表示有 r 个分量和 s 个分量，若 R 有 n 个元组，S 有 m 个元组，则 $R\times S$ 有 $n\times m$ 个元组。

注意： R 和 S 中有相同的属性名，为了进行区别应在其属性名前标注相应的关系名，如 R.学号。

3．专门的关系运算

1）选择运算

选择运算实际是对二维表进行“水平分割”，即对元组（记录）水平方向的选取。

选择（Selection）运算也称为**限制**（Restriction），是在关系中选择符合给定条件的元组，记为σ_F（R）。其中，σ为选择运算符，F 表示选择条件，是一个条件（逻辑）表达式。F 的形式是由逻辑运算符 ¬、∧、∨连接各算术表达式组成。算术表达式的基本形式为：

$$X\theta Y$$

说明：其中 X，Y 可以是常量（此时需用“定界符”即引号括起来），也可以是元组分量即属性名或列的序号，或简单函数。θ表示比较运算符，可以是算术比较运算符（>，≥，<，≤，=，≠），或逻辑运算符（¬，∧，∨）。

运算对象为：常数（用“定界符”即引号栝起来）和元组分量（属性名或列的序号）。

选择运算的形式定义如下：

$$\sigma_F(R)=\{\ t \mid t \in R \wedge F(t) = \text{true}\}$$

说明：$\sigma_F(R)$表示从 R 中挑选满足公式 F的元组所构成的关系。

2）投影运算

投影运算实际是对二维表进行“垂直分割”，即对元组（记录）列方向的“筛选”。

投影（Projection）运算是在一个关系中选取某些列（属性），并重新安排列的顺序，再删去重复元组后构成的新的关系，是对关系（二维表）进行“垂直分割”。记为π_A（R）。其中，π为投影运算符，A 为 R 中的属性列。

投影运算的形式定义为：

$$\pi_A(R)=\{\ t[A] \mid t\in R\ \}$$

注意：投影后不仅取消了原关系中的某些列，而且还可能取消某些元组，因为取消了某些属性列后，就可能出现重复行，应取消这些完全相同的行。

3）连接运算

连接（Join）运算是从两个关系的笛卡儿积中，选取两个关系的属性满足一定条件的元组。连接是对关系的结合，可以定义连接为：

$$R \underset{i\,\theta\, j}{\bowtie} S \equiv \sigma_{i\theta(r+j)}(R\times S)$$

说明：其中，i 和 j 分别是关系 R 和 S 中的第 i 个、第 j 个属性。是比较运算符。r 是关系 R 的元数。该式表示连接运算是在关系 R 和 S 的笛卡儿积中挑选第 i 个分量和第$(r+j)$个分量满足θ运算的元组。

连接也称为θ连接，若θ为等号“=”，则此连接操作称为等值连接。实际上，等值连接是从关系 R 与 S 的广义笛卡儿积中选取 A、B 属性值相等的那些元组构成的新关系。

自然连接是一种特殊的等值连接。要求两个关系中进行比较的分量必须是相同的属性组，并且在结果中将重复的属性列去掉。

注意：自然连接与等值连接的**主要区别有如下几点**。

（1）等值连接中相等的属性可以是相同属性，也可以是不同属性；自然连接中相等的属性必须是相同的属性。

（2）自然连接结果必须去掉重复属性，特指进行相等比较的属性，而等值连接结果不用。

（3）自然连接用于有公共属性的情况。若两个关系没有公共属性，则它们不能进行自然连接。而等值连接无此要求。

注意：通常，自然连接在多表检索（查询）时将会用到。

4）除运算

（1）除运算定义

除运算实际是笛卡儿积的逆运算。对于给定的关系 $R(X,Y)$ 和 $S(Y,Z)$，其中 X，Y，Z 为属性组。R 中的 Y 与 S 中的 Y 可以有不同的属性名，但出自同域集。R 与 S 的**除**（Division）运算是一个新的关系 $P(X)$，P 是 R 中满足下列条件的元组在 X 属性列上的投影：元组在 X 上分量值 x 的像集 Y_x 包含 S 在 Y 上投影的集合。定义为：

$$R \div S = \{ t_r[X] \mid t_r \in R \wedge \pi_y(S) \subseteq Y_x \}$$

其中，Y_x 为 x 在 R 中的像集，$x = t_r[X]$。

（2）除运算过程

除运算的操作是从行和列同时进行的。

$R \div S$ 的具体**计算过程**如下：

① 将被除关系的属性分为像集属性和结果属性两部分，与除关系相同的属性属于像集属性，不相同的属性属于结果属性。

② 在除关系中，在与被除关系相同的属性（像集属性）上投影，得到除目标数据集。

③ 将被除关系分组，将结果属性值相同的元组分为一组。

④ 观察每个组，若其像集属性值中包括除目标数据集，则对应的结果属性值应属于该除法运算结果集。

*2.4 关系演算

2.4.1 学习要求

（1）理解元组关系演算中的形式及运算。

（2）了解域关系演算的概念及形式。

2.4.2 知识要点

1. 元组关系演算

在**元组关系演算**（Tuple rlational calculus）中，元组关系演算表达式的**一般形式**为：

$$\{t \mid \varphi(t)\}$$

其中，t 为元组变量，表示一个元数固定的元组；$\varphi(t)$ 是以元组变量 t 为基础的公式。该表达式的含义是使 $\varphi(t)$ 为真的元组 t 的集合。

原子公式（Atoms）有**三种形式**。

（1）$R(t)$。R 是关系名，t 是元组变量，$R(t)$ 表示 t 是关系 R 的一个元组。

（2）$t[i]\theta s[j]$。其中 t 和 s 是元组变量，θ 是算术比较运算符（如＞、＜、＝等）。$t[i]\theta s[j]$ 表示元组 t 的第 i 个分量与元组 s 的第 j 个分量满足 θ 关系。例如：$t[2]=s[3]$ 表示 t 的第 2 个分量等

于 s 的第 3 个分量。

（3）$t[i]\theta C$ 或 $C\theta t[i]$。其中 C 表示一个常量，t 是元组变量，θ 是算术比较运算符。$t[i]\theta C$ 表示 t 的第 i 个分量与常量 C 满足关系 θ。例如：$t[1]>3$ 表示 t 的第一个分量大于 3。

关系演算公式（Formula）的**递归**定义如下：

（1）每个原子公式都是公式。

（2）假如 φ_1 和 φ_2 是公式，则 $\neg\varphi_1$，$\varphi_1 \wedge \varphi_2$，$\varphi_1 \vee \varphi_2$ 也为公式，其中，$\neg\varphi_1$ 表示“φ_1 为假”，$\varphi_1 \wedge \varphi_2$ 表示“φ_1 和 φ_2 同时为真”，$\varphi_1 \vee \varphi_2$ 表示“φ_1 和 φ_2 中的一个为真或同时为真”。

（3）假如 φ 是公式，则 $(\exists t)\varphi$ 和 $(\forall t)\varphi$ 也都是公式，其中，$(\exists t)\varphi$ 表示“存在一个元组 t 使得公式 φ 为真”，$(\forall t)\varphi$ 表示“对于所有元组 t 使得公式 φ 为真”。

（4）按照上述三条规则经过有限次组合形成的也都是公式。

在关系演算公式中，各种运算符的优先级次序如下：

（1）算术、比较运算符优先级。

（2）量词优先级，且 ∃ 的优先级高于 ∀ 的优先级。

（3）逻辑运算符优先级，且 ¬ 的优先级高于 ∧ 和 ∨ 的优先级。

（4）若加括号，则括号内优先。同一括号内运算符的优先级遵循以上 3 项。

关系代数表达式可等价地转换到元组演算表达式。可用 5 个基本运算组合，只用关系演算表达式表示 5 种基本运算。

（1）并：$R \cup S = \{t \mid R(t) \vee S(t)\}$

（2）差：$R - S = \{t \mid R(t) \wedge \neg S(t)\}$

（3）笛卡儿积：

$$R \times S = \{t^{(m+n)} \mid (\exists u^{(m)})(\exists v^{(n)})(R(u) \wedge S(v) \wedge t[1] = u[1] \wedge t[2] = u[2] \wedge \cdots \wedge t[m] = u[m] \wedge t[m+1] = v[1] \wedge \cdots \wedge t[m+n] = v[n])\}$$

其中，R 关系有 m 个属性，S 关系有 n 个属性。

（4）选择：$\sigma_F(R) = \{t \mid R(t) \wedge F'\}$

其中，F' 是 F 的等价条件。例如 $\sigma_{1='a'}(R)$ 可以表示为 $\sigma_{1='a'}(R) = \{t \mid R(t) \wedge t[1] = 'a'\}$

（5）投影：$\Pi_{i1,i2,\cdots,ik}(R) = \{t^{(k)} \mid (\exists u)(R(u) \wedge t[1] = u[i_1] \wedge \cdots \wedge t[k] = u[i_k])\}$

2．域关系演算

域关系演算（Domain relational calculus）与元组关系演算相似，元组关系演算中表达式使用的是元组变量，元组变量的变化范围是一个关系，域关系演算表达式中以属性列为变量，即域变量，域变量的变化范围是某个属性的值域。

域关系演算的元组公式有**两种形式**：

（1）$R(x_1, x_2, \cdots, x_k)$。其中 R 是一个元数为 k 的关系，x_i 是一个常量或域变量。若 $(x_1, x_2, \cdots, x_k)$ 是 R 的一个元组，则 $R(x_1, x_2, \cdots, x_k)$ 为真。

（2）$x\theta y$。其中 x 和 y 是常量或域变量，但至少有一个是域变量。θ 是算术比较运算符。若 x 和 y 满足关系 θ，则 $x\theta y$ 为真。

域关系演算表达式的一般形式是：

$$\{x_1, x_2, \cdots, x_k \mid \varphi(x_1, x_2, \cdots, x_k)\}$$

其中，$x_1, x_2, \cdots, x_k$ 都是域变量；φ 是公式。该表达式的含义是使 φ 为真的域变量 $x_1, x_2, \cdots, x_k$ 组成的元组集合。

*2.5 查询优化

2.5.1 学习要求

（1）了解关系代数等价变换规则。
（2）理解关系表达式的优化算法及用法。

2.5.2 知识要点

1．关系代数等价变换规则

（1）笛卡儿积和连接的等价交换律

设 E1 和 E2 是两个关系代数表达式，F 是连接运算的条件，则：

$$E1 \times E2 \equiv E2 \times E1$$
$$E1 \bowtie E2 \equiv E2 \bowtie E1$$
$$E1 \underset{F}{\bowtie} E2 \equiv E2 \underset{F}{\bowtie} E1$$

（2）笛卡儿积和连接的结合律

设 E1、E2 和 E3 是三个关系代数表达式，F1 和 F2 是两个连接运算的限制条件，F1 只涉及 E1 和 E2 的属性，F2 只涉及 E2 和 E3 的属性，则：

$$(E1 \times E2) \times E3 \equiv E1 \times (E2 \times E3)$$
$$(E1 \bowtie E2) \bowtie E3 \equiv E1 \bowtie (E2 \bowtie E3)$$
$$(E1 \underset{F1}{\bowtie} E2) \underset{F2}{\bowtie} E3 \equiv E1 \underset{F1}{\bowtie} (E2 \underset{F2}{\bowtie} E3)$$

（3）投影的串联

设 E 是一个关系代数表达式，L1，L2，…，Ln 是属性名，则：

$$\pi_{L1}(\pi_{L2}(\cdots(\pi_{Ln}(E)\cdots)) \equiv \pi_{L1}(E)$$

注意：投影运算序列中只有最后一个运算是需要的，其余的可省略。

（4）选择的串联

设 E 是一个关系代数表达式，F1 和 F2 是两个选择条件，则：

$$\sigma_{F1}(\sigma_{F2}(E)) \equiv \sigma_{F1 \wedge F2}(E)$$

注意：选择条件可合并成一次处理。

（5）选择和投影的交换

设 E 为一个关系代数表达式，选择条件 F 只涉及 L 中的属性，则：

$$\pi_L(\sigma_F(E)) \equiv \sigma_F(\pi_L(E))$$

若上式中 F 还涉及不属于 L 的属性集 K，则有：

$$\pi_L(\sigma_F(E)) \equiv \pi_L(\sigma_F(\pi_{L \cup K}(E)))$$

（6）选择对笛卡儿积的分配律

设 E1 和 E2 是两个关系代数表达式，若条件 F 只涉及 E1 的属性，则：

$$\sigma_F(E1\times E2)\equiv\sigma_F(E1)\times E2$$

若有 F=F1∧F2，并且 F1 只涉及 E1 中的属性，F2 只涉及 E2 中的属性，则：

$$\sigma_F(E1\times E2)\equiv\sigma_{F1}(E1)\times\sigma_{F2}(E2)$$

若 F1 只涉及 E1 中的属性，F2 却涉及了 E1 和 E2 两者的属性，则：

$$\sigma_F(E1\times E2)\equiv\sigma_{F2}(\sigma_{F1}(E1)\times E2)$$

（7）选择对并的分配律

设 E1 和 E2 有相同的属性名，或 E1 和 E2 表达的关系的属性有对应性，则：

$$\sigma_F(E1\cup E2)\equiv\sigma_F(E1)\cup\sigma_F(E2)$$

（8）选择对差的分配律

设 E1 和 E2 有相同的属性名，或 E1 和 E2 表达的关系的属性有对应性，则：

$$\sigma_F(E1-E2)\equiv\sigma_F(E1)-\sigma_F(E2)$$

（9）影对并的分配律

设 E1 和 E2 有相同的属性名，或 E1 和 E2 表达的关系的属性有对应性，则：

$$\pi_L(E1\cup E2)\equiv\pi_L(E1)\cup\pi_L(E2)$$

（10）影对笛卡儿积的分配律

设 E1 和 E2 是两个关系代数表达式，L1 是 E1 的属性集，L2 是 E2 的属性集，则：

$$\pi_{L1\cup L2}(E1\times E2)\equiv\pi_{L1}(E1)\times\pi_{L2}(E2)$$

其他的等价变换规则可以查阅相关的文献。

2．表达式的优化算法

可以应用等价规则变换优化关系表达式的算法。

算法：关系代数表达式的优化。

输入：一个关系代数表达式的语法树。

输出：计算表达式的一个优化序列。

具体方法：

（1）利用等价变换规则将形如 $\sigma_{F1\wedge F2\wedge\cdots\wedge Fn}(E)$ 变换为 $\sigma_{F1}(\sigma_{F2}(\cdots(\sigma_{Fn}(E))\cdots))$。

（2）对每一个选择，利用等价变换 4-8 尽可能将其移到叶端。

（3）对每一个投影利用等价变换规则（3），（5），（10）中的一般形式尽可能将它移向树的叶端。

（4）利用等价变换规则（3）～（5），将选择和投影的串接合并成单个选择、单个投影或一个选择后跟一个投影。

（5）将上述得到的语法树的内结点分组。

2.6 要点小结

本章系统介绍关系数据库系统的基础知识，包括关系模型、关系完整性约束、关系代数、关系演算和查询优化。通过本章的学习，读者应该理解关系模型的数据结构和关系的完整性规则；

掌握关系代数，学会用关系代数进行各种查询操作；了解两种关系演算语言；理解关系代数等价变换规则和查询优化算法。达到学习要点的要求：

（1）了解数据库技术的发展历史，以及关系演算和查询优化基本过程。

（2）掌握关系模型及关系数据库的基本概念，关系模型的三个组成部分，各部分包括的主要内容；关系的相关定义；关系的三类完整性约束的概念。关系模型的完整性规则。

（3）熟悉关系运算及其用表达式查询的常用方法，以及关系代数中的各种运算（并、交、差、广义笛卡儿积、除、选择、投影、连接等）。

（4）难点：关系代数。由于关系代数较为抽象，因此在学习的过程中一定要结合具体的实例进行学习。

第3章 SQL Server 2012概述及常用操作

SQL Server 2012 是微软最新的网络数据库管理系统，学习其特点、功能和常用的各种操作方法，对于解决实际业务数据处理问题极为重要。

重点	SQL 的概念和 SQL Server 2012 特点和功能：数据库及表的建立、修改和删除操作；数据的查询及数据的插入、修改和删除用法
难点	SQL Server 结构、数据库种类及常用数据类型，以及数据的查询等用法
关键	SQL 的概念和 SQL Server 2012 特点和功能：数据库及表的常用操作；数据的查询等常用操作
教学目标	掌握 SQL 的概念和 SQL Server 2012 特点和功能 掌握 SQL Server 结构、数据库种类及常用数据类型 熟练掌握数据库及表的建立、修改和删除操作 熟悉数据的查询及数据的插入、修改和删除用法

3.1 SQL 的概念和新特点

3.1.1 学习要求

（1）了解 SQL 的概念及发展。

（2）掌握 SQL Server 2012 的主要优点。

3.1.2 知识要点

1．SQL 的概念及发展

SQL 是结构化查询语言的缩写。SQL Server 版本发布时间和开发代号如表 3-1 所示。

表 3-1 SQL Server 版本发布时间和开发代号

发布时间	版　本	开发代号
1995 年	SQL Server 6.0	SQL 95
1996 年	SQL Server 6.5	Hydra
1998 年	SQL Server 7.0	Sphinx
2000 年	SQL Server 2000	Shiloh

（续表）

发布时间	版　　本	开发代号
2003年	SQL Server 2000 Enterprise 64位版	Liberty
2005年	SQL Server 2005	Yukon
2008年	SQL Server 2008	Katmai
2012年	SQL Server 2012	Denali

2. SQL Server 2012的主要优点

（1）安全性和高可用性。
（2）超快的性能。
（3）企业安全性及合规管理。
（4）安全管理与使用。
（5）快速的数据发现。
（6）可扩展的托管式自助商业智能服务。
（7）数据可靠一致。
（8）全方位的数据仓库解决方案。
（9）根据需求进行扩展。
（10）解决方案的实现更为迅速。
（11）工作效率得到优化提高。
（12）随心所欲扩展任意数据。

3.2 SQL Server 2012的特点和功能

3.2.1 学习要求

（1）掌握SQL Server 2012的主要特点及特性。
（2）熟悉SQL Server 2012的新功能。

3.2.2 知识要点

1. SQL Server 2012的主要特点

1）SQL Server 2012的特点

（1）更高的可用性。
（2）超快的性能。
（3）快速数据浏览。
（4）可靠一致的数据。
（5）优化的生产力。
（6）通过“Juneau”使用户的应用程序只经一次编写即可在任意环境下运行。

2）SQL Server 2012新特性

（1）高可用性。
（2）高安全性。
（3）数据管理高性能。

（4）商业智能可视化。
（5）支持大数据多维分析及解决方案。
（6）集成服务提高数据管理效率。
（7）报表服务快捷性。
（8）开发编程便捷性。

2．SQL Server 2012 的主要功能

1）SQL Server 2012 的新功能

SQL Server 2012 的新功能包括：
（1）AlwaysOn 应用；
（2）Windows Server Core 支持；
（3）列存储索引；
（4）自定义服务器权限；
（5）增强的审计功能；
（6）商业智能（BI）语义模型；
（7）Sequence Objects；
（8）增强的 Power Shell 支持；
（9）分布式回放（Distributed Replay）；
（10）Power View；
（11）SQL Azure 增强；
（12）大数据支持是最重要的一点。

2）SQL Server 2012 版本及功能对比（见表 3-2 所示）。

表 3-2　三种主要版本之间的功能对比

SQL Server 2012 主要功能	企业版	商业智能版	标准版
支持最大内核数	OS Max*	16 Cores 数据库，OS Max 商业智能功能	16 Cores
基本的 OLTP 功能	√	√	√
可编程性（T-SQL，Data Types，FileTable）	√	√	√
可管理性（SSMS，基于策略的管理）	√	√	√
Basic Corporate BI (Reporting，Analytics，Multidimensional Semantic Model，Data Mining）	√	√	√
企业级商业智能（报表，分析，多维商业智能语义模型）	√	√	√
自服务商业智能（Alerting，Power View，PowerPivot for SharePoint Server）	√	√	
企业数据管理（数据质量服务与主数据服务）	√	√	
In-Memory Tabular BI Semantic Model	√	√	√
高级安全功能（高级审计，透明数据加密）	√		
数据仓库（列存储，压缩）	√		
高可用性（AlwaysOn）	Advanced	Basic**	Basic**

说明：*SQL Server 2012 企业版服务器许可，无论是在 EA/EAP 中新购买或是通过软件升级保障升级，最多只拥有服务器 20 Core 的许可权利。

**Basic 包括两结点的故障转移集群。

3.3 SQL Server 结构及数据库种类

3.3.1 学习要求

（1）熟悉 SQL Server 2012 的组成结构和管理工具。

（2）掌握数据库的种类及逻辑组件。

3.3.2 知识要点

1．SQL Server 2012 的结构

1）客户机/服务器体系结构

2）数据库的三级模式结构

SQL 语言支持数据库三级模式结构，其中外模式对应视图，模式对应基本表，内模式对应存储文件。

3）SQL Server 2012 的组成结构

（1）SQL Server 总体结构和组件。SQL Server 2012 的组件主要包括：数据库引擎（Database Engine）、分析服务（Analysis Services）、集成服务（Integration Services）、报表服务（Reporting Services），以及主数据服务（Master Data Services）组件等。

数据库引擎是整个 SQL Server 的核心，其他所有组件都与其有着密不可分的联系。SQL Server 的总体架构在总体上与 SQL Server 2008 类似。SQL Server 数据库引擎有 4 大组件：协议（Protocol）、关系引擎（Relational Engine，查询处理器，即 Query Compilation 和 Execution Engine）、存储引擎（Storage Engine）和 SQLOS。各客户端提交的操作指令都与这 4 个组件进行交互。

SQL Server 2012 的服务器组件，如表 3-3 所示。

表 3-3 SQL Server 2012 服务器组件

服务器组件	功能说明
SQL Server 数据库引擎	SQL 数据库引擎包括数据库引擎（用于存储、处理和保护数据的核心服务）、复制、全文搜索、用于管理关系数据和 XML 数据的工具及 Data Quality Services（DQS）服务器
分析服务 AS	用于创建和管理联机分析处理（OLAP），以及数据挖掘应用程序的工具
报表服务 RS	用于创建、管理和部署表格报表、矩阵报表、图形报表，以及自由格式报表的服务器和客户端组件。Reporting Services 还是一个可用于开发报表应用程序的可扩展平台
集成服务 IS	Integration Services 是一组图形工具和可编程对象，用于移动、复制和转换数据。还包括 Integration Services 的 Data Quality Services（DQS）组件
主数据服务（MDS）	是针对主数据管理的 SQL Server 解决方案。包括复制服务、服务代理、通知服务和全文检索服务等功能组件，共同构成完整的服务架构

SQL Server 2012 的服务器组件及功能为：数据库引擎（Database Engine，DE）、分析服务（Analysis Services，AS）、报表服务（Reporting Services，RS）、集成服务（Integration Services，IS）、主数据服务（Master Data Services，MDS），以及 SQL Server 2012 主要管理工具。

经常使用 SQL Server 2012 的主要管理工具，如表 3-4 所示。

表 3-4　SQL Server 2012 主要管理工具

管理工具	功能说明
SQL Server Management Studio	SSMS 是用于访问、配置、管理和开发 SQL Server 组件的集成环境。使各种技术水平的开发人员和管理员都能使用 SQL Server。安装需要 IE6 SP1 或更高版本
SQL Server 配置管理器	SQL Server 配置管理器为 SQL Server 服务、服务器协议、客户端协议和客户端别名提供基本配置管理
SQL Server 事件探查器	SQL Server 事件探查器提供了一个图形用户界面，用于监视数据库引擎实例或 Analysis Services 实例
数据库引擎优化顾问	数据库引擎优化顾问可以协助创建索引、索引视图和分区的最佳组合
数据质量客户端	提供了一个简单和直观的图形用户界面，用于连接到 DQS 数据库并执行数据清理操作。还允许集中监视在数据清理操作过程中执行的各项活动。安装需要 IE6 SP1 或更高版本
SQL Server 数据工具（SSDT）	提供 IDE 可为以下商业智能组件生成解决方案：AS、RS 和 S（原称 Business Intelligence Development Studio）还包含“数据库项目”，为数据库开发人员提供集成环境，以便在 Visual Studio 内为 SQL Server 平台（内部/外部）执行所有数据库设计。数据库开发人员可用 VS 中功能增强的服务器资源管理器，轻松创建或编辑数据库对象和数据或执行查询
连接组件	安装用于客户端和服务器之间通信的组件及用于 DB-Library、ODBC 和 OLE DB 的网络库

（2）数据库的存储结构及文件种类。

① 数据库存储结构。有两种包括：数据库的逻辑结构和物理结构。

② 数据库文件。主要包括：主数据文件、次要数据文件、事务日志文件。主数据文件。推荐扩展名为.mdf，次要数据文件。推荐扩展名是.ndf，事务日志文件。默认扩展名是.ldf 。

③ 数据库文件组。文件组是数据库中数据文件的逻辑组合。主要有三类：主文件组、次文件组、默认文件组。

2．数据库的种类及逻辑组件

1）SQL Server 数据库种类

SQL Server 数据库可分为：系统数据库、用户数据库和示例数据库。

SQL Server 2012 的系统数据库主要包括 5 种：Master 数据库、MSDB 数据库、Model 数据库、Resource 数据库、TempDB 数据库，如表 3-5 所示。

表 3-5　SQL Server 2012 的系统数据库

系统数据库	功能说明
master 数据库	记录 SQL Server 实例的所有系统级信息
msdb 数据库	用于 SQL Server 代理计划警报和作业
model 数据库	用于 SQL Server 实例上创建的所有数据库的模板
Resourc 数据库	一个只读数据库，包含 SQL Server 所含的系统对象
tempdb 数据库	一个工作空间，用于保存临时对象或中间结果集

2）数据库逻辑组件

数据库存储是按物理方式在磁盘上作为两个或更多的文件实现的。用户用数据库时使用的主要是逻辑组件。

每个 SQL Server 实例有 4 个系统数据库（master、model、tempdb 和 msdb），以及一个或多个用户数据库。

3.4 常用的数据类型

3.4.1 学习要求

（1）熟悉字符数据类型、数值数据类型及用法。

（2）掌握二进制数据类型、日期时间数据类型及用法。

3.4.2 知识要点

1．字符及数值数据类型

1）字符数据类型

字符数据类型包括 varchar、char、nvarchar、nchar、text 和 ntext。用于存储字符数据。varchar 和 char 类型的主要区别是数据填充。

表 3-6 列出字符数据类型，并简单描述及所要求的存储空间。

表 3-6 字符数据类型

数据类型	描 述	存储空间
Char(n)	*n* 为 1～8000 字符之间	*n* 字节
Nchar(n)	*n* 为 1～4000 Unicode 字符之间	（2*n* 字节）+2 字节 额外开销
Ntext	最多为 2^{30}–1(1 073 741 823) Unicode 字符	每字符 2 字节
Nvarchar(max)	最多为 2^{30}–1(1 073 741 823) Unicode 字符	2×字符数+2 字节额外开销
Text	最多为 2^{31}–1(2 147 483 647)字符	每字符 1 字节
Varchar(n)	*n* 为 1～8000 字符之间	每字符 1 字节+2 字节额外开销
Varchar(max)	最多为 2^{31}–1(2 147 483 647)字符	每字符 1 字节+2 字节额外开销

2）精确数值数据类型

数值数据类型包括 bit、tinyint、smallint、int、bigint、numeric、decimal、money、float 和 real。用于存储不同类型的数字值。其中，bit 只存储 0 或 1，在大多数应用程序中被转换为 true 或 false。bit 数据类型非常适合用于开关标记，且只占 1 字节。其他常见的数值数据类型如表 3-7 所示。

表 3-7 精确数值数据类型

数据类型	描 述	存储空间
bit	0、1 或 Null	1 字节（8 位）
tinyint	0～255 之间的整数	1 字节
smallint	–32 768～32 767 之间的整数	2 字节
int	–2 147 483 648～2 147 483 647 之间的整数	4 字节

（续表）

数据类型	描　述	存储空间
bigint	–9 223 372 036 854 775 808～ 9 223 372 036 854 775 807 之间的整数	8 字节
numeric(p,s)或 decimal(p,s)	–1 038+1～1 038–1 之间的数值	最多 17 字节
money	–922 337 203 685 477.580 8～ 922 337 203 685 477.580 7	8 字节
smallmoney	–214 748.3648～2 14 748.3647	4 字节

3）近似数值数据类型

主要以 float 和 real 数据类型表示浮点数据，表 3-8 列出了近似数值数据类型，对其进行简单描述。

表 3-8　近似数值数据类型

数据类型	描　述	存储空间
float[(*n*)]	–1.79E+308～ –2.23E– 308,0,2.23E–308～1.79E+308	*n*≤24–4 字节 *N*>24–8 字节
real( )	–3.40E+38～ –1.18E– 38,0,1.18E–38～3.40E+38	4 字节

🔔注意：real 的同义词为 float(24)。

2．二进制及日期时间数据类型

1）二进制数据类型

表 3-9 列出了二进制数据类型及简单描述。

表 3-9　二进制数据类型

数据类型	描　述	存储空间
Binary(*n*)	*n* 为 1～8 000 十六进制数字之间	*n* 字节
Image	最多为 231–1 (2 147 483 647)十六进制数位	每字符 1 字节
Varbinary(*n*)	*n* 为 1～8 000 十六进制数字之间	每字符 1 字节 +2 字节额外开销
Varbinary(max)	最多为 231–1 (2 147 483 647)十六进制数字	每字符 1 字节 +2 字节额外开销

2）日期和时间数据类型

表 3-10 列出了日期/时间数据类型，对其进行简单描述及要求的存储空间。

表 3-10　日期和时间数据类型

数据类型	描　述	存储空间
Date	9999 年 1 月 1 日～12 月 31 日	3 字节
Datetime	1753 年 1 月 1 日～9999 年 12 月 31 日， 精确到最近的 3.33ms	8 字节

（续表）

数据类型	描　述	存储空间
Datetime2(*n*)	9999 年 1 月 1 日～12 月 31 日 0～7 之间的 *n* 指定小数秒	6～8 字节
Datetimeoffset(*n*)	9999 年 1 月 1 日～12 月 31 日 0～7 之间的 *n* 指定小数秒+/–偏移量	8～10 字节
SmalldateTime	1900 年 1 月 1 日～2079 年 6 月 6 日，精确到 1 分钟	4 字节
Time(*n*)	小时:分钟:秒.9999999 0～7 之间的 *n* 指定小数秒	3～5 字节

3.5 SQL Server 2012 安装配置和登录

3.5.1 学习要求

（1）掌握 SQL Server 2012 的安装和升级。
（2）掌握 SQL Server 2012 服务器配置。
（3）熟悉 SQL Server 2012 登录和 SSMS 界面。

3.5.2 知识要点

1．SQL Server 2012 的安装

1）SQL Server 2012 的安装和升级

（1）SQL Server 2012 安装环境。
（2）下载与安装，可借鉴“实践指导”部分的有关内容。

2）SQL Server 2012 的升级

注意：系统默认的选择，是否与自己的处理器类型相匹配，以及指定的安装介质根目录是否正确。

2．SQL Server 2012 的配置

（1）安装 SQL Server 2012 前的设置。
（2）SQL Server 2012 服务器配置。

3．SQL Server 2012 登录和 SSMS 界面

（1）SQL Server 2012 的登录。
（2）SQL Server 2012 的 SSMS 界面。

【案例 3-1】登录成功后，启动 SQL 的主要管理工具 SSMS（SQL Server Management Studio），为一个集成的可视化管理环境，用于访问、配置、控制和管理所有 SQL Server 组件。SSMS 主界面包括“菜单栏”、“标准工具栏”、“SQL 编辑器工具栏”、“已注册的服务器”和“对象资源管理器”等操作区域，并出现有关的系统数据库等资源信息。还可在“文档窗口”输入 SQL 命令并单击“!执行（X）”进行运行，如图 3-1 所示。

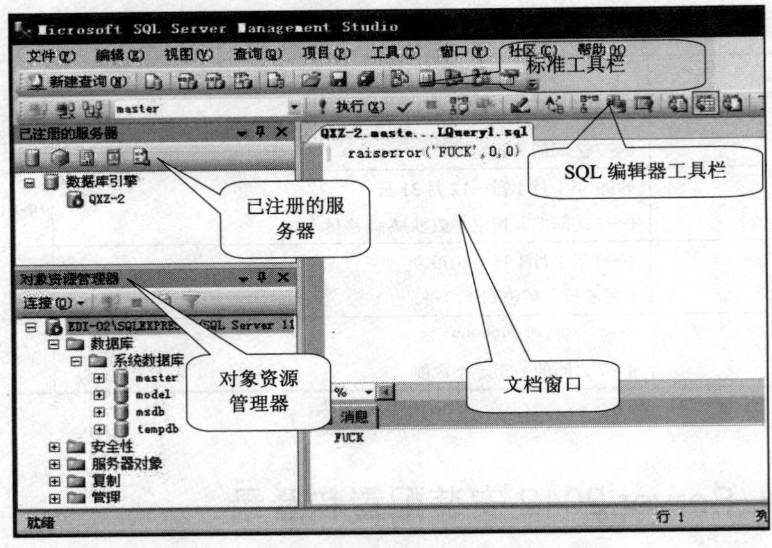

图 3-1　SSMS 的窗体布局及操作界面

SSMS 为微软统一的界面风格。所有已经连接的数据库服务器及其对象将以树状结构显示在左则窗口中。“文档窗口”是 SSMS 的主区域，SQL 语句的编写、表的创建、数据表的展示和报表展示等都是在该区域完成。主区域采用选项卡的方式在同一区域实现这些功能。另外，右侧的属性区域自动隐藏到窗口最右侧，用鼠标移动到属性选项卡上则会自动显示出来，主要用于查看和修改某对象的属性。

注意：SSMS 中各窗口和工具栏的位置并非固定不变。用户可根据自己的喜好将窗口拖动到主窗体的任何位置，甚至悬浮脱离主窗体。

3.6 常用的数据库和表操作

3.6.1 学习要求

（1）熟悉数据库的创建、打开、关闭及删除方法。

（2）熟练掌握表的创建、修改及删除方法。

数据定义与管理等功能可以利用 SQL 语句或 SSMS 界面菜单进行操作。SQL 功能非常强大高效，其中的数据定义语句 DDL 的功能包括对数据库、基本表、视图、索引等操作对象的定义和撤销等，如表 3-11 所示。

表 3-11　SQL 的数据定义语句

操作对象	操作方式		
	创建	删除	修改
数据库	CREATE DATABASE	DROP DATABASE	
表	CREATE TABLE	DROP TABLE	ALTER TABLE
视图	CREATE VIEW	DROP VIEW	
索引	CREATE INDEX	DROP INDEX	

3.6.2 知识要点

1. 数据库的创建及删除

1）数据库的定义

在 SQL Server 中，对数据库管理操作有两种方式：

T-SQL 语句命令方式和 SSMS（SQL Server Management Studio）图形化界面方式。

创建数据库前需要进行策划，需要考虑以下问题：

（1）数据库名称、数据库所有者。

（2）数据文件和事务日志文件的逻辑名、物理名、初始大小、增长方式和最大容量。

（3）数据库用户数量和用户权限。

（4）数据库大小与硬件配置的平衡、是否使用文件组。

（5）数据库的备份与恢复。

通常，同类业务的数据表的集合被定义为（存放在）一个数据库。一个 SQL 数据库由数据库名和拥有者的用户名或账号确定，创建（定义）数据库，就是定义一个存储空间。

（1）利用 SSMS 界面菜单定义数据库。

（2）利用 SQL 语句定义数据库。

创建（定义）数据库的语法格式为：

```
CREATE DATABASE <数据库名> [AUTHORIZATION <用户名>]
        [ON [PRIMARY] (路径/文件大小)]
```

说明：

（1）"数据库名"是用户建立数据库的文件名。

（2）用户应拥有 DBA 权限，或获得 DBA 授予定义（创建）数据库的权限，通过 AUTHORIZATION 可以授权给指定的"用户"。

（3）选项 ON [PRIMARY]（路径/文件大小）可以用于指定所建数据库存放的位置及初始空间大小。

【案例 3-2】 建立一个"商品销售"数据库，主要数据文件为商品销售_data。数据库拥有者为张凯，存储位置为 F:\mssql\商品销售_data.mdf。

```
CREATE DATABASE 商品销售 AUTHORIZATION 张凯
ON
(NAME=商品销售_data,
 FILENAME='F:\mssql\商品销售_data.mdf');
```

注意： 系统默认数据库的拥有者为登录注册人，存储路径为当前盘及路径。

2）打开（切换）或关闭数据库

对于已经存在的数据库及其表、视图等对象，需要打开数据库才能进行使用。当用户登录 SQL Server 服务器，连接上后，需连接上服务器中一个数据库，才能使用该数据库中的数据。用户可以在 SQL 编辑器中利用 USE 命令来打开或切换至不同的数据库。

打开（切换）或关闭数据库的 SQL 语句的语法格式为：

```
USE [<数据库名>]
```

说明：

（1）所有涉及数据库对象及其有关数据等操作，都应先打开指定的数据库。

（2）“数据库名”为需要打开（切换）或关闭的数据库名称。

（3）在已经打开一数据库情况下，再次打开（切换）另一数据库，并关闭原数据库。

（4）若USE后无“数据库名”，则只表示关闭当前的数据库。

3）数据库的删除

当一个SQL数据库及其中的表、视图等对象不需要时，可以删除这个数据库。

（1）利用SSMS删除数据库。

（2）利用SQL语句删除数据库。

利用SQL语句删除数据库的语法格式为：

DROP DATABASE <数据库名> [CASCADE | RESTRICT]

说明：

（1）只有处于正常关闭状态下的数据库，才能使用DROP语句进行删除。当数据库打开正在使用，或数据库正在恢复等状态时不能被删除。

（2）模式删除方式有两种：

① CASCADE（级联）方式：执行DROP语句时，SQL数据库及其中的表、视图等对象全部撤销。这种删除不可恢复，使用时应慎重。

② RESTRICT（约束）方式：执行DROP语句时，当数据库非空时，拒绝执行DROP语句，即在无任何数据库对象情况下，才能删除。此方式是数据库删除的默认选项。

【案例3-3】删除数据库“商品销售”

DROP DATABASE“商品销售”

2．表的创建修改及删除

在系统中创建了一个SQL数据库，就可以在指定数据库中创建几个存储相关业务数据的基本表。在数据库中创建表时，应当考虑属性（列）名、存放数据的类型、宽度、小数位数、主键和外键设置等。对基本表结构的操作，常用的创建、修改和删除三种。

1）表的创建（定义）

数据基本表的创建，也称为数据库基本表的定义。操作方法有两种：SSMS界面菜单法和SQL命令语句法。

（1）方法一：用SSMS界面菜单创建表。

（2）方法二：用SQL命令语句创建表。

创建基本表就是定义基本表的结构，SQL语言使用CREATE TABLE语句定义基本表结构。其一般语句格式如下：

```
CREATE TABLE <基本表名>
(<列名1>  <列数据类型>  [列完整性约束],
  <列名2>  <列数据类型>  [列完整性约束],
……
[表级完整性约束])
```

说明：

（1）语句格式中“<>”的内容是必选项，“[ ]”的内容是可选项。

（2）“基本表名”是指所定义的基本表的名字，可以由一个或多个属性组成，同一个数据库中不允许有两个基本表同名。

（3）“列名”是指该列（属性）的名称。一个表中不能有两列同名。

（4）“列数据类型”是指该列的数据类型。

（5）“列完整性约束”是指针对该列设置的约束条件。SQL的列级完整性约束条件最常见的有5种：主键约束PRIMARY KEY、唯一性约束UNIQUE、非空值约束NOT NULL、参照完整性约束FOREIGN KEY、用户自定义完整性约束CHECK（约束条件）。

① NOT NULL与NULL约束。前者指该列值不能为空。后者指该列值可以为空。

② UNIQUE约束。唯一性约束，是指该列中不能存在重复的属性值。

③ DEFAULT约束。默认约束，是指该列某值在未定义时的默认值。

④ CHECK约束。检查约束，该约束通过约束条件表达式设置列值应该满足的条件。“表级完整性约束”是规定了关系的主键、外键和用户自定义完整性约束。

2）表的修改和删除

（1）修改数据表

在基本表建立后，当实际业务数据需要发生改变时，可以对基本表结构进行修改。包括增加新的列、删除原有的列、修改原有列的类型等。其一般语法格式为：

```
ALTER TABLE <基本表名>
[ADD <新列名> <列数据类型> [列完整性约束]]
[DROP COLUMN <列名>[CASCADE | RESTRICT]
[MODIFY<列名> <列数据类型>]]
```

说明：

① ADD表示增加新的列，应当满足“列数据类型”和“列完整性约束”要求。

② DROP删除原有某列时，选项RESTRICT对删除列有限制，若欲删除的列被其他表约束等所引用（如CHECK，FOREIGN KEY等约束）则此表不能被删除。而级联选项CASCADE对删除该列无限制，同时删除该表及其关联对象。

③ MODIFY表示修改原有的列，应当满足“列数据类型”等要求。

注意：修改原有的列定义应慎重，可能破坏不满足条件的数据。

（2）删除数据表

当实际业务发生改变，不再需要数据库中的某个数据表时，可以将其删除。当一个数据表被删除后，该表中的所有数据连同该表建立的索引都将一起被删除，而建立在该表上的视图不会随之删除，系统将继续保留其定义，但已无法使用。

删除数据表的一般语法格式为：

```
DROP TABLE <基本表名> ［RESTRICT | CASCADE］;
```

说明：

① RESTRICT：此选项对删除表是有限制的，欲删除的基本表不能被其他表的约束所引用（如CHECK，FOREIGN KEY等约束），不能有视图、触发器、存储过程或函数等依赖该表的对象，否则此表不能被删除。

② CASCADE：级联选项同时删除该表及其关联对象。

③ 在删除基本表的同时，相关的依赖对象一起删除。

【案例3-4】删除商品1表，同时删除相关的视图和索引。

```
DROP TABLE 商品1 CASCADE
```

说明：利用 SSMS 界面菜单方式打开、修改或删除表的操作与前述类似。

3.7 数据查询

3.7.1 学习要求

（1）熟悉数据查询的语句格式。

（2）熟练掌握数据查询语句各种常用方法。

（3）熟练掌握数据查询各种应用。

从数据库中经过筛选获取满足条件数据的过程称为数据查询或查询数据库，由于应用极为广泛成为数据库的核心功能，数据查询主要利用 SELECT 语句实现。

3.7.2 知识要点

1. 数据查询的语句格式

SQL 语言使用 SELECT 语句进行数据库的查询，其语法格式为：

SELECT [ALL|DISTINCT] 目标表的列名或列表达式[目标表的列名或列表达式]…
FROM 表名或视图名[表名或视图名]…
[WHERE 行条件表达式]
[GROUP BY 列名[HAVING 组条件表达式]]
[ORDER BY 列名[ASC|DESC],…]

说明：

（1）从 FROM 子句指定的表或视图中，筛选出满足 WHERE 子句条件的记录，再按 SELECT 子句中的目标表的列名或列表达式，选出记录中的属性值形成结果表。WHERE 子句常用的查询条件如表 3-12 所示。

表 3-12 WHERE 子句常用的查询条件

查询条件	谓　词
比较（比较运算符）	=，>，<，>=，<=，！=，<>，！>，！<；NOT+比较运算符
确定范围	BETWEEN AND，NOT BETWEEN AND
确定集合	IN，NOT IN
字符匹配	LIKE，NOT LIKE
空值	IS NULL，IS NOT NULL
多重条件（逻辑谓词）	AND，OR

（2）选项 DISTINCT 或默认使查询的数据结果只含不同记录，取消其他相同的行。

（3）选项 GROUP 子句，将结果按指定的分组列名的值进行分组，该属性列值相同的记录为一个组，每个组产生结果表中的一条记录。

（4）选项 HAVING 子句，将分组结果中去掉不满足 HAVING 条件的记录。通常会在每组中用做集函数。

（5）选项 ORDER BY 子句，使结果按指定的列及升降次序排列。其中，ASC 选项代表升序（无选项时也默认升序），DESC 代表降序。

说明：

SQL 数据查询的基本结构在关系代数中等价于筛选：

$$\pi_{A_1,A_2,\cdots A_n}(\sigma_F(R_1 \times R_2 \times \cdots \times R_m))$$

其中，$A_1,A_2,\cdots,A_n$ 对应 SELECT 子句中的目标表的列名或列表达式，F 对应 WHERE 子句中的行条件表达式，关系 $R_1,R_2,\cdots,R_n$ 对应 FROM 子句中的表名或视图名。

2．数据查询语句的用法

在实际应用中，使用 SELECT 语句经常需要注意一些限定问题。

1）SELECT 子句

SELECT 子句描述的是最终查询结果的表结构。

（1）在目标表的列名或列表达式前加 DISTINCT 选项，可以保证输出的查询结果表中不出现重复记录。

（2）列表达式是对一个单列求聚合值的表达式，允许出现加减乘除及列名、常数等算术表达式。SQL 提供的聚合函数如表 3-13 所示，常用于 GROUP BY 子句具体详见 5.3.2 节。

表 3-13　聚合函数

聚合函数	功能说明
COUNT（*）	计算记录的个数，如人数等
COUNT（列名）	对一列中的值计算个数，如货物件等
SUM（列名）	求某一列值的总和（此列必须是数值型）
AVG（列名）	求某一列值的平均值（此列必须是数值型）
MAX（列名）	求某一列值的最大值
MIN（列名）	求某一列值的最小值

（3）有时需要在结果表中用“ * ”号表示显示 FROM 子句中表或视图的所有列。

（4）当在结果表中输出的列名与基本表或视图的列名不一致时，可用“旧名 AS 新名”的形式改名。实际使用时，AS 也可以省略。

注意：在多次引用同一数据表时也使用 AS。在 FROM 子句中多次引用同一数据表时，可用 AS 增加别名进行区分，其格式为 AS 别名

【案例 3-5】在商品销售数据库中，查询每一等级的商品数量。在查询结果表中，商品数量显示的列名为数量。

```
USE 商品销售（以下案例暂略）
SELECT 等级，COUNT（*）AS 数量
FROM 商品
GROUP BY 等级
```

【案例 3-6】查询男售货员卖出的商品编号。

```
SELECT DISTINCT 商品.商品编号
FROM 售货员，售货
WHERE 售货员.售货员编号=售货.售货员编号 AND 售货员.性别='男'
```

2）用 BETWEEN AND 或空值查询

在 WHERE 子句中，经常采用如下**谓词**：

（1）行条件表达式可用 BETWEEN...AND...限定某值的范围，也可用算术比较运算符。

谓词 BETWEEN…AND…可以用来判定表达式值在不在指定范围内的元组。

格式：<表达式> [NOT] BETWEEN A AND B

其中，A 是范围的下限，B 是范围的上限。

（2）查询空值操作使用 IS NULL 和 IS NOT NULL。

格式：<表达式> IS [NOT] NULL

【案例 3-7】对客户数据表 Customer，查询缺少联系电话 custPhone 信息的客户名单 custName。

```
SELECT   custName
FROM   Customer
WHERE custPhone IS NULL
```

3）模糊查询

利用字符串比较，可以进行模糊查询。

在行条件表达式中，字符串匹配用 LIKE 操作符的格式为：

<列名> [NOT] LIKE <字符串常数>[ESCAPE <转义字符>]

其中，<字符串常数>可以使用两个通配符：

① %（百分号）。代表任意长度（长度可以为 0）的字符串。如 a%b 表示以 a 开头，以 b 结尾的任意长度的字符串。如 acb，addgb，ab 等都满足该匹配串。

② _（下画线）。代表任意一单个字符。如 a_b 表示以 a 开头，以 b 结尾的长度为 3 的任意字符串。如 acb，afb 等都满足该匹配串。

注意：ESCAPE'\'短语表示“\”为换码字符，此时匹配串中紧跟在“\”后面的字符“_”不再具有通配符的含义，转义为普通的“_”字符。

【案例 3-8】查询姓李售货员的售货员编号和姓名。

```
SELECT 售货员编号，姓名
FROM 售货员
WHERE 姓名 LIKE'李%'
```

3．数据查询应用案例

SELECT 语句可以形成复杂的查询语句。下面通过案例说明 SELECT 语句的功能。本节中所有的案例所涉及的表均来自于“商品销售”数据库的三个基本表：

商品（商品编号，商品名，产地，价格，等级）。

售货员（售货员编号，姓名，性别，年龄）。

售货（商品编号，售货员编号，数量）。

1）比较及排序查询

【案例 3-9】查询年龄大于 25 岁售货员的基本信息。

```
SELECT *
FROM 售货员
WHERE 年龄>25;
```

【案例 3-10】查询销售了商品编号为“G004”商品的售货员的编号和销售数量，并按数量降序排列。

```
SELECT 售货员编号，数量
FROM 售货
WHERE 商品编号="G004"
ORDER BY 数量 DESC
```

【案例 3-11】查询所有售货员的编号，姓名和出生年份。

```
SELECT 售货员编号，姓名，2012-年龄 AS 出生年份
FROM 售货员
```

说明：在此案例中，查询结果包括售货员的出生年份，而在商品销售数据库中并没有售货员出生年份的属性，可以通过当今年份减去售货员的年龄，从而得到售货员的出生年份。

2）多表连接查询和其他用法

多表连接查询主要涉及多个表中数据的连接与查询，是关系数据库中最主要的查询操作。在此类查询的基本格式中要求：

（1）FROM 子句要指明进行连接的表名，多表之间用“，”隔开。

（2）SELECT 子句中要指明多表检索的结果表中的属性名列。

（3）WHERE 子句要指明连接的列名及其连接条件：

一般语法格式为：

[<表名 1>.]<列名 1> <比较运算符> [<表名 2>.]<列名 2>

[<表名 1>.]<列名 1> BETWEEN [<表名 2>.]<列名 2> AND [<表名 2>.]<列名 3>

说明：对于连接字段使用时应注意如下几点。

（1）连接谓词中的“列名”称为连接字段。

（2）连接条件中的各连接字段类型必须是可比的，但不必相同。

（3）“比较运算符”用于不同表的比较，要求具有可比性。

（4）注意 BETWEEN…AND…、以及 AND 等运算符及谓词等用法。

【案例 3-12】查询售货员李平所销售过的商品的编号和商品名。

```
SELECT 商品.商品编号，商品名
FROM 商品，售货员，售货
WHERE 商品.商品编号=售货.商品编号 AND 售货员.售货员编号=售货.售货员编号 AND 姓名='李平'
```

注意：在此案例中，由于多表连接中商品和售货两个表内，均有商品编号属性，为了明确表示属性的来源，在属性前面加上属性所属的基本表名，如商品.商品编号。

【案例 3-13】查询价格在 10～100 元之间的商品信息。

```
SELECT *
FROM 商品
WHERE 价格 BETWEEN 10 AND 100
```

【案例 3-14】查询销售过编号为 G001 或 G002 商品的售货员的编号。

```
SELECT 售货员编号
FROM 售货
```

```
WHERE 商品编号='G001'
UNION
SELECT 售货员编号
FROM 售货
WHERE 商品编号='G002'
```

🔔**注意：**查询结果的结构完全一致时可将两个查询进行并（UNION）、交（INTERSECT）、差（EXCPT）操作。实际上，在前面的 WHERE 子句，也可用 IN('G001','G002')实现。

【案例 3-15】查询产地为北京或上海的商品信息。

```
SELECT *
FROM 商品
WHERE 产地 IN ('北京','上海')
```

🔔**注意：**在此案例中，使用了一个特殊运算符 IN，表示判断属性值是否在一个集合内。NOT IN 表示判断属性值是否不在一个集合内。

3）嵌套查询及应用

🔔**注意：**在此案例中，使用了 SELECT 语句的嵌套查询。嵌套查询是指一个 SELECT 语句中嵌入在另一个 SELECT 语句的 WHERE 子句中的查询。外层查询称为父查询，内层查询称为子查询。子查询可以将一系列简单的查询组合成复杂的查询。

🔔**注意：**SOME 运算符表示某一，ALL 运算符表示所有或每个。

🔔**注意：**在相关子查询中经常使用 EXISTS 谓词。子查询中含有 EXISTS 谓词后不返回任何结果，只得到“真”或“假”。使用存在量词 EXISTS 后，若内层查询结果不为空，则外层的 WHERE 子句返回真值，否则返回假值；使用存在量词 NOT EXISTS 后，若内层查询结果为空，则外层的 WHERE 子句返回真值，否则返回假值。

3.8 数据更新方法

3.8.1 学习要求

（1）熟悉插入数据和插入查询结果的方法。
（2）熟练掌握数据修改的语句及方法。
（3）熟练掌握数据删除的语句及方法。

SQL 中常用的数据更新操作也称为数据操作或数据操纵，包括插入数据、修改数据和删除数据等，鉴于篇幅及教学重点，主要概述一下利用 SQL 语句方式的常用操作方法，SSMS 界面菜单操作方法可借鉴“实践指导”部分的有关内容。

3.8.2 知识要点

1. 数据的插入

在实际业务数据处理过程中，由于增加一条或几条记录数据，经常需要对某个基本表进行插入数据的操作。

当基本表建立以后，可以根据需要向基本表中插入数据，SQL 用 INSERT 语句来插入数据。SQL 插入语句操作有两种形式：插入记录（数据）和插入查询结果。

1）插入记录

向指定表中插入一条或多条新记录的语法格式为：

INSERT INTO <基本表名> [(<列名 1>，<列名 2>，…，<列名 n>)]
VALUES（<列值 1>，<列值 2>，…，<列值 n>）
[，（<列值 1>，<列值 2>，…，<列值 n>），…];

说明：

（1）VALUES 后的记录值中列的顺序必须同基本表的列名表一一对应。

（2）如果某些属性（列）在 INTO 子句中没有出现，则新记录在列名序列中未出现的列上取空值。如果 INTO 子句中没有指明任何列名，则新插入的新记录必须在指定表每个属性列上都有值。

（3）所有不能取空值的列必须包括在列名序列中。

【案例 3-16】向基本表商品中插入一个记录('G006'，'键盘','广东'，'127')

```
INSERT INTO 商品（商品编号,商品名，产地，价格)
VALUES('G006'，'键盘'，'广东'，'127');
```

【案例 3-17】向基本表售货员中插入三个记录('T05'，'李平'，'女'，'23')，('T06'，'柳梅'，'女'，'21')，('T07'，'杨力'，'男'，'25')

```
INSERT INTO 售货员
VALUES('T05'，'李平'，'女'，'23')，
('T06'，'柳梅'，'女'，'21')，
('T07'，'杨力'，'男'，'25’);
```

说明：

数据插入后，可以通过查看当前数据表中新插入的数据（记录）进行检验。

另外，可以通过“SQL Server 导入和导出向导”进行“导入/导出”数据库中的数据。

2）插入查询结果

将 SELECT 语句的查询结果（筛选数据）成批地插入到指定表中的语法格式为：

INSERET INTO <表名> [(<列名 1>，<列名 2>，…，<列名 n>)]
子查询;

说明：

（1）<表名>为指定当前被插入的“数据表名”。

（2）<列名 1>，<列名 2>，…，<列名 n>分别为被插入的数据表的“列名”及顺序。

若指定“列名”序列，则子查询结果与列名序列要一一对应，若省略列名序列，则子查询所得到的数据列必须和指定基本表的数据列完全一致。

（3）“子查询”为所有 SELECT 语句构成的各种查询。

2．数据的修改

根据业务数据的实际需要，可以进行数据的修改，其操作主要利用 UPDATE 语句，语句的

一般格式为：

UPDATE <基本表名>
SET <列名> = <表达式> [<列名> = <表达式>]…
[WHERE <条件表达式>]

说明：

（1）SET 子句用于指定修改值，即用表达式的值取代相应的属性列值。

（2）该语句实现修改指定表中满足 WHERE 条件的记录。如果省略 WHERE 子句，则表示要修改表中的所有记录。

（3）三种修改方式：修改某一个记录的值，修改多个记录的值，带子查询的修改语句。

注意：也可用 UPDATE 进行批量更新，主要取决于后面的 WHERE 语句。

3．数据的删除

如果业务数据表中有些数据已经不再需要了，则可以从数据表中进行删除。删除操作通过 DELETE 语句实现，其语句的一般语法格式为：

DELETE FROM <基本表名>
[WHERE <条件表达式>]

说明：

（1）该语句实现删除指定表中满足 WHERE 条件的记录，如果省略 WHERE 子句，则表示删除表中的所有记录。

（2）DELETE 语句只能从一个表中删除记录，而不能一次从多个表中删除记录。要删除多个记录，就要写多个 DELETE 语句。

3.9 要点小结

结构化查询语言 SQL 具有语言简洁、易学易用、高度非过程化、一体化等特点，是目前广泛使用的数据库标准语言。本章概述了 SQL 的基本概念和 SQL Server 2012 新特点，SQL Server 2012 的功能、SQL Server 2012 组成结构、数据库及其文件的种类，SQL Server 2012 的 7 个新特性包括：管理新特性、安全新特性、开发新特性、数据管理新特性、集成服务新特性、多维分析新特性、报表服务新特性等。

本章简介了数据库操作中常用的数据类型及其具体应用，概述了 SQL Server 2012 的安装与升级、配置和登录等具体操作过程，通过案例应用方式介绍了数据库及表的建立、修改、删除等实际操作和用法，同时介绍了数据的查询及数据的插入、修改和删除等实际应用和具体操作方法。鉴于这些应用非常常用且极为重要，应当联系实验融会贯通。

常用数据库操作语句（命令）如下：

操作	操作命令	功能	说明
数据库操作	Create database <数据库名> Alter database <数据库名> Drop database <数据库名>	建立数据库 修改数据库 删除数据库	新建的 <数据库名>

（续表）

操作	操作命令	功能	说明
表结构操作	CREATE TABLE <表名> ALTER TABLE <表名> [ADD <新列名> <列类型> [列约束]] [DROP COLUMN <列名> [MODIFY<列名> <列类型>]] Drop table <表名>	建立表结构 修改表结构 （增加列） （删除列） （编辑列） 删除表结构	新建的<表名> 操作的<表名>
数据操作	INSERT INTO<表名>[(<列名 1>，…，<列名 n>)] VALUES（<列值 1>，<列值 2>，…，<列值 n>） [,(<列值 1>，<列值 2>，…，<列值 n>）,…]; INSERET INTO <表名> [(<列名 1>，…，<列名 n>)] 子查询 UPDATE <表名> SET <列名> = <表达式> [<列名> = <表达式>]… [WHERE <条件表达式>] DELETE FROM <表名> [WHERE <条件表达式>]	插入数据 插入查询结果 修改数据 删除数据	操作的<表名>
视图操作	CREATE VIEW <视图名>[（<列名>[<列名>]…）] AS（子查询） [WITH CHECK OPTION] DROP VIEW <视图名> 【其他】：用数据插入、修改、删除、查询等操作	建立视图 删除视图 其他操作	新建<视图名> 操作<视图名>
查询操作	SELECT [ALL|DISTINCT]目标表的列名或列表达式 1 [目标表的列名或列表达式 2] … FROM 表名或视图名 1[表名或视图名 2]… [WHERE 行条件表达式] [GROUP BY 列名[HAVING 组条件表达式]] [ORDER BY 列名[ASC|DESC],...] EXEC SQL <SQL 语句>	数据查询 ALL|DISTINCT 可/不可重复 嵌入查询	
索引操作	CREATE INDEX <索引名> [UNIQUE][CLUSTER] ON <表名> (<列名> [<次序>], [,<列名> [<次序>]]…); DROP INDEX <索引名>	建立索引 删除索引	

第 4 章

索引及视图

在实际应用中，数据库的索引对快速查询应用广泛深入。视图为各种用户应用业务数据提供了非常便利且安全可靠的操作方式。

重点	索引的概念、作用、特点、种类；及其创建、更新及删除等操作方法；视图的概念、特点、类型和操作
难点	索引和视图的概念、用途和操作方法
关键	索引的概念、作用及其常用操作方法；视图的概念、特点和常用操作
教学目标	理解索引的概念、作用、特点、种类 熟悉索引的创建、更新及删除等操作方法 掌握视图的概念、特点和类型 熟练掌握视图常用的基本操作

4.1 索引概述

4.1.1 学习要求

（1）熟悉索引的概念、作用及特点。

（2）理解索引的结构及原理。

（3）掌握索引的类型及设计索引的策略。

4.1.2 知识要点

1．索引的概念及特点

1）索引的概念

索引（Index）是数据表中一列或几列值排序的逻辑指针清单。在数据库中，索引就是表中数据和相应存储位置的列表，是加快检索表中数据的方法。

2）索引的作用及特点

（1）索引的作用和优点

索引的**作用和优点**主要体现在 5 个方面。

① 快速高效地提高数据检索，也是创建索引的最主要的原因。

② 通过创建唯一性索引，可以保证数据库表中每一行数据的唯一性。

③ 加速表之间的连接，特别是在实现数据的参照完整性方面很有意义。

④ 利用分组和排序子句进行数据检索时，同样可显著减少查询中分组和排序的时间。

⑤ 在检索数据过程中，利用索引可以使用优化隐藏器，提高系统的性能。

（2）索引的缺点及问题

① 创建索引和维护索引要耗费时间。

② 索引需要占据物理空间。

③ 数据增删改时，降低了数据的动态维护速度。

（3）索引的特点

索引具有以下 6 个特点。

① 索引可以加快数据库的检索速度，以索引页面减少存储空间。

② 可能降低数据库插入、修改、删除等维护任务的速度。

③ 索引只能创建在数据库的表上，不能创建在视图上。

④ 索引既可以直接创建，也可以间接创建。

⑤ 可以在优化隐藏中使用索引。

⑥ 使用查询处理器执行 SQL 语句时，在一个表上一次只能使用一个索引。

***2．索引的结构及原理**

1）索引的结构

索引是一个单独的、物理的数据库结构，通过其结构可更好地理解索引概念及原理。

（1）B 树。在 SQL Server 中，索引按 B 树（平衡树）结构进行组织。索引 B 树中的每一页称为一个索引结点。B 树的顶端结点称为根结点。索引中的底层结点称为叶结点。根结点与叶结点之间的任何索引级别统称为中间级。

B 树主要用于在查找特定信息时，提供一致性并节省时间。先从根结点开始，每次索引都按照一半或一小半的树枝进行。只有少量数据时，根结点可直指数据的实际位置。通常，根结点指向很多数据，可让根结点指向中间结点——或称为非叶层结点，是根结点与数据物理存储的结点间的结点，可指向其他的非叶层结点，或指向叶层结点（平衡树的最底层）。叶层结点是包含实际物理数据的信息参考点。叶更像浏览树的整体，在叶层得到数据的最终结果。

从根结点开始，移动到等于或小于要查找的最高值的结点，并查找下一层，然后重复该处理过程，逐层沿着树结构向下查找，直到叶层为止。

当数据被添加到表中树结构时，结点需要拆分。在 SQL 结点等同于页——称为页拆分（Page Split）。页拆分时，数据自动来回移动以保证树平衡。第一半数据保留在旧页上，而其余数据则被移到新页中，且可保持树平衡。

2）索引的原理

在实际应用中，SQL 检索有两种方法：对表逐行扫描查询和索引。SQL 采取的方法执行特定检索，取决于可用的索引、所需的列、使用的连接以及表的大小等。

在查询优化处理中，“优化器”首先查看所有可用的索引并选择一个最好索引。一旦选择了此索引，SQL Server 就操纵树结构指向与标准匹配的数据指针，并提取所需记录。索引查询还可检测到查询范围的末尾，结束查询，或根据需要移到检索数据的下一范围。

表的存储由两部分组成，一部分用于存放表的数据页面，另一部分存放索引页面。

3．索引的类型

1）聚集索引

聚集索引也称为**聚簇索引、群集索引或物理索引**，如同图书目录带有指针，对应（指向）数据存储位置按原定物理顺序（输入时自然顺序）排列，确定表中数据的物理顺序，即与基表的物理顺序相同，按照索引的字段（属性列）排列记录，并依排好的顺序将记录存储在表中。由于数据行本身只能按一个顺序存储。所以，每个表只能建一个聚集索引。

2）非聚集索引

非聚集索引具有完全独立于数据行的结构，使用非聚集索引不用将物理数据页中的数据按列排序。按照索引的字段排列记录，数据与索引分开存储，索引带有指针指向数据的存储位置。若索引时无指定索引类型，默认情况下为非聚集索引，最好在唯一值较多的列上创建非聚集索引，对经常需要连接和分组查询，应在连接和分组操作中使用的列上创建多个非聚集索引，在任何外键列上创建一个聚集索引。如字典的“偏旁部首”对应的为非聚簇索引。

聚集索引和非聚集索引的**区别**，如表 4-1 所示。

表 4-1　聚集索引和非聚集索引的区别

聚集索引	非聚集索引
每个表只允许创建一个聚集索引	最多可以有 249 个非聚集索引
物理的重排表中的数据以符合索引约束	创建一个键值列表，键值指向数据在数据页中的位置
用于经常查找数据的列	用于从表中查找单个值的列

3）其他类型索引

（1）唯一索引。若希望索引键各不相同，可创建唯一索引。

（2）包含新列索引。

（3）视图索引。

（4）XML 索引。

（5）全文索引。

表 4-2 列出了 SQL Server 2012 中可用的索引类型，并提供相关说明。

表 4-2　SQL Server 2012 的索引类型

索引类型	说　明
聚集	聚集索引基于聚集索引键按顺序排序和存储表或视图中的数据行。按 B 树索引结构实现，B 树索引结构支持基于聚集索引键值对行进行快速检索
非聚集	既可用聚集索引为表或视图定义非聚集索引，也可根据堆定义非聚集索引。非聚集索引中的每个索引行都包含非聚集键值和行定位符。此定位符指向聚集索引或堆中包含该键值的数据行。索引中的行按索引键值的顺序存储，但不保证数据行按任何特定顺序存储，除非对表创建聚集索引
唯一	唯一索引确保索引键不包含重复的值。因此，表或视图中的每一行在某种程度上是唯一的。唯一性可以是聚集索引和非聚集索引的属性
列存储	基于按列对数据垂直分区的 xVelocity 内存优化列存储索引，作为大型对象（LOB）存储
带有包含列的索引	一种非聚集索引，扩展后不仅包含键列，还包含非键列
计算列上的索引	从一个或多个其他列的值或某些确定的输入值派生的列上的索引

（续表）

索引类型	说明
筛选	一种经过优化的非聚集索引，特别适用于涵盖从定义完善的数据子集中选择数据的查询。筛选索引使用筛选谓词对表中的部分行进行索引。与全表索引相比，设计良好的筛选索引可提高查询性能、减少索引维护开销并可降低索引存储开销
空间	利用空间索引，可以更高效地对 geometry 数据类型的列中的空间对象（空间数据）执行某些操作。空间索引可减少需要应用开销相对较大的空间操作的对象数
XML	xml 数据类型列中 XML 二进制大型对象（BLOB）的已拆分持久表示形式
全文	一种特殊类型的基于标记的功能性索引，由 SQL Server 全文引擎生成和维护。用于帮助在字符串数据中搜索复杂的词

4．设计索引的策略

1）建立索引的查询策略

（1）搜索符合特定搜索关键字值的行（精确匹配查询）。

（2）搜索其搜索关键字值为范围值的行（范围查询）。

（3）在前一表中搜索需要根据连接谓词与后一表中的某个行匹配的行。

（4）若不进行显式排序操作，按一种有序的顺序对行扫描，以允许基于顺序的操作。

（5）以优于表扫描的性能对表中所有的行进行扫描，性能提高是由于减少了要扫描的列集和数据总量。

（6）搜索插入和更新操作中重复的新搜索关键字值，实现 PRIMARY KEY 和 UNIQUE 约束。

（7）搜索已定义 FOREIGN KEY 约束的两个表之间匹配的行。

（8）使用 LIKE 比较进行查询时，若模式以特定字符串如“abc%”开头进行了索引，使用索引将提高效率。

2）索引设计其他策略

（1）一个表若建有过多索引会影响 INSERT、UPDATE 和 DELETE 操作的性能。

（2）应使用 SQL 事件探查器和索引优化向导帮助分析查询，确定要创建的索引。

（3）对小型表进行索引可能不会产生优化效果。

（4）覆盖的查询可以提高性能。

（5）可以在视图上指定索引。

（6）可以在计算列上指定索引。

如对数据库表 C（货物编号，货物名称，产地，生产企业，型号，颜色，单价，生产时间）的索引设计，如表 4-3 所示。

表 4-3 数据库表的索引设计

列名	聚集索引	唯一索引	非聚集索引	是否主键
货物编号	√	√		√
货物名称			√	
生产企业		√	√	
产地	√	√		√

3）适合索引的特征

在确定某一索引所适合的项查询之后，可以选取最适合具体情况的索引类型特征：聚集还是非聚集，唯一还是普通，单列还是多列组合，索引中的列顺序为升序还是降序，覆盖还是非覆盖等。还可选取索引的初始存储特征，通过设置填充因子优化其维护，并使用文件和文件组自定义其位置以优化性能。

4）索引优化建议

对于索引优化问题，建议考虑以下几个方面。

（1）将更新尽可能多的行的查询写入单个语句内，而不用多个查询更新相同的行。仅用一个语句，就可用优化的索引维护。

（2）使用索引优化向导分析查询并获得索引建议。

（3）对聚集索引使用整型键。另外，在唯一列、非空列或 IDENTITY 列上创建聚集索引可以获得比较好的性能。

（4）在查询经常用到的各列上创建非聚集索引，可最大限度地利用隐蔽查询。

（5）物理创建索引所需时间很大程度上取决于磁盘子系统。

（6）检查列的唯一性。

（7）在索引列中要注意检查数据的分布情况。

4.2 索引的基本操作

4.2.1 学习要求

（1）熟悉索引的创建、查看及使用方法。

（2）熟练掌握索引的更新与删除方法。

4.2.2 知识要点

1．索引的创建及使用

1）创建索引的方法

除在 3.4 节中，直接创建表时可以借助菜单建立索引方法之外，主要利用以下两种方法。

（1）利用“对象资源管理器”直接创建索引（不做重点）。

（2）利用 SQL 语句中的 CREATE INDEX 命令创建索引。

语法格式：

CREATE [UNIQUE] [CLUSTER | NONCLUSTER]

INDEX <索引名>ON <表名|视图名>（<列名> [<次序>]，[<列名> [<次序>]]…）

功能：按照指定索引类型等要求和次序创建一个索引。

说明：其中，UNIQUE 表明建立唯一索引。选 CLUSTER 表示建立聚集索引，选 NONCLUSTER 或默认为非聚集索引。“次序”用于指定索引值的排列顺序，可为 ASC（升序）或 DESC（降序），默认值为升序。

【案例 4-1】商品表的属性列商品编号上创建一个（非聚集）索引。

```
CREATE INDEX 商品_编号
ON 商品（商品编号 SC）;
```

2）索引的查看与使用

（1）索引的查看

① 用 DBCC SHOW_STATISTICS 命令查看指定表或视图中特定对象的统计信息。包括 3 部分：统计标题信息、统计密度信息和统计直方信息（为显示直方略方图时的信息）。统计标题信息主要包括表中的行数、统计的抽样行数、所有索引列的平均长度等。统计密度信息主要包括索引列前缀集的选择性、平均长度等信息。

② 用 SSMS 图形化工具查看统计信息。

③ 使用系统存储过程 sp_helpindex 查看特定表上的索引信息。如查看数据库“BookDateBase”中“Books”表的索引信息，可使用如下语句：

```
EXEC    SP_HELPINDEX    Books
```

④ 查看查询执行计划及索引的比较

在实际应用中，还可以查看查询执行计划情况。

- 检验聚集索引

```
CREATE UNIQUE CLUSTERED INDEX CLIDX_学生表_备份_ID   ON 学生表_备份（学号）
```

再利用执行前面执行过的 SELECT 语句可以检验区别。

- 检验非聚集索引

执行以下查询：

```
SELECT * FROM  学生表_备份  order by  身份证号
```

说明：为了加速查询，SQL 需要身份证号列有一个索引。由于在学生表_备份表上已经定义了一个聚集索引，因此必须使用非聚集索引。

```
CREATE INDEX CLIDX_学生表_备份_身份
                ON  学生表_备份（身份证号）
```

（2）聚集索引的使用

在聚集索引下，数据在物理上按顺序排在数据页上，重复值也排在一起，因而在那些包含范围检查（between、<、<=、>、>=）或使用 group by、order by 的查询时，一旦找到具有范围中第一个键值的行，具有后续索引值的行必然连在一起，不必进一步搜索，避免了大范围扫描，可极大地提高查询速度。

聚集索引的候选列是：

① 经常按范围存取的列，如 date>“20130101” and date< “20130131”。

② 经常在 where 子句中使用并且插入是随机的主键列。

③ 在 group by 或 order by 中使用的列。

④ 在连接操作中使用的列。

3）非聚集索引的使用

非聚集索引检索效率较低，且一个表只能建一个聚集索引，当用户需要建立多个索引时就应使用非聚集索引。在建立非聚集索引时，应考虑索引对查询速度的加快与降低修改速度之间的影响。索引使用情况分析表，如表 4-4 所示。

通常，在下面情况中使用非聚集（非聚簇）索引：

① 常用于聚合函数（如 Sum,...）的列。

② 常用于 join, order by, group by 的列。

③ 查询出的数据不超过表中数据量的20%。

表4-4 索引使用情况分析表

情况描述	使用聚集索引	使用非聚集索引
用于返回某范围内数据的列	应	不应
经常用于分组排序的列	应	应
小数目不同值的列	应	不应
连接操作使用的列	应	应
频繁更新修改的列	不应	应
单个或极少不同值的列	不应	不应
大数目不同值的列	不应	应

4）创建索引应注意的问题

（1）慎重选择作为聚集索引的列。

🔔注意：通常，数据库应用系统进行数据检索都离不开“用户名（代码）”、“货物名称”、“单价”、“生产日期”等常用字段，便于对常用数据进行快速检索。

（2）注重以多列创建的索引中列的顺序。多列索引中列的先后顺序应当与实际应用中where、group by或order by等子句里列的放置位置相同，检索才能快。

2．索引的更新与删除

1）索引的更新

在SQL Server的查询分析器中输入命令：

```
Use database_name
Declare @table_id int
Set @table_id=object_id ('Employee')
Dbcc showcontig (@table_id)
```

在命令返回的参数中Scan Density 是索引性能的关键指示器，这个值越接近100%越好，通常低于90%时，就应更新（重建）索引。主要使用DBCC DBREINDEX命令：

```
dbcc dbreindex('表名', 索引名, 填充因子)      /*填充因子一般为90或100*/
```

若更新（重建）后，Scan Density还没有达到100%，可更新（重建）该表的所有索引：

```
dbcc dbreindex('表名','  ', 填充因子)
```

2）删除索引

删除索引的主要方法有两种：一是利用对象资源管理器删除索引；二是利用SQL语句中的DROP INDEX命令删除索引。

（1）利用对象资源管理器删除索引

删除索引的具体步骤如下：

① 在对象资源管理器中，展开指定的服务器和数据库，选择要删除索引的表，用右键单击该表，从弹出的快捷菜单中选择所有任务项的管理索引选项，就会出现管理索引对话框，在该对话框中，可以选择要处理的数据库和表。

② 选择要删除的索引，单击“删除”按钮。

（2）利用 SQL 中的命令删除索引

在 SQL 语言中，删除索引的语法格式为：

DROP INDEX <索引名>

功能：删除指定的索引。

【案例 4-2】删除表商品的索引商品_编号。

DROP INDEX 商品_编号

4.3 视图及其应用

4.3.1 学习要求

（1）掌握视图的概念和主要作用。

（2）理解视图的种类和主要特点。

4.3.2 知识要点

1．视图的概念和作用

1）视图的概念

视图（View）是从基本表或其他视图导出的一种虚表。视图显示的数据来自一个或几个不同的基表或其他视图，由基表的字段列和数据行构成。对视图的概念的理解，还包括以下几点。

（1）视图是查看数据库表中数据的一种方法。

（2）提供了存储预定义的查询语句作为数据库中的对象以备后用的能力。

（3）视图只是一种逻辑对象，并非物理对象，不占用物理存储空间。

（4）在视图中被引用的表称为视图的基表。

（5）视图的内容包括：基表的列的子集或行的子集；两个或多个基表的联合；两个或多个基表的连接；基表的统计汇总；另外一个视图的子集；视图和基表的混合。

2）视图的作用

视图的作用类似筛选，定义视图的筛选可来自当前或其他数据库的一个或多个表或其他视图。分布式查询也可用于定义使用多个异类源数据的视图。

视图的作用主要包括以下 6 个方面。

（1）集中数据。

（2）对数据提供保护。

（3）简化用户的操作。

（4）为数据库重构提供了一定程度的逻辑独立性。

（5）便于组织数据导出和对数据的管理与传输，视图将数据库设计的复杂性与用户分开，简化用户权限的管理，为向其他应用程序输出重新组织数据。

（6）视图使用户能以多种角度看待同一数据。

2．视图的种类和特点

1）视图的种类

（1）索引视图。是被具体化了的视图。索引视图可以显著提高某些类型查询的性能。索引视图特别适于聚合许多行的查询。但不太适于经常更新的基本数据集。

（2）分区视图。在一台或多台服务器间水平连接一组成员表中的分区数据，数据看上去如同来自于一个表。连接同一 SQL Server 实例中的成员表的视图是一个本地分区视图。

（3）系统视图。公开目录元数据。可使用系统视图返回与 SQL Server 实例或在该实例中定义的对象有关的信息。

2）视图的特点

通常，各种视图具有以下 4 个特点。

（1）视图对应于三级模式中的外模式（用户模式），是数据库外模式一级数据结构的基本单位，是提供给用户以多角度观察数据库中数据的重要机制和形式。

（2）虚表是由基表（实表）或其他视图导出的虚拟表，其本身不存储在数据库中。

（3）视图只存放其定义，而不存放视图对应的数据。视图的列可以来自不同的表，是表的抽象和在逻辑意义上建立的新关系。

（4）创建视图后，便可以进行检索或删除等操作，也可再定义其他视图。视图的建立和删除不影响基表。但是，对视图内容的更新（添加、删除和修改）直接影响基表。当视图来自多个基表时，不允许通过视图添加和删除数据。

4.4 视图的常用操作

4.4.1 学习要求

（1）掌握视图的创建方法和规划设计。

（2）熟悉视图的重命名、修改及删除方法。

（3）掌握查询视图及有关信息的方法。

4.4.2 知识要点

1．视图的创建和规划

1）视图的创建方法

SQL 创建视图提供了两种方法：使用“资源对象管理器”和 SQL 命令。

① 使用“资源对象管理器”创建视图不做重点。

② 使用 SQL 命令创建视图。在 SQL 语言中，使用 CREATE VIEW 语句创建视图，其语法的一般格式为：

```
CREATE VIEW <视图名>[（<列名 1>[<列名 2>]…）]
[WITH ENCRYPTION]
AS（子查询）
[WITH CHECK OPTION]
```

功能：创建一个指定的视图。

说明：在实际操作应用时，需要注意以下几个问题。

① 在语法格式中，列名用于指定创建的视图所包含的属性，若视图名与子查询 SELECT 子句里的所有列名完全相同时，列名序列可以省略。

以下三种情况下必须明确指定全部属性列：

- 子查询 SELECT 子句里列名中有常数、聚合函数或列表达式。
- 子查询 SELECT 子句里列名中有从多个表中选出的同名属性列。
- 需要用更合适的新列名作为视图列的列名。

② 选取 WITH ENCRYPTION 创建为加密视图。

③ 在子查询中不允许使用 DISTINCT 短语和 ORDER BY 子句。如果需要排序，可在视图定义后，对视图查询时进行排序。

④ WITH CHECK OPTION 子句将约束通过视图更新表，拒绝那些不符合视图定义中 WHERE 子句里限定的条件的更新数据。在对视图进行 UPDATE、INSERT 和 DELETE 操作时要保证更新、插入或删除的行满足视图定义中的谓词条件，即子查询中的条件表达式。

2）视图的规划设计

在设计好数据库的全局逻辑结构之后，还应根据局部应用的需求，结合 DBMS 的特点，设计局部应用的数据库局部逻辑结构，即设计更符合局部用户需要的用户视图。定义数据库全局逻辑结构主要从系统的时间效率、空间效率、易维护等角度出发。

定义用户局部视图时可以主要考虑以下几个方面。

使用更符合用户习惯的别名；可对不同级别的用户定义不同的视图，以保证系统的安全性简化用户对系统的使用。

注意：在创建视图时还应该注意以下几点。

（1）创建视图必须拥有创建视图的权限，否则无法进行。

（2）只能在当前数据库中创建视图。

（3）视图名不可与表重名。

（4）视图中列的名称需要所引用的基表的列的名称一致。

（5）可以将视图创建在其他视图上。

（6）不应在视图上创建全文索引、规则、默认值和 after 触发器（是个特殊的存储过程，其执行由事件触发），也不能在规则、默认、触发器的定义中引用视图。

（7）不能创建临时视图，也不能在临时表上建立视图。

（8）定义视图的查询语句不能包含 COMPUTE 或 COMPUTE BY 子句；不能包含 ORDER BY 子句，除非在 SELECT 语句的选择列表中也有一个 TOP 子句；不能包含 INTO 关键字；不能引用临时表或表变量。

（9）若视图引用的表被删除，则当使用该视图时将返回一条错误信息，若创建具有相同的表的结构新表来替代已删除的表视图则可使用，否则必须重新创建视图。

2. 视图的重命名、修改及删除

1）视图的重命名及修改

（1）视图重命名

① 使用 SSMS 菜单操作方法

② 使用 SQL 语句操作

视图重命名操作使用的语句为：

```
sp_rename old_name, new_name
```

说明：其中，old_name 为原视图名，new_name 为新的视图名。

（2）视图修改

① 利用 SSMS 菜单操作方法

② 利用 SQL 语句操作方法

视图修改操作使用的语句为：

ALTER VIEW <视图名>
[WITH ENCRYPTION]
AS（子查询）
[WITH CHECK OPTION]

说明：其中，<视图名>为被修改的视图名。

若用 ALTER VIEW 修改当前正在使用的视图，SQL 将在该视图上放一个排他架构锁。当锁已授予某用户，且该视图无活动用户时，SQL 将从过程缓存中删除该视图的所有副本，引用该视图的现有计划将继续保留在缓存中，但当唤醒调用时重新编译。

若原视图定义是用 WITH ENCRYPTION 或 CHECK OPTION 创建的，则只有在 ALTER VIEW 中也包含这些选项时，此选项才有效。

① 修改视图并不会影响相关对象（如存储过程或触发器），除非对视图定义的更改使得该相关对象不再有效。

② 若当前所用的视图使用 ALTER VIEW 来修改，则数据库引擎使用对该视图的排他架构锁。在授予锁时，若该视图没有活动用户，则数据库引擎将从过程缓存中删除该视图的所有副本。引用该视图的现有计划将继续保留在缓存中，但一旦被调用就会重新编译。

③ ALTER VIEW 可应用于索引视图，但是，ALTER VIEW 会无条件地删除视图的所有索引。

④ 若要执行 ALTER VIEW，至少需要具有对 OBJECT 的 ALTER 权限。

注意：对于加密的和不加密的视图都可以通过此语句进行修改。

2）视图的删除

实际上删除视图，是从系统目录中删除视图的定义和有关视图的其他信息。还将删除视图的所有权限。所以，一定要慎重。

使用 DROP TABLE 删除的表上的任何视图，都必须使用 DROP VIEW 显式删除。

删除操作需要具有对 SCHEMA 的 ALTER 权限或对 OBJECT 的 CONTROL 权限。

（1）使用 SSMS 删除。从数据库中删除视图：

① 在“对象资源管理器”中，展开包含要删除的视图的数据库，然后展开“视图”文件夹。

② 右键单击要删除的视图，然后单击“删除”按钮。

③ 在“删除对象”对话框中，单击“确定”按钮。

注意：单击“删除对象”对话框中的“显示依赖关系”以打开“view_name 依赖关系”对话框。将显示依赖于该视图的所有对象和该视图依赖的所有对象。

（2）使用 Transact-SQL 删除

在 SQL 语言中，使用 DROP VIEW 语句删除视图，其语法一般格式为：

DROP VIEW <视图名>

功能：删除指定的视图。

说明：其中，<视图名>为指定删除的视图名。

🔔注意：视图删除后视图的定义将从数据字典中删除，但由该视图导出的其他视图定义仍在数据字典中，不过此时都已失效。用户若再使用这些失效的视图时会出现错误，此时需要用 DROP VIEW 语句将其逐一删除。

【案例 4-3】删除商品_销售量视图。

```
DROP VIEW 商品_销售量;
```

3. 查询视图及有关信息

1）查询视图

在视图建立完成之后，用户就可以像对基本表一样使用视图查询数据。由于视图是虚表，系统执行对视图的查询时，将用户对视图的查询和视图定义中的子查询进行关联，并转换成对基本表的查询。

利用 Select 语句等方法在视图中查询时，主要采用以下几种方法：

（1）利用 SSMS 通过菜单查看；

（2）查询视图 Information_schema.views；

（3）查询系统表 syscomments；

（4）使用命令 sp_helptext <对象名>。

🔔注意：加密视图不可查看，可以隐藏视图定义。

隐藏视图定义语句方法格式为：

```
with encryption
```

【案例 4-4】查找售出商品键盘的销售量。

```
SELECT 销售数量
FROM 商品_销售量
WHERE 商品名='键盘'
```

🔔注意：视图可以简化复杂的查询操作。若对一个基本表的查询较为复杂时，可以通过对基本表建立一个视图，然后对此视图进行查询的方式。这样就可以将一个复杂的查询转换成创建一个视图和一个简单的查询，从而简化了操作。

2）获取有关视图的信息

在 SQL Server 2012 中，通过使用 SSMS 菜单操作或 SQL 语句两种方法，可以获取有关视图的定义或属性的信息。可根据需要查看视图定义了解数据从源表中的提取方式，或查看视图所定义的数据。

🔔注意：若更改视图所引用对象的名称，则必须更改视图，使其文本反映新的名称。因此，在重命名对象之前，首先显示该对象的依赖关系，以确定即将发生的更改是否会影响任何视图。

（1）使用菜单获取视图属性；

（2）使用视图设计器工具获取视图属性；

（3）使用 SQL 语句方法：

```
EXEC    sp_helptext <对象名>
```

4．利用视图更新数据

1）使用 SSMS 操作方法

通过视图修改表数据

① 在“对象资源管理器”中，展开包含视图的数据库，然后展开“视图”。

② 右键单击该视图，然后选择“编辑前 200 行”。

③ 可能需要在 SQL 窗格中修改 SELECT 语句以返回要修改的行。

④ 在“结果”窗格中，找到要更改或删除的行。若要删除行，请右键单击该行，然后选择“删除”按钮。若要更改一个或多个列中的数据，请修改列中的数据。

注意：若视图引用多个基表，则不能删除行。只能更新属于单个基表的列。

⑤ 若要插入行，请向下滚动到行的结尾并插入新值。

注意：若视图引用多个基表，则不能插入行。

2）用 SQL 语句方法

（1）通过视图更新表数据的语句：

UPDATE　<视图名>

说明：<视图名>为通过视图更新表数据的“视图文件名”。

（2）通过视图插入表数据的语句：

INSERT INTO　<视图名>
Values (对应值列表)

说明：<视图名>为通过视图插入表数据的“视图文件名”；Values (对应值列表)中对应值列表为与基表“属性（列）”对应（包括顺序）的“值”，各值之间用“,”号隔开。

（3）通过视图删除表数据的语句：

DELETE
FROM　<视图名>
WHERE <条件表达式>

说明：<视图名>为通过视图删除表数据的“视图文件名”；WHERE <条件表达式>为“筛选”删除表数据的具体“条件表达式”。

注意：通过视图对数据进行更新与删除时，需要注意以下几点。

① 若视图引用多个表时，则无法利用 DELETE、UPDATE、INSERT 命令直接对视图更新，但可以通过替代触发器进行更新。

② 执行 UPDATE 或 DELETE 时，所删除与更新的数据，必须包含在视图结果集中，否则失败。

③ 若视图包含通过计算得到的字段（列）或 GROUP　BY 子句，如计算值或聚合函数的字段，则不允许对该视图进行更新操作。

④ 若定义视图时含有 WITH CHECK OPTION 子句，在视图上更新数据时，系统会进一步检查视图定义中的条件，不满足条件时拒绝执行。对含有 WITH CHECK OPTION 选项的视图，可插入非视图数据，由于数据最终存储在视图所引用的基本表，但插入后不在视图数据集，则无法通过视图查询该数据。

🔔**注意：**在关系数据库中，并非所有视图都可更新。由于有些视图的更新不能唯一地有意义地转换成对相应基本表的更新，所以，对此情形的视图不可更新。

一般对视图更新的规定，包括以下几点。

（1）行列子集视图是可更新的视图。

（2）若视图是由两个以上基本表导出的，则此视图不可更新。

（3）若视图的列是由聚合函数或表达式计算得出的，则此视图不可更新。

（4）若视图定义中含有 DISTINCT、GROUP BY 等子句，则此视图不可更新。

（5）一个不可更新的视图上定义的视图也不可更新。

*4.5 特殊类型视图的应用

4.5.1 学习要求

（1）理解索引视图的概念和创建步。

（2）掌握分区视图的概念、用法及更新数据的方法。

4.5.2 知识要点

1．索引视图的概念和创建

1）索引视图的概念及作用

索引视图是指建立唯一聚集索引的视图。

标准视图是在执行引用了视图的查询时，SQL 才将相关的基本表中的数据合并成视图的逻辑结构。当查询所引用的视图包含大量的数据行或涉及到对大量数据行进行合计运算或连接操作时，动态地创建视图结果集将给系统带来沉重的负担，特别是经常引用大容量视图。

解决方法是为视图创建唯一聚集索引，即在视图上创建唯一聚集索引时生成该视图的结果集，并将结果集数据与有聚集索引的表的数据集一样存储在数据中。

2）索引视图的创建

用 SQL 语句在 SQL Server 2012 中创建索引视图。对视图创建的第一个索引必须是唯一聚集索引，以提高查询性能，因为视图在数据库中的存储方式与具有聚集索引的表的存储方式相同。之后，才可创建其他非聚集索引。查询优化器可使索引视图加快执行查询的速度。要使优化器考虑将该视图作为替换，并不需要在查询中引用该视图。

（1）创建索引视图的步骤

创建索引视图的步骤如下：

① 视图中验证将引用的所有现有表的 SET 选项正确性。

② 在创建任何新表和视图之前，验证会话的 SET 选项设置。

③ 验证视图定义的确定性。

④ 用 WITH SCHEMABINDING 选项创建视图。

⑤ 为视图创建唯一的聚集索引。

（2）索引视图的 SET 设置

若执行查询时启用不同的 SET 选项，则在数据库引擎中对同一表达式求值会产生不同结果。如将 SET 选项 CONCAT_NULL_YIELDS_NULL 设置为 ON，表达式'abc'+NULL 返回值 NULL。

但若设置为 OFF 后，同一表达式会生成'abc'。

为了确保能够正确维护视图并返回一致结果，索引视图需要多个 SET 选项具有固定值。若下列条件成立，则表 4-5 中的 SET 选项必须设置为“必需的值”列中显示的值：

- 创建视图和视图上的后续索引；
- 对构成该索引视图的任何表执行了任何插入、更新或删除操作。包括大容量复制、复制和分发查询等操作；
- 查询优化器使用该索引视图生成查询计划。

表 4-5　SET 选项须设置为“必需的值”列中显示的值

SET 选项	必需的值	默认服务器值	默认 OLE DB 和 ODBC 值	默认 DB-Library 值
ANSI_NULLS	ON	ON	ON	OFF
ANSI_PADDING	ON	ON	ON	OFF
ANSI_WARNINGS*	ON	ON	ON	OFF
ARITHABORT	ON	ON	OFF	OFF
CONCAT_NULL_YIELDS_NULL	ON	ON	ON	OFF
NUMERIC_ROUNDABORT	OFF	OFF	OFF	OFF
QUOTED_IDENTIFIER	ON	ON	ON	OFF

注意：极力建议在服务器的任一数据库中创建计算列的第一个索引视图或索引后，尽早在服务器范围内将 ARITHABORT 用户选项设置为 ON。

（3）确定性视图

索引视图的定义应是确定性的。若选择列表中的所有表达式、WHERE 和 GROUP BY 子句都具有确定性，则视图才具有确定性。在使用特定的输入值集对确定性表达式求值时，应始终返回相同结果。只有确定性函数可加入确定性表达式。如 DATEADD 函数是确定性函数，由于对其 3 个参数的任何给定参数值集总返回相同结果。而 GETDATE 不是确定性函数，由于总是使用相同的参数调用，在每次执行时返回结果都不同。

使用 COLUMNPROPERTY 函数的 IsDeterministic 属性可保证视图列的确定性。使用此函数的 IsPrecise 属性确定具有架构绑定的视图中的确定性列是否为精确列。若为 TRUE，则 COLUMNPROPERTY 返回 1；若为 FALSE，则返回 0；若输入无效，则返回 NULL。表明该列不是确定性列，也不是精确列。

说明：即使是确定性表达式，若其中包含浮点表达式，则准确结果也会取决于处理器体系结构或微代码的版本。为了确保数据完整性，此类表达式只能作为索引视图的非键列加入。不包含浮点表达式的确定性表达式称为精确表达式。只有精确的确定性表达式才能加入键列，并包含在索引视图的 WHERE 或 GROUP BY 子句中。

（4）其他要求

除对 SET 选项和确定性函数的要求外，还必须满足下列要求。

① 执行 CREATE INDEX 的用户必须是视图所有者。

② 创建索引时，IGNORE_DUP_KEY 选项必须设置为 OFF（默认设置）。

③ 在创建表时，基表应有正确的 SET 选项集，否则具有架构绑定的视图无法引用该表。

④ 在视图定义中，必须使用两部分名称（即 schema.tablename）引用表。

⑤ 必须使用 WITH SCHEMABINDING 选项创建用户定义函数。

⑥ 需要使用两部分名称 schema.function 引用用户定义函数。

⑦ 应当使用 WITH SCHEMABINDING 选项创建视图。

⑧ 视图必须仅引用同一数据库中的基表，而不引用其他视图中的基表。

⑨ 视图定义必须包含以下各部分，如表 4-6 所示。

表 4-6 视图定义必须包含的部分

包含的部分	含义
COUNT(*)	ROWSET 函数
派生表	自连接
DISTINCT	STDEV、VARIANCE、AVG
float*、text、ntext 或 image 列	子查询
全文谓词（CONTAIN、FREETEXT）	可为 Null 表达式的 SUM
CLR 用户定义聚合函数	TOP
MIN、MAX	UNION

（5）建议及应用

引用索引视图中的 datetime 和 smalldatetime 字符串文字时，建议使用确定性日期格式将文字显式转换为所需日期类型。将字符串隐式转换为 datetime 或 smalldatetime 所涉及的表达式具有不确定性，结果取决于服务器会话的 LANGUAGE 和 DATEFORMAT 设置。如表达式 CONVERT (datetime, '30 listopad 1996', 113) 的结果取决于 LANGUAGE 设置，由于字符串 listopad 在不同语言中表示不同月份。同样在 DATEADD(mm,3,'2000-12-01') 表达式中，SQL Server 基于 DATEFORMAT 设置解释 '2000-12-01' 字符串。

注意：索引视图中列的 large_value_types_out_of_row 选项的设置继承的是基表中相应列的设置。此值是使用 sp_tableoption 设置的。从表达式组成的列的默认设置为 0。表明大值类型存储在行内。可对已分区表创建索引视图，并可由其自行分区。

2．分区视图及更新数据方法

1）分区视图的概念及用法

分区视图是通过对具有相同结构的成员表使用 UNION ALL 所定义的视图。

分区视图在一个或多个服务器间水平连接一组成员表中的分区数据，使数据看起来如同来自一个表。

2）用分区视图更新数据的方法

通常，SQL Server 更新视图的方法有两种。

（1）INSTEAD OF 触发器。可在视图上创建 INSTEAD OF 触发器，修改数据时执行此触发器，但不执行定义触发器的数据修改语句。

（2）分区视图。在分区视图上修改数据应满足的条件：

① INSERT 语句必须为分区视图中的所有列提供数据，并且不允许在 INSERT, UPDATE 语句内使用 DEFAULT 关键字。

② 插入的分区列值应满足基表约束条件。

③ 若分区视图的某个成员包含 TIMESTAMP 列，则不能用 INSERT, UPDATE 修改视图。

④ 若一个成员表中包含 IDENTITY 列，则不能用 INSERT 语句插入数据，也不能用 UPDATE

语句修改 IDENTITY 列，而用 UPDATE 语句可修改表内其他列。

⑤ 若存在具有同一视图或成员表的自链接，则不能使用 INSERT, UPDATE, DELETE 语句对成员表进行插入、修改和删除操作。

⑥ 若列中包含 TEXT, NTEXT 或 IMAGE 列数据，则不能使用 UPDATE 语句修改 PRIAMARY KEY 列。

若视图无 INSTEAD OF 触发器或不是分区视图，则视图必须满足下列条件才可更新。

（1）当视图引用多表时，无法用 DELETE 命令删除数据，若使用 UPDATE，则应与 INSERT 操作一样，被更新的列必须属于同一个表。

（2）定义视图的 SELECT 语句在选择列表中无聚合函数，也不包含 TOP, GROUP BY, UNION（除非视图是本主题稍后要描述的分区视图）或 DISTINTCT 子句。聚合函数可用在 FROM 子句的子查询中，只要不修改函数返回的值即可。

（3）定义视图的 SELECT 语句的选择列表中没有派生列。派生列是由任何非简单列表达式（使用函数、加法或减法运算符等）所构成的结果集列。

（4）一个 UPDATE 或 INSERT 语句只修改视图的 FROM 子句引用的一个基表中的数据。

（5）只有当视图在 FROM 子句中只引用一个表时，DELETE 语句才能引用可更新视图。

4.6 要点小结

索引是某表中一列或几列值的集合及相应的指向表中物理标识其值的数据页的逻辑指针清单，是加快检索表中数据的方法。在数据库中，索引就是表中数据和相应存储位置的列表。使用索引可以极大地减少数据的查询时间，可以有助于查询性能理解。本章主要在介绍了索引的概念、作用、特点、种类的基础上，重点通过大量的典型案例介绍了索引的创建、更新及删除等操作方法。同时，介绍了规划设计索引的策略、注意事项和建议。

视图是从基本表或其他视图导出的一种虚表。视图的数据来自一个或几个不同的基表或其他视图。是一种数据库对象，当视图创建后，系统将视图的定义存放在数据字典中，视图对应数据存储在所引用的数据表中。

结合视图的概念、特点和类型等叙述，通过应用案例介绍了视图的创建、重命名、更新、查询及删除等基本操作，以及视图创建前的规划设计和注意问题。在对常用的标准视图介绍的同时，还对特殊类型视图进行了概述。最后，以综合应用案例对视图应用进行了综合实例分析。

第 5 章

T-SQL 应用编程

在企事业的实际业务数据处理及应用过程中，常用的常量、变量、函数和表达式的用法，以及 T-SQL 流程控制语句及应用非常重要和广泛，而且对于数据库应用系统的实现极为关键，也是对各种 SQL 语句及结构的综合应用。

重点	T-SQL 的概念、特点、种类和执行方式；常量、变量、函数和表达式的用法；T-SQL 流程控制语句及应用
难点	标识符、批处理、脚本与事务的用法 熟悉常量、变量、函数和表达式的用法
关键	熟悉常量、变量、函数和表达式的用法 熟练掌握 T-SQL 流程控制语句及应用
教学目标	理解 T-SQL 的概念、特点、种类和执行方式 掌握标识符、批处理、脚本与事务的用法 熟悉常量、变量、函数和表达式的用法 熟练掌握 T-SQL 流程控制语句及应用

5.1 T-SQL 基础概述

5.1.1 学习要求

（1）理解 T-SQL 的基本概念和特点。

（2）掌握常用标识符及其使用规则。

（3）掌握 T-SQL 的常用类型和执行方式。

5.1.2 知识要点

1．T-SQL 的概念和特点

1）T-SQL 的概念及优点

Transact-SQL（简称 T-SQL）语言是 SQL Server 系统中使用的事务–结构化查询语言及核心组件，是对 SQL 语言的一种扩展形式。

2）T-SQL 语言的特点

T-SQL 语言的主要特点：

（1）是一种交互式查询语言，功能强大，简单易学。

（2）既可直接查询数据库，也可嵌入到其他高级语言中执行。

（3）非过程化程度高，语句的操作执行由系统自动完成。

（4）所有的 T-SQL 命令都可以在查询分析器中完成。

3）T-SQL 语言的编程功能

T-SQL 语言的编程功能包括：**基本功能和扩展功能**。

（1）基本功能及种类

基本功能概括为 5 种：数据定义语言（Data Definition Language，DDL）功能、数据操纵语言（Data Manipulation Language，DML）功能、数据控制语言（Data Control Language，DCL）功能、事务管理语言（Transact Management Language，TML） 功能和数据字典 DD 及其应用功能。

（2）基本扩展功能

T-SQL 语言扩展功能，主要包括程序流程控制结构，主要加入程序流程控制结构，以及 T-SQL 附加的语言元素的辅助语句的操作、标识、理解和使用，包括加入局部变量和系统变量等。附加的语言元素包括标识符、变量、常量、运算符、表达式、数据类型、函数、流程控制语句、错误处理语言、注释等元素。

2．T-SQL 的类型和执行方式

1）T-SQL 语言的类型

根据 T-SQL 语言的功能特点，T-SQL 语言分为 5 种类型。

（1）数据定义语言（DDL）。是最基础的 T-SQL 语言类型，用于定义（创建）和管理数据库及其对象。

（2）数据操纵语言（DML）。也称为数据操作语言，包括实现对数据库表中数据的插入、更新和删除等操作。

（3）数据控制语言（DCL）。用于实现对数据库进行安全管理和权限管理等控制。

（4）事务管理语言（TML）。主要用于事务管理方面。在数据库中执行操作时，经常需要多个操作同时完成或同时取消。

（5）附加的语言元素。主要用于辅助语句的操作、标识、理解和使用，包括标识符、变量、常量、运算符、表达式、数据类型、函数、流程控制语句、错误处理语言、注释等元素。

注意：在 T-SQL 中，命令和语句的写书不区分大小写。

2）在 SSMS 中使用 T-SQL

在 SQL Server 系统中，主要使用 SSMS（SQL Server Management Studio）工具执行 T-SQL 语言编写的语句。SSMS 支持对大多数数据库对象，如表、视图、同义词、存储过程、函数和触发器等生成操作 SQL 语句。如需要生成查询表 Person.AddressType 的 SQL 语句，只需要在该表上右击，选择“编写表脚本为”|“SELECT 到”|“新查询编辑器窗口”命令，如图 5-1 所示。

```
SELECT [AddressTypeID]
,[ Name]
,[rowguid]
,[ModifiedDate]
```

FROM [AdventureWorks].[Person].[AddressType]

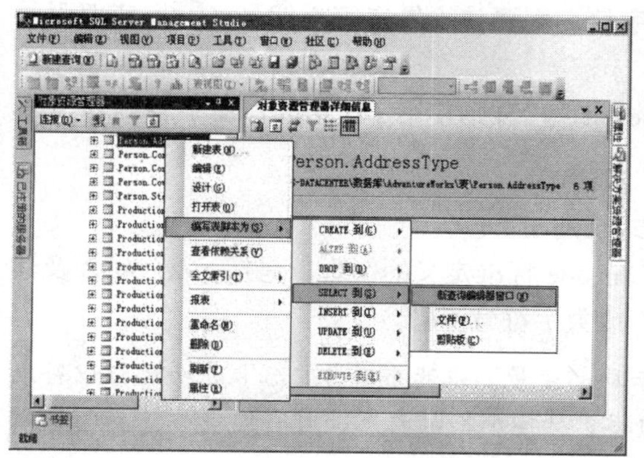

图 5-1 为表生产查询 SQL 语句

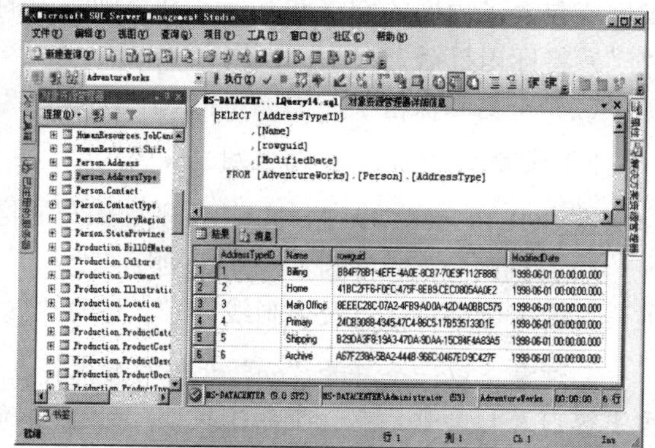

图 5-2 运行 SQL 语句

可单击工具栏的“执行”按钮运行这些语句。运行的结果将在主区域中 SQL 语句下以表格的形式显示。

3）注释语句

在 T-SQL 程序中，注释语句主要用于对程序语句的解释说明并增加阅读性，有助于对源程序语句的理解和修改维护，系统对注释语句不予以执行。

（1）多行注释语句。常放在程序（块）前，用于对程序功能、特性和注意事项等方面的说明，以/*开头并以*/结束。例如：

/* 以下为数据修改程序
请注意修改的具体条件及确认 */

（2）单行注释语句。也称为行注释语句，通常放在一行语句的后面，用于对本行语句的说明，以两个减号（－－）开始的若干字符。例如

－－声明局部变量
－－为局部变量赋初始值

3．标识符及其使用规则

在 T-SQL 语言中，数据库对象的名称就是其标识符（Identifer）。

1）常规标识符

T-SQL 语言的常规标识符（Regular identifer）也称为规则标识符，包括以下 5 种：

（1）由字母、数字、下画线、@、#和$符号组成，其中字母可以是英文字母 a~z 或 A~Z，也可以是来自其他语言的字母字符。

（2）首字符不能为数字和$符号。

（3）标识符不允许使用 T-SQL 的保留字。

（4）标识符内不允许有空格和特殊字符。

（5）标识符长度不超过 128 字节。

2）界定标识符

T-SQL 语言的界定标识符（Delimited identifer）也称为分割标识符，包括两种：

（1）方括号或引号。对于不符合标识符规则的标识符，例如标识符中包含了 SQL Server 关键字或包含了内嵌的空格和其他不是规则规定的字符，则要使用界定符方括号（[]）或双引号（“ ”）将标识符括上。

（2）空格和保留字。如标识符[My Table]、“select” 内分别使用了空格和保留字 select。

3）常规标识符的格式规则

在 SQL Server 中，T-SQL 的常规标识符的格式规则如下：

（1）规则一，首字符必须是下列字符之一：Unicode 标准定义的字母，包括 a~z、A~Z 及其他语言的字母字符，以及下画线“_”、符号“@”或数字符号“#”。

注意：以一个符号“@”开头的标识符表示局部变量，以两个符号“@”开头的标识符表示系统内置的函数。以一个数字符号“#”开头的标识符标识临时表或临时存储过程，以两个数字符号“#”开头的标识符标识全局临时对象。

（2）规则二，后续字符可以包括以下类型的字符。

① Unicode 标准中定义的字母。

② 基本拉丁字符或十进制数字。

③ 下画线“_”、符号“@”、数字符号“#”或美元符号“$”。

（3）规则三，标识符不能是 T-SQL 语言的保留字，包括大写和小写形式。

（4）规则四，不允许嵌入空格或其他特殊字符。

5.2 批处理、脚本及事务

5.2.1 学习要求

（1）理解批处理的概念、使用规则和操作方法。

（2）掌握脚本概念及用途、事务的概念及特征。

5.2.2 知识要点

1．批处理概述

1）批处理的概念

（1）批处理。批处理是指包含一条或多条 T-SQL 语句组，被一次性执行。

（2）执行单元。SQL Server 将批处理编译成一个可执行单元，称为执行计划。

（3）若批处理中的某条语句编译出错，则无法执行。

（4）书写批处理时，GO 语句作为批处理命令的结束标志，当编译器读取到 GO 语句时，会将 GO 语句前的所有语句当做一个批处理，并将这些语句打包发送给服务器。GO 语句本身不是 T-SQL 语句的组成部分，只是一个表示批处理结束的前端指令。

2）批处理的规则

使用批处理需要注意以下规则：

（1）create default , create rule , create trigger, create procedure 和 create view 等语句在同一个

批处理中只能提交一个。

（2）不能在删除一个对象之后，在同一批处理中再次引用这个对象。

（3）不可将规则和默认值绑定到表字段或自定义字段上之后，立即在同一批处理中进行使用。

（4）不允许在定义一个 check 约束之后，立即在同一个批处理中使用。

（5）不能修改表中一个字段名之后，立即在同一个批处理中引用这个新字段。

（6）使用 set 语句设置的某些 set 选项不能应用于同一个批处理中的查询。

（7）若批处理中第一个语句是执行某个存储过程的 execute 语句，则 execute 关键字可以省略。若该语句不是第一个语句，则必须写上。

3）指定批处理的方法

指定处理的方法包括以下4种。

（1）应用程序作为一个执行单元发出的所有 SQL 语句构成一个批处理，并生成单个执行计划。

（2）存储过程或触发器内的所有语句构成一个批处理，每个存储过程或触发器都编译为一个执行计划。

（3）由 EXECUTE 语句执行的字符串是一个批处理，并编译为一个执行计划。

（4）由 sp_executesql 存储过程执行的字符串是一个批处理，并编译为一个执行计划。

说明： 若应用程序发出的批处理过程中含有 EXECUTE 语句，已执行字符串或存储过程的执行计划将和包含 EXECUTE 语句的执行计划分开执行。

4）批处理的结束和退出

（1）批处理结束语句

批处理结束语句 GO，作为批处理的结束标志。

（2）EXECUTE

功能：执行标量值的用户定义函数、系统过程、用户定义存储过程或扩展存储过程。同时支持 T-SQL 批处理内的字符串的执行。

（3）批处理退出语句

批处理退出语句：RETURN [整型表达式]

可无条件中止查询、存储过程或批处理的执行。存储过程或批处理不执行 RETURN 之后的语句。当存储过程使用该语句，则可用该语句指定返回给调用应用程序、批处理或过程的整数值。若 RETURN 语句未指定值，则存储过程的返回值是 0。

说明： 当用于存储过程时，RETURN 不能返回空值。

2. 脚本及事务

1）脚本及其用途

脚本是存储在文件中一系列 T-SQL 语句。是一系列顺序提交的批，脚本文件扩展名为.sql。脚本可以直接在查询分析器等工具中输入并执行，也可以保存在文件中，再由查询分析器等工具执行。可包含一个或多个批处理，GO 作为批处理结束语句，若脚本中无 GO 语句，则作为单个批处理。

脚本的用途主要有两个方面。

（1）将服务器上创建一个数据库的步骤永久地记录在脚本文件中。

（2）将语句保存为脚本文件，从一台计算机传递到另一台计算机，可以方便地使两台计算机执行同样的操作。

2）事务及其特征

（1）事务的定义。事务（Transaction）是完成一个应用处理的最小单元，作为单个逻辑工作单元由一个或多个对数据库操作的语句组成。数据库的并发控制是以事务为基本单位进行的。一个事务可以是一组 SQL 语句、一条 SQL 命令语句或整个程序，一个应用程序可以包括多个事务。

在 SQL 语言中，**定义事务的语句**有 3 条：

```
BEGIN TRANSACTION
COMMIT
ROLLBACK
```

说明：BEGIN TRANSACTION 表示事务的开始；COMMIT 表示事务的提交，即将事务中所有对数据库的更新写回物理数据库中去，此时事务正常结束；ROLLBACK 表示事务的回滚，即在事务运行过程中发生了某种故障，事务不能继续执行，系统将事务中对数据库的所有已完成的更新操作全部撤销，再回滚到事务开始时的状态。

（2）事务的特征

事务由有限的数据库操作序列组成，但并非任意的数据库操作序列都能成为事务，为了保护数据的完整性，一般要求事务具有 4 个特征：原子性、一致性、隔离性和持久性。

事务特性的英文术语的第一个字母为 ACID。故称这 4 个性质为事务的 ACID 准则。

事务 ACID 特性可能遭到破坏的因素：多个事务并行运行时，不同事务的操作交叉执行；事务在运行过程中被强行停止。

5.3 常量、变量、函数和表达式

5.3.1 学习要求

（1）熟悉常用的常量和变量的类型和用法。

（2）掌握常用函数的类型及用法。

（3）熟练掌握运算符和表达式的类型及用法。

5.3.2 知识要点

1. 常量和变量

1）常量

常量是指在程序运行过程中其值保持不变的量。常量是表示一个特定数据值的符号，在程序运行过程中其值保持不变，也称为字面量、文字值或标量值。常量的格式取决于它所表示的值的数据类型。对于字符常量或时间日期型常量，需要使用单引号括上。

常用的常量类型如表 5-1 所示。

表 5-1 常用的常量类型

常量类型	数据类型	说明
字符串常量	Char varChar Text	用单引号括上，并包含字母、数字字符（a~z、A~Z 和 0~9）和特殊字符。若单引号中的字符串本身包含单引号，可使用两个单引号表示嵌入的一个单引号 空字符串用中间没有任何字符的两个单引号表示 Unicode 字符串格式要加前缀 N，且 N 须大写。如 N'Mike'
数值常量	Int Decimal Float,Real	由无引号括上的数字字符串表示 Decimal 常量包含小数点 Float 和 Real 常量使用科学记数法表示
日期时间常量	Datetime Date,Time	使用特定格式的字符日期时间值来表示，并被单引号括上。如'12/5/2010'，'May 12,2008'，'21:14:20'等
二进制常量	Binary varBinary	用加前缀 Ox 的十六进制形式表示，注意 Ox 是两个字母。例如 Ox12A，OxBF 等
Bit 常量	Bit	用不加引号的数字 0/1 表示，若用大于 1 的数字则转换为 1

根据常量的类型不同分为字符型常量、整型常量、日期时间型常量、实型常量、货币常量、全局唯一标识符。

注意：建议用单引号括住字符串常量，以免双引号容易被两侧标识符或字符串搞混。

2）变量

变量是指在程序运行过程中其值可以发生改变的量。

（1）局部变量

局部变量由用户定义，是作用域局限在一定范围内的 T-SQL 对象。

作用域：若局部变量在一个批处理、存储过程、触发器中被声明或定义，则其作用域就在批处理、存储过程或触发器内。

① 局部变量声明

局部变量声明语句的语法格式：

DECLARE

@变量名 1 [AS] 数据类型，@变量名 2 [AS] 数据类型，…，@变量名 n [AS] 数据类型

注意：在应用中，应当注意以下几点。

- 变量名必须以@ (at 符号) 开头。局部变量名必须符合有关标识符的规则。
- 局部变量必须先声明或定义，然后在 SQL 语句中使用。默认初值 NULL。
- 数据类型：是系统提供的类型、CLR 用户定义类型或别名数据类型。变量不能是 text、ntext 或 image 数据类型。

② 赋值

局部变量赋值语句的语法格式：

格式 1：SET @变量名=表达式

格式 2：SELECT @变量名=表达式/ SELECT 变量名=输出值 FROM 表 where

或 SELECT @变量 1=表达式 1[,@变量 2=表达式 2,…,@变量 n=表达式 n]

说明：变量名是除 cursor, text, ntext, image 外的任何类型变量名；表达式是任何有效的 SQL Server 表达式。

“格式 2”可以为多个变量赋值，其中，SELECT @变量名=表达式 用于将单个“表达式”值返回到变量中，若表达式为列名，则返回多个。若 SELECT 语句返回多个值，则将返回的最后一个值赋给变量。若 SELECT 语句没有返回值，变量保留当前值；若表达式是不返回值的子查询，则变量为 NULL。

（2）全局变量

系统全局变量是 SQL Server 系统定义（提供并赋值）的变量。通常用于跟踪服务器范围和特定会话期间的信息，不能被用户显式地定义和赋值。即用户不能建立全局变量，也不能用 SET 语句改变全局变量的值。

格式：@@变量名

记录 SQL Server 服务器活动状态的一组数据，系统提供 33 个全局变量。

常用的全局变量如表 5-2 所示。

表 5-2 常用的全局变量

全局变量	说明	全局变量	说明
@@error	上条 SQL 语句报告的错误号	@@nestlevel	当前存储过程/触发器的嵌套级别
@@rowcount	上一条 SQL 语句处理的行数	@@servername	本地服务器的名称
@@identity	最后插入的标识值	@@spid	当前用户进程的会话 id
@@max_connections	可创建并链接的最大数目	@@cpu_busy	系统自上次启动后的工作时间
@@language	当前使用语言的名称	@@servicename	该计算机上的 SQL 服务的名称
@@transcont	当前连接打开的事务数	@@version	SQL Server 的版本信息

注意：全局变量由@@开头，由系统定义和维护，用户只能显示和读取，不能修改；局部变量由一个@开头，由用户定义和赋值。

2. 常用函数

函数是用于完成某种特定功能的程序，并返回处理结果的一组 T-SQL 语句，其处理结果称为“返回值”，处理过程称为“函数体”。

SQL Server 提供的常用内置函数分为 14 种类型，每种类型的内置函数都可完成某种类型的操作，其函数名称和主要功能如表 5-3 所示。

表 5-3 常用内置函数种类和功能

函数种类	主要功能
聚合函数	将多个数值合并为一个数值，如计算合计值
配置函数	返回当前配置选项配置的信息
加密函数	支持加密、解密、数字签名和数字签名验证等操作
游标函数	返回有关游标状态的信息
日期时间函数	可以执行与日期、时间数据相关的操作
数学函数	执行对数、指数、三角函数、平方根等数学运算

（续表）

函数种类	主要功能
元数据函数	用于返回数据库和数据库对象的属性信息
排名函数	可以返回分区中的每一行的排名值
行集函数	可返回一可用于代替 T-SQL 语句中表引用的对象
安全函数	返回有关用户和角色的信息
字符串函数	可以对字符数据执行替换、截断、合并等操作
系统函数	对系统级的各种选项和对象进行操作或报告
系统统计函数	返回有关 SQL Server 系统性能统计的信息
文本和图像函数	用于执行更改 TEXT 和 IMAGE 值的操作

1）聚合函数

聚合函数也称为统计函数用于聚合分组的数据 GROUP BY 等子句。均为确定性函数，只在下列项中聚合函数允许作为表达式使用：

- SELECT 语句的选择列表（子查询或外部查询）;
- COMPUTE 或 COMPUTE BY 子句;
- HAVING 子句。

SQL Server 中提供了大量的聚合函数，表 5-4 中列出了一些常用聚合函数。

表 5-4 常用的聚合函数

函数名称	功能描述
AVG	返回组中各值的平均值，若为空将被忽略
CHECKSUM	用于生成哈希索引，返回按表某行或组表达式计算出的校验和值
CHECKSUM_AGG	返回组中各值的校验和，若为空将被忽略
COUNT	返回组中项值的数量，若为空也将计数
COUNT_BIG	返回组中项值的数量。与 COUNT 函数唯一差别是其返回值。COUNT_BIG 总返回 bigint 型值。COUNT 始终返回 int 型值
GROUPING	当行由 CUBE/ROLLUP 运算符添加时，该函数将导致附加列的输出 1；当行不由这两种运算符添加时，将导致附加列的输出 0
MAX	返回组中值列表的最大值
MIN	返回组中值列表的最小值
SUM	返回组中各值的总和
STDEV	返回指定表达式中所有值的标准偏差
STDEVP	返回指定表达式中所有值的总体标准偏差
VAR	返回指定表达式中所有值的方差
VARP	返回指定表达式中所有值的总体方差

注意：在 SQL Server 提供的所有聚合函数中，除了 COUNT 函数以外，聚合函数均忽略空值。

2）数学函数

数学函数用于对数字表达式进行数学运算并返回运算结果。表 5-5 列出了部分常用的数学函数。

表 5-5　常用的数学函数

函数	说明
ABS	返回数值表达式的绝对值
EXP	返回指定表达式以 e 为底的指数
CEILING	返回大于或等于数值表达式的最小整数
FLOOR	返回小于或等于数值表达式的最大整
LN	返回数值表达式的自然对数
LOG	返回数值表达式以 10 为底的对
POWER	返回对数值表达式进行幂运算的结果
ROUND	返回舍入到指定长度或精度的数值表达式
SIGN	返回数值表达式的正号(+)、负号(-)或零(0)
SQUARE	返回数值表达式的平方
SQRT	返回数值表达式的平方根

注意：数学函数（如 ABS、CEILING、DEGREES、FLOOR、POWER、RADIANS 和 SIGN）返回与输入值具有相同数据类型的值。三角函数和其他函数（包括 EXP、LOG、LOG10、SQUARE 和 SQRT）将输入值转换为 float 并返回 float 值。

3）字符函数

字符函数也称为字符串函数，用于计算、格式化和处理字符串参数，或将对象转换为字符串。常见的字符函数如表 5-6 所示。

表 5-6　常用的字符函数

字符函数	说明
ASCII	ASCII 函数，返回字符表达式中最左侧的字符的 ASCII 代码值
CHAR	ASCII 代码转换函数，返回指定 ASCII 代码的字符
LEFT	左子串函数，返回字符串中从左边开始指定个数的字符
LEN	字符串函数，返回指定表达式的字符（非字节）数，不含尾部空格
LOWER	小写字母函数，将大写字符转换为小写字符后返回字符表达式
LTRIM	删除前导空格字符串，返回删除了前导空格之后的字符表达式
REPLACE	替换函数，用第 3 个表达式替换第 1 个表达式中出现的所有第 2 个指定字符串表达式的匹配项
REPLICATE	复制函数，以指定的次数重复字符表达式
RIGHT	右子串函数，返回字符串中从右边开始指定个数的字符
RTRIM	删除尾随空格函数，删除所有尾随空格后返回一个字符串
SPACE	空格函数，返回由重复的空格组成的字符串
STR	数字向字符转换函数，返回由数字数据转换来的字符数据
SUBSTRING	子串函数，返回 4 种表达式（字符，二进制，文本和图像）的一部分
UPPER	大写函数，返回小写字符数据转换为大写的字符表达式

4）日期时间函数

表 5-7 列出了 datepart 变元的可能设置。

表 5-7 datepart 常量

常量	含义	常量	含义
yy 或 yyyy	年	dy 或 y	年日期（1 到 366）
qq 或 q	季	dd 或 d	日
mm 或 m	月	Hh	时
wk 或 ww	周	mi 或 n	分
dw 或 w	周日期	ss 或 s	秒
ms	毫秒		

SQL Server 提供的 9 个常用的日期和时间函数，如表 5-8 所示。

表 5-8 常用的日期时间函数

日期函数	说明
DATEADD	返回给指定日期加上一个时间间隔后的新 datetime 值
DATEDIFF	返回跨两个指定日期的日期边界数和时间边界数
DATENAME	返回表示指定日期的指定日期部分的字符串
DATEPART	返回表示指定日期的指定日期部分的整数
DAY	返回一个整数，表示指定日期的天 DATEPART 部分
GETDATE	以 datetime 值的 SQL Server 标准内部格式返回当前系统日期和时间
GETUTCDATE	返回当前的 UTC 时间（通用协调时间/格林尼治标准时间）的 datetime 值。来自当前的本地时间和运行 SQL 实例的操作系统中的时区设置
MONTH	返回表示指定日期的“月”部分的整数
YEAR	返回表示指定日期的年份的整数

注意：上述日期函数中，DATENAME、GETDATE 和 GETUTCDATE 具有不确定性。而 DATEPART 除了用做 DATEPART(dw,date)外都具有确定性。其虽 dw 是 weekday 的日期部分，取决于设置每周的第一天的 SET DATEFIRST 所设置的值。

*5）SQL Server 2012 新增的内置函数

SQL Server 2012 新增了一些内置函数，使开发人员应用更便捷。

（1）字符串类函数。SQL Server 2012 中提供了两个和字符串相关的函数，分别为 Concat 和 Format。Concat 用于连接两个字符串，但比过去的增强可以免去类型转换而直接将多个值连接为一个 String 值进行返回，如图 5-3 所示。Format 是将指定字符串按照格式和地区进行格式化，如图 5-4 所示。

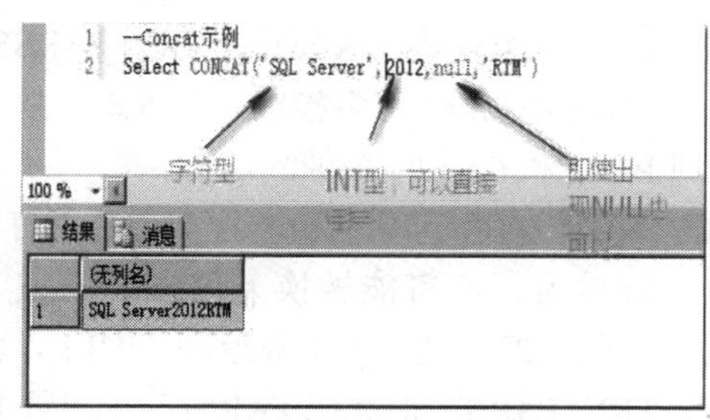

图 5-3 Concat 示例

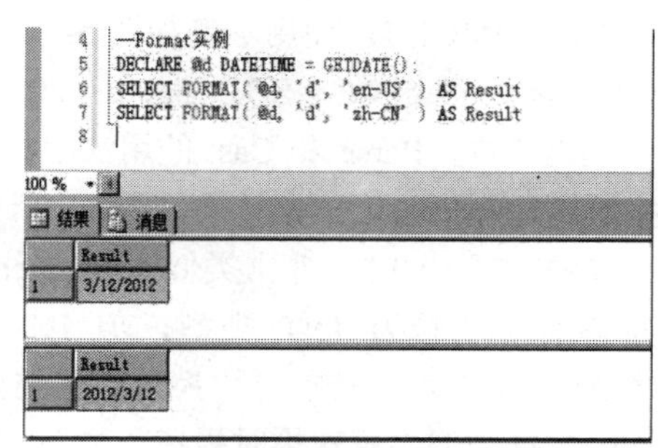

图 5-4 Format 示例

（2）逻辑类函数。新增的两个逻辑类函数 Choose 和 IIF。与 CASE…WHEN 类似。Choose 可以按照索引号返回列表中的数据，如图 5-5 所示。与 Choose 等效的 CASE 表达式如图 5-6 所示。

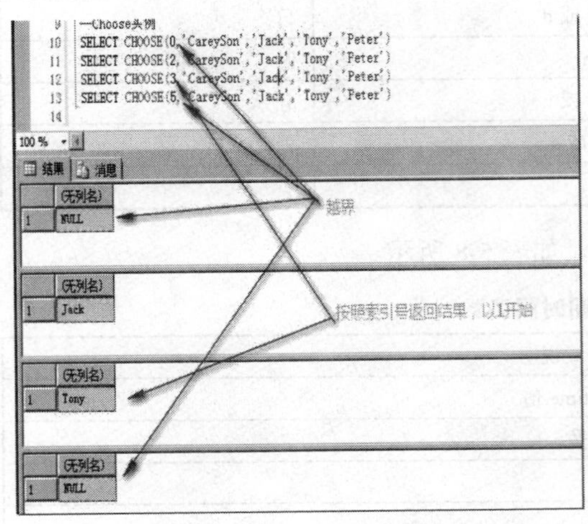

图 5-5　Choose 示例

```
--Choose
select CHOOSE(ManagerID,'CareySon','Jack','Tony','Peter')
 FROM [AdventureWorks].[HumanResources].[Employee]
--传统的CASE...WHEN
SELECT ManagerID=case when ManagerID=1 then 'CareySon'
       when ManagerID=2 then 'Jack'
       when ManagerID=3 then 'Tony'
       when ManagerID=4 then 'Peter'
       else null
       end
FROM [AdventureWorks].[HumanResources].[Employee]
```

图 5-6　Choose 和 CASE 表达式

而 IIF 函数就是类 C 语言中“XX===XX? 结果 1：结果 2”，按照布尔运算结果返回对应内容的 T-SQL 版本，其应用很简单，如图 5-7 所示。

（3）日期类函数。新增一些时间和日期格式。

函数 DATEFROMPARTS 根据指定的年月日给出 Date 类型的日期，如图 5-8 所示。

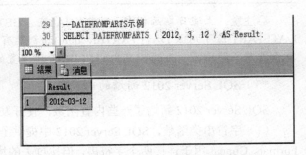

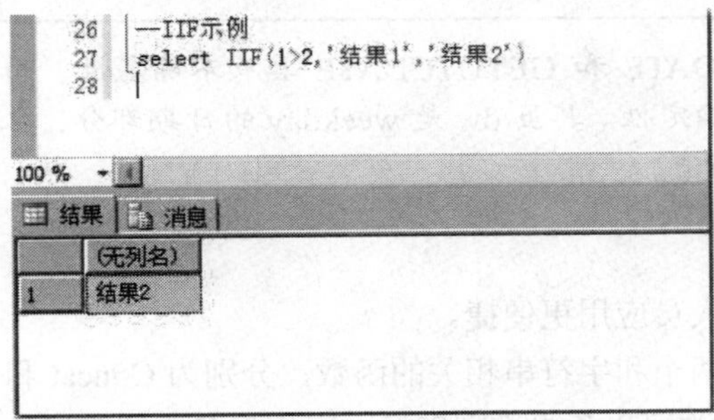

图 5-7　IIF 表达式

```
--DATEFROMPARTS示例
SELECT DATEFROMPARTS ( 2012, 3, 12 ) AS Result;
```

	Result
1	2012-03-12

图 5-8　DATEFROMPARTS 示例

函数 EOMONTH 可以根据指定日期取得日期当月的最后一天，以前都是通过 dateadd 和 day 函数运算，EOMONTH 使用示例如图 5-9 所示。

（4）转换类函数。SQL Server 2012 新增 3 个转换类函数 PARSE、TRY_PARSE 和 TRY_CONVERT，Parse 和 Cast 的用法很相似，唯一的不同是 Parse 可多指定一个本地化参数，使得按照本地化语言可以被转换，图 5-10 比较了使用 Parse 和 Cast 的不同。

而 TRY_CONVERT 非常类似于 Convert，但 TRY_CONVERT 可探测被转换类型是否可能，如字符串有可能转为 INT 类型，但 INT 类型无论取何值，不可能转换为 XML 类型。当 TRY_CONVERT 可以转换且转换的数据类型成功时，返回转换类型，若失败返回 NULL，但若所转换的数据类型不可转换时报错，如图 5-11 所示。TRY_PARSE 很类似 PARSE，只在不可转换时不出现异常，返回 NULL，如图 5-12 所示。

```
declare @date datetime
set @date='2012-3-12'
SELECT EOMONTH ( @date ) AS '本月最后一天'
SELECT EOMONTH ( @date, 1 ) AS '下个月最后一天'
SELECT EOMONTH ( @date, -1 ) AS '上个月最后一天'
```

	本月最后一天
1	2012-03-31

	下个月最后一天
1	2012-04-30

	上个月最后一天
1	2012-02-29

图 5-9 EOMONTH 函数示例

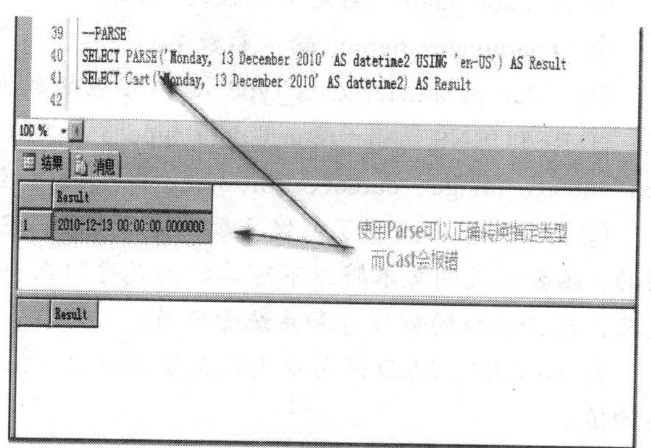

图 5-10 Parse 和 Cast

```
--Convert和Try_Convert示例
--转换不成功，为NULL
select TRY_CONVERT(float, 'test')
--转换不成功报错
select CONVERT(float, 'test')
--永远不可能转换成功的，报错
SELECT TRY_CONVERT(xml, 4) AS Result;
```

图 5-11 TRY_CONVERT 示例

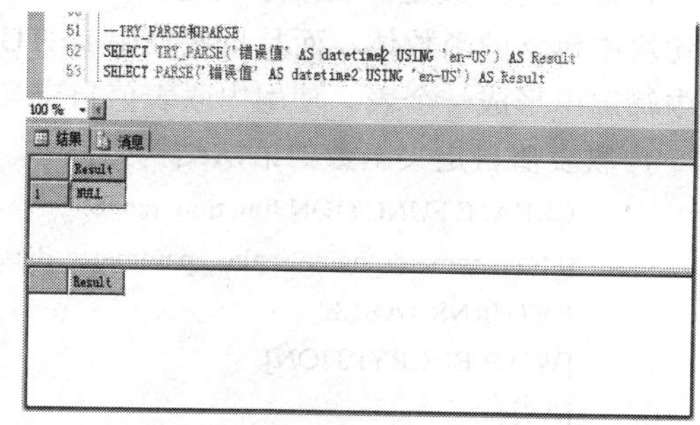

图 5-12 TRY_PARSE 示例

*6）自定义函数

除了使用系统内置函数外，用户还可以创建自定义函数，以实现更独特的功能。自定义函数可以接受零或多个输入参数，其返回值可以是一个数值或一个表，但自定义函数不支持输出参数。根据函数返回值形式的不同，可创建三类自定义函数。

（1）标量值函数

标量值自定义函数返回一个确定类型的标量值，其返回的值类型为除 text、ntext、image、cursor、timestamp 和 table 类型外的其他数据类型。即标量值自定义函数返回的是一个数值。

标量值自定义函数的语法结构为：

```
CREATE FUNCTION function_name
([{@parameter_name scalar_parameter_data_type [ = default ]}[,…n]])
RETURNS scalar_return_data_type
[WITH ENCRYPTION]
[AS]
BEGIN
    function_body
  RETURN scalar_expression
END
```

说明：语法中各参数含义如下。

① function_name 自定义函数的名称。

② @parameter_name 输入参数名。

③ scalar_parameter_data_type 输入参数的数据类型。

④ RETURNS scalar_return_data_type 子句定义了函数返回值的数据类型，该数据类型不能是text、ntext、image、cursor、timestamp 和 table 类型。

⑤ WITH 子句指出了创建函数的选项。若指定了 ENCRYPTION 参数，则创建的函数是被加密的，函数定义的文本将以不可读的形式存储在 syscomments 表中，任何人都不能查看该函数的定义，包括函数的创建者和系统管理员。

⑥ BEGIN…END 语句块内定义了函数体（function_body），以及包含 RETURN 语句，用于返回值。

（2）内联表值函数

内联表值函数是以表的形式返回一个值（表）。内联表值自定义函数没有由 BEGIN… END 语句块中包含的函数体，而是直接使用 RETURN 子句，其中包含的 SELECT 语句将数据从数据库中筛选出形成一个表。使用内联表值自定义函数可提供参数化的视图功能。

内联表值自定义函数的语法结构为：

```
CREATE FUNCTION function_name
([{@parameter_name scalar_ parameter_data_type [ = default ]}[,…n]])
RETURNS TABLE
[WITH ENCRYPTION]
[AS]
RETURN (select_statement)
```

说明：该语法结构中各参数的含义与标量值函数语法机构中参数含义相似。

（3）多语句表值函数

多语句表值自定义函数可以看做标量型和内联表值型函数的结合体。该类函数的返回值是一个表，但与标量值自定义函数一样，有一个用 BEGIN…END 语句块中包含起来的函数体，返回值的表中的数据是由函数体中的语句插入的。由此可见，其可以进行多次查询，对数据进行多次筛选与合并，弥补了内联表值自定义函数的不足。

3．运算符

SQL Server 的运算符是一种运算符号，同其他高级语言类似，用于指定在一个或几个表达式中执行的操作，将变量、常量和函数连接起来。而表达式是由常量、变量、函数等通过运算符按一定的规则连接起来的有意义的式子，主要涉及其中的常量、变量、函数和运算符的使用规则及类型选用。运算符及其优先级如表 5-9 所示。

表 5-9 运算符及其优先级

优先级	运算符类别	所包含运算符
1	一元运算符	+（正）、−（负）、~（取反）
2	算术运算符	*（乘）、/（除）、%（取模）
3	算术字符串运算符	+（加）、−（减）、+（连接）

（续表）

优先级	运算符类别	所包含运算符
4	比较运算符	=（等于）、>（大于）、>=（大于等于）、<（小于）、<=（小于等于）、<>（ 或!=不等于）、!<（不小于）、!>（不大于）
5	按位运算符	&（位与）、|（位或）、^（位异或）
6	逻辑运算符	not（非）
7	逻辑运算符	and（与）
8	逻辑运算符	all（所有）、any（任一个）、between（两者之间）、exists（存在）、in（在范围内）、like（匹配）、or（或）、some（任一个）
9	赋值运算符	=（赋值）

1）运算符的种类

T-SQL 提供了如下 7 种类型的运算符，如表 5-10 所示。

表 5-10　常用运算的运算符

运算符类型	运算符及说明
算术运算符	+（加）、-（减）、*（乘）、/（除）、%（取余）
字符串运算符	+（连接）
比较运算符	=（等于）、>（大于）、>=（大于等于）、<（小于）、<=（小于等于）、<>（或!=，不等于）、!>（不大于）、!<（不小于）
逻辑运算符	NOT（非）、AND（与）、OR（或）、ALL（所有）、ANY（或 SOME，任意一个）、BETWEEN…AND（两者之间）、EXISTS（存在）、IN（在范围内）、LIKE（匹配）
按位运算符	&（位与）、|（位或）、^（按位异或）
一元运算符	+（正）、-（负）、~（按位取反）
赋值运算符	=（等于）

2）运算符的优先级

优先级高的（即数字小的）先运算，相同优先级的运算符按照自左向右的顺序依次进行运算。对于多种类型的运算符的优先级，如表 5-11 所示。

表 5-11　运算符的优先级

优先级	运算符
1	~（位非）
2	*（乘）、/（除）、%（取模（余））
3	+（正）、-（负）、+（加）、+（连接）、-（减）、&（位与）
4	=、>、<、>=、<=、<>、!=、!>、!<(比较运算符)
5	^（位异或）、|（位或）
6	NOT
7	AND
8	ALL、ANY、BETWEEN、IN、LIKE、OR、SOME
9	=（赋值）

注意：应注意在执行除法运算时整数和浮点数不同。因此，在程序中使用算术运算符时，一定要确定参与运算的数值类型。

4．表达式

表达式是指由常量、变量、函数等通过运算符按一定规则连接起来的有意义的式子。

1）T-SQL 表达式

表达式是用于在“列与列之间”或者“在变量之间”进行比较以及数学运算的符号。在 MS-SQL Server 中，表达式共有数学表达式、字符串表达式、比较表达式和逻辑表达式四种表达式的类型。

2）数学表达式

数学表达式用于各种数字变量的运算。数字变量的数据类型共有：INT、SMALLINT、TINYINT、FLOAT、REAL、MONEY 或 SMALLMONEY。而数学表达式的符号有：加（+）、减（−）、乘（*）、除（/）和取余（%）。具体说明如表 5-12 所示。

表 5-12　数学表达式使用的数据类型

符号	功能	所使用的数据类型
+	加	INT，SMALLINT，TINYINT，FLOAT，REAL，MONEY 或 SMALLMONEY
−	减	INT，SMALLINT，TINYINT，FLOAT，REAL，MONEY 或 SMALLMONEY
*	乘	INT，SMALLINT，TINYINT，FLOAT，REAL，MONEY 或 SMALLMONEY
/	除	INT，SMALLINT，TINYINT，FLOAT，REAL，MONEY 或 SMALLMONEY
%	取余	INT，SMALLINT，TINYINT

注意：数学表达式只能在数字变量或数字型数组中进行运算。取余运算只能用于 INT、SMALLINT 和 TINYIINT 数据类型。

3）字符串表达式

字符串是由字符、符号或数字所组成的一串字符，且字符串表达式是用于字符串运算与操作的一种运算方式。在字符串表达式中，字符串可用数学表达式的“+”，达到字符串的相加、结合的目的。数据类型中，可适用于字符串加法的数据类型计有：“Char”、“VarChar”、“Nvarchar”、“Text”，以及可以转换为“Char”或是“VarChar”数据类型的数据类型。例如，“ASP”、“&”及“SQL 2012”三个字符串相加（连接）的表达式为：

Interval = “ASP ” + “&” + “ SQL 2012”

这三个字符串、字符相加之后的结果“Interval”，其内容则为“ASP & SQL 2012”。

4）比较表达式

比较表达式用于对两个表达式的比较。可用的比较表达式符号如表 5-13 所示。

表 5-13　比较表达式符号

表达式符号	功能	表达式符号	功能
=	等于	<=	小于或者等于
>	大于	<> 或 !=	不等于
<	小于	!>	不大于
>=	大于或者等于	!<	不小于

注意：此外，比较表达式的执行优先级如同数学表达式一样，可以使用“()”设置运算的优先级。

5）逻辑表达式

在 T-SQL 的逻辑表达式中，共有“AND”、“OR”及“NOT”三种逻辑表达式。

同时在优先级方面，其优先级为“NOT”、“AND”、“OR”。并且逻辑表达式可以使用的数据类型如表 5-14 所示。

表 5-14 逻辑表达式可以使用的数据类型

左操作数	右操作数
binary，varbinary	int，smallint，tinyint
int，smallint，tinyint	int，smallint，tinyint，binary
bit	int，smallint，tinyint，binary

6）表达式的优先级

在一个 T-SQL 的表达式中，可能会包含许多不同类型的表达式。T-SQL 在执行的过程中，根据下列的原则定义表达式的先后执行顺序。

（1）括号：“()”。

（2）反向表达式：“~”。

（3）乘、除、取余数表达式：“*”、“/”、“%”。

（4）加减表达式：“＋”、“－”。

（5）XOR 表达式：“^”。

（6）AND 表达式：“&”。

（7）OR 表达式：“|”。

（8）NOT 连接 、AND 连接、OR 连接。

对于具有相同的优先级时，则按照“由左而右”的规则进行运算。对于由单个常量、变量、标量函数或列名组成的简单表达式，其数据类型、排序规则、精度、小数位数和值就是它所引用的元素的数据类型、排序规则、精度、小数位数和值。

用比较运算符或逻辑运算符组合两个表达式时，生成的数据类型为 Boolean，且值为下列类型之一：TRUE、FALSE 或 UNKNOWN。

5.4 流程控制语句

在 T-SQL 数据库应用程序设计中，流程控制语句是用于控制 SQL 语句、语句块或存储过程执行流程的命令，可以改变或优化程序的执行顺序，提高执行效率。

5.4.1 学习要求

（1）熟悉顺序结构、BEGIN...END 结构及用法。

（2）熟练掌握选择结构和循环结构及用法。

（3）掌握其他语句的语法结构及用法。

5.4.2 知识要点

1. 顺序结构

顺序结构是一种最普通最简单的控制语句，从上至下逐一执行每条语句。

1）SET 语句

SET 语句有两种用法。

（1）给局部变量赋值，具体请见 5.4.1 节中的介绍。

（2）设定用户执行 T-SQL 命令时 SQL Server 的处理选项，一般设定方式为：

- SET 选项 ON：选项开关打开。
- SET 选项 OFF：选项开关关闭。
- SET 选项值：设定选项的具体值。

例如，设置显示/隐藏受 T-SQL 语句影响的行数消息语句，其语法如下：

```
SET NOCOUNT (ON | OFF)
```

2）SELECT 输出语句

SELECT 作为输出使用时的语法为：

SELECT 表达式 1[,表达式 2,…,表达式 n]

可以输出指定“表达式”的结果，默认字符型。

3）PRINT 输出语句

输出语句 PRINT 主要用于在指定设备上输出字符型信息，可以输出的数据类型只有：char、nchar、varchar、nvarchar 以及全局变量@@VERSION 等。

PRINT 语句格式为：

```
        PRINT <表达式>
或  PRINT 'any ASCII text' |@local_variable |@@FUNCTION | string_expr
```

说明：

（1）若<表达式>的值是字符型，则需要先用 Convert 函数转换为字符串。

（2）'any ASCII text'：文本或字符串。

（3）@local_variable：字符类型的局部变量。

（4）@@FUNCTION：返回字符串结果的函数。

（5）string_expr：字符串表达式，最长为 8000 个字符。

【案例 5-1】查看教材《C 语言程序设计》的数量。

```
DECLARE @count int
IF EXISTS(SELECT 书名 FROM books WHERE 书名='C 语言程序设计' )
BEGIN
SELECT @count =count(书名) FROM books WHERE 书名='C 语言程序设计'
PRINT 'C 语言程序设计数量为：'+CONVERT(CHAR(5), @count)+'册'
END
```

执行结果为：

```
C 语言程序设计数量为：3 册
```

2．BEGIN...END 结构

BEGIN...END 结构可使一组 T-SQL 命令作为一个单元或整体来执行。BEGIN 定义了一个单元的起始位置，END 则作为其单元的结束。BEGIN...END 多用于下面介绍的 IF...ELSE 选择结构和 WHILE 循环结构中。

BEGIN...END 结构的语法格式为：

```
BEGIN
    SQL 语句
    语句块
END
```

说明： 关键字 BEGIN、END 必须成对出现。BEGIN…END 允许嵌套。

【案例 5-2】查询 books 表中英语类和计算机类图书的数量

```
USE MyDb
    GO
    DECLARE @ebook int, @cbook int
    IF exists (SELECT * FROM books WHERE  书名='英语')
      BEGIN
SELECT @ebook=COUNT(*) FROM books WHERE  书名='英语'
           PRINT '英语书的数量为：'+ RTRIM(CAST(@ebook AS char(4))) + '册'
       END
     ELSE
           PRINT '英语书没有库存！ '
     IF exists (SELECT * FROM books WHERE  书名='计算机文化基础')
           BEGIN
                  SELECT @cbook=COUNT(*) FROM books WHERE  书名='计算机文化基础'
                  PRINT '计算机文化基础数量为：'+ RTRIM(CAST(@cbook AS char(4)))+'册'
           END
     ELSE
           PRINT '计算机文化基础没有库存!'
```

执行结果为：

```
英语书没有库存！
计算机文化基础数量为：1 册
```

3．选择结构

选择结构也称为**分支结构**，主要根据判断“条件”是否成立选择执行相应的命令（块），具有两种形式：IF...ELSE 语句结构和 CASE 语句结构。

1）IF...ELSE 结构

对于 IF...ELSE 语句结构（称为单分支结构），根据条件测试的结果执行不同的命令体。

语法格式为：

```
IF <逻辑表达式>
   <语句块 1>
[ELSE
  <语句块 2>]
```

说明：程序执行到 IF...ELSE 命令时，测试 IF 后面的<逻辑表达式>，若为真，则执行 IF 后面<语句块 1>的程序体（块）。否则，执行 ELSE 后面<语句块 2>的程序体。当无 ELSE 分支时，直接执行接下来的程序体。IF...ELSE 允许嵌套使用。

<语句块>可由 BEGIN…END 包含的多条 T-SQL 语句组成。IF…ELSE 语句中不止包含一条语句时，须用 BEGIN…END 语句块。可在 IF 后或 ELSE 后，嵌套另一个 IF 语句。

2）CASE 结构

CASE 结构也称为**多分支结构**，CASE 表达式可以计算多个条件，并将其中一个符合条件的结果表达式返回。

CASE 表达式有两种不同形式：简单 CASE 表达式和搜索式 CASE 表达式。由于 CASE 结构使用表达式，所以可以用于任何允许使用表达式的地方。

（1）简单 CASE 表达式

简单 CASE 表达式的语法结构为：

```
CASE <字段名或变量名表达式>
WHEN <逻辑表达式> THEN <结果表达式>
  […n]
  [ELSE <其他结果表达式>]
END
```

说明：

在语法结构中，可选项[...n]表示有 n 个类似 WHEN<逻辑表达式> THEN <结果表达式>的子句。CASE 表达式中要求至少有一个 WHEN 子句。

使用简单的 CASE 表达式的 T-SQL 语句，首先在所有 WHEN 子句中查找与 <字段名或变量名表达式> 匹配的第一个表达式，并计算相应的 THEN 子句<结果表达式>值。若没有匹配的表达式，执行 ELSE 子句<其他结果表达式>。

（2）搜索式 CASE 表达式

搜索式 CASE 的语法结构如下：

```
CASE
WHEN <逻辑表达式> THEN <结果表达式>
     [...n]
  [ELSE <其他结果表达式> ]
END
```

说明：

在语法结构中[...n]可选项表示有 n 个类似 WHEN <逻辑表达式>THEN <结果表达式>的子句。有搜索式 CASE 表达式的 T-SQL 语句首先查找值为真的表达式。若没有一个 WHEN 子句的条件计算值为真，则返回 ELSE 表达式的值。

4．循环结构

WHILE 命令用于反复执行一个循环体。设置反复执行 SQL 语句或语句块的条件，只要指定的“条件”为真，就反复执行语句，直到“条件”不成立。其语法结构为：

```
WHILE <逻辑表达式>
```

```
{SQL 语句| 语句块}
[BREAK]
{SQL 语句| 语句块}
[CONTINUE]
```

📖说明：

当程序执行到 WHILE 语句时，先判断 WHILE 后面的<逻辑表达式>条件（称为循环条件）是否为真，若是，则执行循环体，否则不执行 WHILE 循环体内的程序，直接向下执行。

BREAK 和 CONTINUE 两个命令与 WHILE 循环有关，且只用于 WHILE 循环体内。BREAK 用于终止循环的执行，而 CONTINUE 用于将循环返回到 WHILE 开始处，重新判断条件，以决定是否重新执行新的一次循环。

🔔注意：在 WHILE 循环中必须有修改循环条件的语句，或有终止循环的命令，以便使循环停止，以免陷入死循环。

5. 其他语句

1）转移语句

GOTO 命令与其他使用 GOTO 命令的高级语言一样，将程序的执行跳到相关的标签处。GOTO 命令的语法结构如下：

```
GOTO   label
```

📖说明：label 表示程序转到的相应标签（标号）处。程序中定义标签的语法结构为：

label：<程序行>

📖说明：程序转到 label 所在的行后，执行相应的“程序行”。

2）等待语句

等待语句是利用 WAITFOR 命令产生一个延时，使存储过程或程序等待或直到一个特定时间片后继续执行。其语法结构如下：

```
WAITFOR DELAY '<时间长度>' | TIME '<时间>'
```

📖说明：DELAY 指明 SQL Server 等候的时间长度，最长为 24 小时。TIME 指明 SQL Server 需要等到的时刻。DELAY 与 TIME 使用的时间格式为 hh:mm:ss。

3）返回语句

返回语句是利用 RETURN 命令，使一个存储过程或程序退出并返回到调用它的程序中。其语法结构如下：

```
RETURN [<整型表达式>]
```

📖说明：

此命令中的可选项为<整型表达式>。使用 RETURN 命令只可以返回一个整型值给其调用程序，若想返回其他类型的数据，必须使用输出参数。

调用存储过程时，SQL Server 以数值 0 表示返回成功，以负数表示返回出现错误。0~-99 由 SQL Server 系统保留。表 5-15 列出了一些返回值信息。

表 5-15　常用系统 RETURN 返回值信息

返回值	描述	返回值	描述
0	过程已成功执行	−7	资源出错，如没有空间
−1	对象丢失	−8	遇到非致命内部问题
−2	数据类型出错	−9	达到系统界限
−3	选定过程出现死锁	−10	出现致命内部矛盾
−4	许可权限出错	−11	出现致命内部矛盾
−5	语法出错	−12	表或索引损坏
−6	各种用户错误	−14	硬件出错

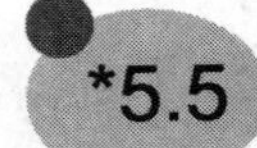

*5.5 知识扩展：SQL Server 2012 对 T-SQL 的增强

5.5.1 学习要求

（1）了解 SQL Server 2012 对 T-SQL 增强函数。

（2）了解 SQL Server 2012 对 T-SQL 增强功能。

5.5.2 知识要点

SQL Server 2012 对 T-SQL 进行了大幅增强，其中包括支持 ANSI FIRST_VALUE 和 LAST_VALUE 函数，支持使用 FETCH 与 OFFSET 进行声明式数据分页，以及支持.NET 中的解析与格式化函数。

（1）Fetch 与 Offset。

（2）反射。

（3）防御式编程（Defensive Coding）。

（4）解析和转换。

（5）日期/时间函数。

（6）混合函数（Misc. Function）。

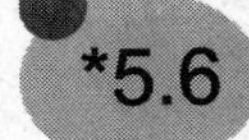

*5.6 嵌入式 SQL 概述

5.6.1 学习要求

（1）掌握嵌入式 SQL 的相关概念。

（2）掌握嵌入式 SQL 的语法规定及用法。

5.6.2 知识要点

1．嵌入式 SQL 的概念

嵌入式 SQL（Embedded SQL)语言是将 SQL 语句直接嵌入到某种高级语言的程序代码中，与其他程序设计语言语句混合。嵌入 SQL 的高级语言称为主语言或宿主语言。

2．嵌入式 SQL 的语法规定及用法

嵌入式 SQL 的语法有以下规定。

（1）每条嵌入式 SQL 语句都用 EXEC SQL 开始，表明是一条 SQL 语句，以“；”为结束标志。这也是告诉预编译器在 EXEC SQL 和“；”之间是嵌入式 SQL 语句。

格式如下：

```
EXEC SQL <SQL 语句>;
```

【案例 5-3】 用嵌入式 SQL 完成将商品编号为 G003 的商品价格提高 1%。

```
EXEC SQL UPDATE 商品 SET 价格=价格*1.01 WHERE 商品编号=' G003';
```

（2）嵌入式 SQL 语句占用多行续行符。

（3）允许在嵌入 SQL 中引用宿主语言的程序变量。

（4）处理多条记录可以使用游标。

（5）必须解决数据库工作单元与程序工作单元之间的通信问题。

SQLCA 已经由系统定义，使用时只须在嵌入的可执行 SQL 语言开始前加 INCLUDE 语句就可以了，其格式为：

```
EXEC SQL INCLUDE SQLCA;
```

5.7 要点小结

本章系统地介绍了 SQL Server 2012 中自带的编程语言 T-SQL，并介绍了批处理、脚本和事务的使用方法。包括 T-SQL 语句的编程基本要素：标识符、常量、变量、表达式等，以及 T-SQL 的流程控制语句：顺序结构、选择（分支）结构、循环结构等。在 T-SQL 概述及编程基础上，主要进行了 T-SQL 基础概述，包括：T-SQL 的概念和特点、标识符及其使用规则、T-SQL 的类型和执行方式等，并简要地概述了批处理、脚本及事务的概念和应用。

在实际应用中，概述了常量、变量、函数、运算符和表达式及其用法。最后，介绍的 T-SQL 的流程控制语句，在网络数据库应用程序设计中极为重要，包括顺序结构、选择结构、BEGIN...END 结构、循环结构和其他语句等，以及将 T-SQL 语言嵌入到其他高级语言的规定及用法，也是对前面学习的 SQL 语句的综合应用。

第6章

关系数据库的规范化

关系数据库的规范化，对于数据库的规范化设计和避免数据库关系模式及数据出现异常问题都极为重要，也是保证数据库系统正常运行和数据处理的关键。

重点	函数依赖的相关概念、逻辑蕴含及推理规则 关系模式范式的概念及规范化过程
难点	函数依赖的相关概念、逻辑蕴含及推理规则 关系模式分解、无损分解及保持函数依赖的分解
关键	函数依赖的相关概念、逻辑蕴含及推理规则 关系模式范式的概念及规范化过程
教学目标	了解数据库关系模式存在异常问题 理解函数依赖的相关概念、逻辑蕴含及推理规则 理解关系模式分解、无损分解及保持函数依赖的分解 掌握关系模式的范式的概念及规范化过程

6.1 规范化的主要问题

6.1.1 学习要求

（1）了解关系数据库的规范化理论研究的内容。

（2）理解关系模式的异常问题及解决方法。

6.1.2 知识要点

1．规范化理论研究的内容

规范化理论主要研究的是关系模式中各属性之间的依赖关系及其对关系模式的影响，讨论良好的关系模式应具备的特性，以及达到良好关系模式的方法。

在关系模式中，规范化理论涉及的是各属性之间的依赖关系，以及对关系模式性能的影响，提供判断关系模式优劣的理论标准，预测可能出现的问题，提供自动产生各种模式的算法。其中，关系数据库设计理论的核心是数据间的函数依赖，衡量的标准是关系规范化的程度及分解的无损连接和保持函数依赖性，模式设计方法是自动化设计的基础。

2．关系模式的异常问题

一个关系模式若设计不当，将会出现数据冗余、异常、不一致等异常问题。

1）数据冗余增加

数据冗余是指相同数据在数据库中重复出现的问题。如一个企业生产多种零部件，则此企业的地址就多次重复存储。

2）数据操作异常

由于数据的冗余，在对数据进行操作时可能产生多种异常。

（1）更新异常。对于“数据冗余多”的关系数据库，当执行数据修改时，冗余数据可能出现有些被修改，有些没有修改，从而造成数据不一致问题，影响数据的完整性。

（2）插入异常。是指插入的数据由于不能满足数据完整性的某种要求而不能正常地被插入到数据库中。

（3）删除异常。指在删除某种数据的同时将其他数据也删除了。

解决方法：通过分解关系模式来消除其中不合适的数据依赖。

关系模式 *R* 的设计不是一个规范的设计，一个好的关系模式应具备以下 4 个方面的具体条件要求：

（1）尽可能少的数据冗余；

（2）数据不出现插入异常；

（3）操作没有删除异常；

（4）无更新异常情况出现。

对于出现上述问题的关系模式，可以通过模式分解的方法进行规范化。

对于上述的关系模式 *R*，可以按照“一事一地”的原则分解成新的关系 R_1 和 R_2，其关系模式为：

R_1(ENAME,ADDR)和 R_2(ENAME,P#,PNAME)

6.2 函数依赖概述

6.2.1 学习要求

（1）掌握函数依赖的概念、逻辑蕴涵和推理规则。

（2）理解属性集的闭包和函数依赖推理规则的完备性。

（3）掌握候选键的求解过程和算法。

（4）了解函数依赖的最小函数依赖集定义和算法。

6.2.2 知识要点

1．函数依赖的概念

定义 6-1 设 $R(U)$为关系模式，X 和 Y 是属性集 U 的子集，函数依赖（Functional Dependency，简记为 FD）是形为 $X\to Y$ 的一个命题，只要 r 是 R 的当前关系，对 r 中任意两个元组 t 和 s，都有 $t[X]=s[X]$ 蕴含 $t[Y]=s[Y]$，则称**在关系模式 $R(U)$中 FD $X\to Y$**。

注意：此定义说明：若 $R(U)$为关系模式，U 是 R 的属性集合，X 和 Y 是 U 的子集。对于 $R(U)$的任意一个可能的关系 r，如果 r 中不存在两个元组，且在 X 上的属性值相同，而在 Y 上的属性值不同，则称“X 函数决定 Y”或“Y 函数依赖于 X”，记为 $X\to Y$。

（1）函数依赖不是指关系模式 *R* 的某个或某些关系实例满足的约束条件，而是指 *R* 的所有关系实例均要满足的约束条件。

（2）函数依赖是语义范畴的概念。只能根据数据的语义来确定函数依赖。

（3）数据库设计者可以对现实世界做强制的规定。

说明：函数依赖是属性或属性之间的一一对应的关系，要求按此关系模式建立的任何关系都应该满足 FD 中的约束条件。

2．函数依赖的逻辑蕴含

通常，函数依赖是以命题形式定义的，可将两个函数依赖集之间存在着一些互为因果的关系称为逻辑蕴含，即一个函数依赖集逻辑地蕴含另一个函数依赖集。如函数依赖集 $F=\{A\rightarrow B, B\rightarrow C\}$ 和 $\{A\rightarrow B, B\rightarrow C, A\rightarrow C\}$ 相互逻辑蕴含。

定义 6-2 设 F 是在关系模式 R 上成立的函数依赖的集合，$X\rightarrow Y$ 是一个函数依赖。若对于 R 的每个满足 F 的关系 r 也满足 $X\rightarrow Y$，则称 **F 逻辑蕴含 $X\rightarrow Y$**，记为 $F\models X\rightarrow Y$。

定义 6-3 设 F 是函数依赖集，被 F 逻辑蕴含的函数依赖全体构成的集合，称为**函数依赖集 F 的闭包**（closure），记为 F^+。即 $F^+=\{X\rightarrow Y \mid F\models X\rightarrow Y\}$。

定义 6-4 对于 FD $X\rightarrow Y$，若 $Y\subseteq X$，则称 $X\rightarrow Y$ 是一个**平凡的 FD**，否则称为**非平凡的 FD**。

注意：闭包 F^+ 既包含非平凡函数依赖，也包含平凡函数依赖；既包含完全函数依赖，也包含部分函数依赖。所以，即使一个小岛函数依赖集，其闭包也可能很大。

3．函数依赖的推理规则

1974 年，W. W. Amstrong 提出了被称为 Amstrong 公理的一套规则，用于推理计算 F^+。以下推理规则是 1977 年提出的改进形式。

设 U 是关系模式 R 的属性集，F 是 R 上成立的只涉及到 U 中属性的函数依赖集。FD 的推理规则（基本公理）有以下 3 条。

（1）A_1（自反律，Reflexity）：若 $Y\subseteq X\subseteq U$，则 $X\rightarrow Y$ 在 R 上成立。

根据这条规则，可以推导出一些平凡函数依赖。由于 $\phi\subseteq X\subseteq U$（$\phi$为空属性集,$U$ 为全集），所以 $X\rightarrow\phi$和 $U\rightarrow X$ 都是平凡函数依赖。

（2）A_2（增广律，Augmentation）：若 $X\rightarrow Y$ 在 R 上成立，且 $Z\subseteq U$，则 $XZ\rightarrow YZ$ 在 R 上成立。

注意：有一些特殊情形。例如，当 $Z=\phi$ 时，若 $X\rightarrow Y$，则对于 U 的任何子集 W 有 $XW\rightarrow Y$。在 $W=Z$ 时，若 $X\rightarrow Y$，则 $XW\rightarrow YW$。若 $X\rightarrow Y$，则 $X\rightarrow XY$。

（3）A3（传递律，Transitity）：若 $X\rightarrow Y$ 和 $Y\rightarrow Z$ 在 R 上成立，则 $X\rightarrow Z$ 在 R 上成立。

定理 6-1 FD 推理规则 A_1、A_2 和 A_3 是正确的。即，若 $X\rightarrow Y$ 是从 F 用推理规则导出，则 $X\rightarrow Y$ 在 F+中。

若给定关系模式 $R(U, F)$，X、Y 为 U 的子集，$F=\{X\rightarrow Y\}$，则

$F+=\{X\rightarrow\phi, X\rightarrow X, X\rightarrow Y, X\rightarrow XY, Y\rightarrow\phi, Y\rightarrow Y, XY\rightarrow\phi, XY\rightarrow X, XY\rightarrow Y, XY\rightarrow XY\}$

定理 6-2 FD 的其他 5 条推理规则。

（1）A4（合并性规则）：$\{X\rightarrow Y, X\rightarrow Z\}\models X\rightarrow YZ$。

（2）A5（分解性规则）：$\{X\rightarrow Y, Z\subseteq Y\}\models X\rightarrow Z$。

（3）A6（伪传递性规则）：$\{X\rightarrow Y, WY\rightarrow Z\}\models WX\rightarrow Z$。

（4）A7（复合性规则）：$\{X\rightarrow Y, W\rightarrow Z\}\models XW\rightarrow YZ$。

（5）A8（通用一致性规则）：$\{X\rightarrow Y,\ W\rightarrow Z\} \models X\cup(W-Y)\rightarrow YZ$。

定理6-3 若$A_1,\cdots,A_n$是关系模式R的属性集，则$X\rightarrow A_1,\cdots,A_n$成立的充分必要条件是$X\rightarrow A_i$（$i=1,\cdots,n$）成立。

4．属性集的闭包

定义6-5 设F是属性集U上的FD集，X是U的子集，则（相对于F）属性集X的闭包用X^+表示，为一个从F集使用FD推理规则推出的所有满足$X\rightarrow A$的属性A的集合：$X^+=\{$属性$A \mid X\rightarrow A$在F^+中$\}$。

定理6-4 $X\rightarrow Y$可用FD推理规则推出的充分必要条件是$Y\subseteq X^+$。

算法6-1 求属性集X相对于FD集F的属性集闭包X^+。

```
result=X
do
{
  If  F中有某个函数依赖Y→Z满足Y⊆ result
      then result=result∪Z
} while (result 有所改变);
```

5．候选键的求解和算法

定义6-6 设关系模式R的属性集是U，X是U的一个子集。若$X\rightarrow U$在R上成立，则称X是R的一个超键。若$X\rightarrow U$在R上成立，但对于X的任一真子集X_1都有$X_1\rightarrow U$不成立，则称X是R上的一个候选键。

🔔**注意**：*在本章提到的键都是指候选键（不含有多余属性的超键）。*

【案例6-1】 *在客户选择商品、企业生产商品的关系模式中：*

R（*C#*，CNAME，*P#*，AMOUNT，PNAME，ENAME，CATEGORY）

若规定：每个客户每选一种商品只有一个数量；每个客户只有一个客户名称；每个商品编号只有一个商品名称；每种特定的商品只有一个生产企业。

利用这些规则，可知（*C#*，*P#*）可以函数决定R的全部属性，且为一个候选键。虽然（*C#*，CNAME，*P#*，ENAME）也能函数决定R的全部属性。然而，由于其中含有多余属性，只能称为一个超键，而不能称为候选键。

快速求解候选键的一个充分条件。

对给定的关系模式$R(A_1,\cdots,A_n)$和FD集F，可将其属性分为4类。

（1）L类：仅出现在函数依赖集F左部的属性。

（2）R类：仅出现在函数依赖集F右部的属性。

（3）N类：在函数依赖集F左右都未出现的属性。

（4）LR类：在函数依赖集F左右都出现的属性。

定理6-5 对于给定的关系模式R及其FD集F。

（1）若X（$X\in R$）为L类属性，则X必为R的任一候选键的成员。

（2）若X（$X\in R$）为L类属性，且X^+包含R的全部属性，则X必为R的唯一候选键。

（3）若X（$X\in R$）为R类属性，则X不在任何候选键中。

（4）若X（$X\in R$）为N类属性，则X包含在R的任一候选键中。

（5）若X（$X\in R$）为R的N类和L类属性组成的属性集，且X^+包含了R的全部属性，则X

为 R 的唯一候选键。

6．函数依赖推理规则的完备性

推理规则的正确性是指从函数依赖集 F，利用推理规则集推出的函数依赖必定在 F^+中，**完备性**是指 F^+中的函数依赖都能从 F 集使用推理规则集导出。即正确性保证推出的所有函数依赖都正确，完备性则可保证推出所有被蕴含的函数依赖，以保证推导的有效性和可靠性。

定理 6-6 函数依赖推理规则{A_1，A_2，A_3}**是完备的**。

证明：完备性的证明，即证明不能从 F 使用推理规则过程推出的函数依赖不在 F^+中成立。

设 F 是属性集 U 上的一个函数依赖集，有一个函数依赖 $X\to Y$ 不能从 F 中使用推理规则推出。现在要证明 $X\to Y$ 不在 F^+中，即 $X\to Y$ 在模式 $R(U)$的某个关系 r 上不成立。因此可以采用构造 r 的方法进行证明。

（1）证明 F 中每个 FD $V\to W$ 在 r 上成立。

由于 V 有两种情况：$V\subseteq X^+$，或 $V\not\subset X^+$。

若 $V\subseteq X^+$，根据定理 6.4 有 $X\to V$ 成立。根据已知的 $V\to W$ 和规则 A_3，可知 $X\to W$ 成立。再根据定理 6-4，有 $W\subseteq X^+$，所以 $V\subseteq X^+$和 $W\subseteq X^+$，同时成立，则 $V\to W$ 在 r 是成立的。

若 $V\not\subset X^+$，即 V 中含有 X^+以外的属性。此时关系 r 的元组在 V 值上不相等，因此 $V\to W$ 也在 r 上成立。

（2）证明 $X\to Y$ 在关系 r 上不成立。

因为 $X\to Y$ 不能从 F 使用推理规则推出，根据定理 6.4，可知 $Y\not\subset X^+$。在关系 r 中，可知两元组在 X 上值相等，在 Y 上值不相等，因而 $X\to Y$ 在 r 上不成立。

综合（1）和（2）可知，只要 $X\to Y$ 不能用推理规则推出，则 F 就不逻辑蕴含 $X\to Y$，也就是推理规则是完备的。

7．DF 的最小函数依赖集

定义 6-7 若关系模式 $R(U)$上的两个函数依赖集 F 和 G，有 $F^+=G^+$，则称 F 和 G 是等价的函数依赖集。

定义 6-8 设 F 是属性集 U 上的函数依赖集，$X\to Y$ 是 F 中的函数依赖。函数依赖中无关属性：

（1）若 $A\in X$，且 F 逻辑蕴含$(F-\{X\to Y\})\cup\{(X-A)\to Y\}$，则称属性 A 是 $X\to Y$ 左部的无关属性。

（2）若 $A\in X$，且$(F-\{X\to Y\})\cup\{X\to(Y-A)\}$逻辑蕴含 F，则称属性 A 是 $X\to Y$ 右部的无关属性。

（3）若 $X\to Y$ 的左右两边的属性都是无关属性，则函数依赖 $X\to Y$ 称为无关函数依赖。

定义 6-9 设 F 是属性集 U 上的函数依赖集。若 F_{min} 是 F 的一个最小依赖集，则 F_{min} 应满足下列 4 个条件。

（1）$F^+_{min}=F^+$。

（2）每个 FD 的右边都是单属性。

（3）F_{min} 中没有冗余的 FD（即 F 中不存在这样的函数依赖 $X\to Y$，使得 F 与 $F-\{X\to Y\}$ 等价）。

（4）每个 FD 的左边没有冗余的属性（即 F 中不存在这样的函数依赖 $X\to Y$，X 有真子集 W 使得 $F-\{X\to Y\}\cup\{W\to Y\}$ 与 F 等价）。

算法 6-2 计算函数依赖集 F 的最小函数依赖集 F_{min}。

（1）对 F 中的任一函数依赖 $X\to Y$，若 $Y=Y_1$，Y_2，…，Y_k（$k\geqslant 2$）多于一个属性，就用分解

律，分解为 $X\rightarrow Y_1$，$X\rightarrow Y_2$，…，$X\rightarrow Y_k$，替换 $X\rightarrow Y$，得到一个与 F 等价的函数依赖集 F_{min}，F_{min} 中每个函数依赖的右边均为单属性。

（2）去掉 F_{min} 中各函数依赖左部多余的属性。

（3）在 F_{min} 中消除冗余的函数依赖。

*6.3 关系模式的分解

关系模式分解的问题主要包括：（1）模式分解的概念？（2）分解后原有关系中的信息和语义（函数依赖）是否会丢失？（3）为了不丢失信息或语义，模式分解到何种程度合适？（4）用哪种算法实现这些不同要求的分解？本节主要围绕这些问题进行介绍。

6.3.1 学习要求

（1）理解模式分解问题及过程。

（2）理解无损分解的概念和测试方法。

（3）了解保持函数依赖的分解的定义。

6.3.2 知识要点

1．模式分解问题

定义 6-10 设有关系模式 $R(U)$，属性集为 U，R_1，…，R_k 都是 U 的子集，并且有 $R_1\cup R_2\cup\cdots\cup R_k=U$。关系模式 R_1，…，R_k 的集合用 ρ 表示，$\rho=\{R_1,\cdots,R_k\}$。用 ρ 代替 R 的过程称为关系模式的分解。其中，ρ 称为 R 的一个分解，也称为数据库模式。

通常将上述的 R 称为泛关系模式，R 对应的当前值称为泛关系。数据库模式 ρ 对应的当前值称为数据库实例，由数据库模式中的每个关系模式的当前值组成，用 $\sigma=\langle r_1, r_2, \cdots, r_k\rangle$ 表示。模式分解示意图如图 6-1 所示。

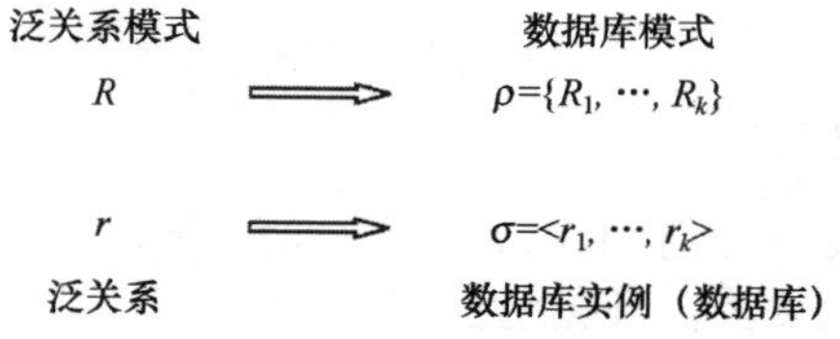

图 6-1 模式分解示意图

为了保持原有关系不丢失信息，对一个给定的模式进行分解，使得分解后的模式是否与原有的模式等价，存在 3 种情况。

（1）分解具有无损连接性。

（2）分解要保持函数依赖。

（3）分解既要保持无损连接，又要保持函数依赖。

2．无损分解

定义 6-11 设 R 是一个关系模式，F 是 R 上的一个 FD 集。R 分解成数据库模式 $\rho=\{R_1, R_2, \cdots, R_k\}$。若对 R 中满足 F 的每一个关系 r，有

$r=\pi_{R1(r)}\bowtie\pi_{R2(r)}\bowtie\cdots\bowtie\pi_{Rk(r)}$

则就称分解 ρ 相对于 F 是**无损分解**；否则称为**有损分解**。

定理 6-7 设 ρ={ R_1，R_2，…，R_k}是关系模式 R 的一个分解，r 是 R 的任一关系，$r_i=\pi_{Ri(r)}$（$1 \leqslant i \leqslant k$）,则有下列性质：

（1）$r \subseteq \pi_{\rho(r)}$；

（2）若 $s=\pi_{\rho(r)}$，则 $\pi_{Ri(s)}=r_i$；

（3）$\pi_{\rho(\pi\rho(r))}=\pi_{\rho(r)}$，这个性质称为幂等性。

3．无损分解的测试方法

定理 6-8 R 的一个分解 ρ={ R_1，R_2}具有无损连接性的充分必要条件是：

$R_1 \cap R_2 \rightarrow R_1 - R_2 \in F^+$

或 $R_1 \cap R_2 \rightarrow R_2 - R_1 \in F^+$

当模式 R 分解成两个模式 R_1 和 R_2 时，若两个模式的公共属性（ϕ 除外）能够函数决定 R_1（或 R_2）中的其他属性，则此分解具有无损连接性。

下面的算法 6-3，给出了一个判别无损连接性的方法。

算法 6-3 判别一个分解的无损连接性。

设 ρ={ R_1〈U_1，F_1〉，…，R_k〈U_k，F_k〉}是 R〈U，F〉的一个分解，U={A_1，…，A_n}，F={ FD_1，FD_2，…，FD_ρ}，且 F 是一极小依赖集，记为 FD_i 为 $X_i \rightarrow A_{1i}$。

（1）构造一个 k 行 n 列的表格 R_ρ，表中每一列对应一个属性 A_j（$1 \leqslant j \leqslant n$），每一行对应一个模式 R_i（$1 \leqslant i \leqslant k$）。若 A_j 在 R_i 中，则在表中的第 i 行第 j 列处填上符号 a_j，否则填上 b_{ij}。

（2）将表格看成模式 R 的一个关系，根据 F 中的每个函数依赖，在表中寻找 X 分量上相等的行，分别对 Y 分量上的每列做修改：

① 若列中有一个是 a_j，则这一列上（X 相同的行）的元素都改成 a_j。

② 若列中没有 a_j，则这一列上（X 相同的行）的元素都改成 b_{ij}（下标 ij 取 i 最小的那个）。

③ 对 F 中所有的函数依赖，反复地执行上述的修改操作，一直到表格不能再修改为止（这个过程称为“追踪”过程）。

（3）若修改到最后，表中有一行全为 a，即 $a_1a_2\cdots a_n$，则称 ρ 相对于 F 是无损连接分解，否则为有损分解。

4．保持函数依赖的分解

定义 6-12 设 F 是属性集 U 上的 FD 集，Z 是 U 的子集，F 在 Z 上的投影用 Π_Z（F）表示，定义为 Π_Z（F）= {$X \rightarrow Y \mid X \rightarrow Y \in F^+$，且 $XY \subseteq Z$}

定义 6-13 设 ρ= {R_1，…，R_k} 是 R 的一个分解，F 是 R 上的 FD 集，若有 $\cup \Pi_{Ri}$（F）$\vDash$F，则称分解 ρ 保持函数依赖集 F。

注意：一个无损连接分解不一定是保持函数依赖的，一个保持函数依赖的分解也不一定是无损连接的。

6.4 关系模式的范式

6.4.1 学习要求

（1）掌握关系模式的范式的种类、定义及特点。

（2）掌握分解成范式模式集的算法。

6.4.2 知识要点

衡量关系模式的好坏的标准是范式 NF（Normal Forms）。范式的种类与数据依赖有着直接的联系，基于 FD 的范式有 1NF、2NF、3NF、BCNF 等多种。

关系模式的范式，主要是 E. F. Codd 研究的成果，1971 年至 1972 年他系统地提出了 1NF、2NF、3NF 的概念，讨论了规范化的问题。1974 年，Codd 和 Boyce 又共同提出了一个新范式，即 BCNF。1976 年 Fagin 又提出了 4NF。后来有人在此基础上提出了 5NF。

“第几范式”曾用于表示关系的某种级别，经常称某一关系模式 R 为第几范式。现在将范式理解成符合某一种级别的关系模式的集合，称 R 为第几范式可以写成 $R \in x$ NF（x=1,2，…，5，N）。各种范式之间是一种包含关系，其之间的联系为：

5NF $\subset$ 4NF $\subset$ BCNF $\subset$ 3NF $\subset$ 2NF $\subset$ 1NF 成立。

完全可以通过规范化将一个低一级范式的关系模式转化为几个高一级范式的关系模式，这种过程就称为关系模式规范化。

1NF 是关系模式的基础，2NF 基本不用且已成为过去，一般不再提及；在数据库设计中最常用的是 3NF 和 BCNF。为了叙述方便，还是以 1NF、2NF、3NF、BCNF 顺序进行介绍。

1．第一范式（1NF）

定义 6-14 若关系模式 R 的每个关系 r 的属性值都是不可分的原子值，则称 R 是**第一范式 1NF**（First normal form）**的模式**。

满足 1NF 的关系称为**规范化的关系**，否则称为**非规范化的关系**。关系数据库研究的关系都是规范化的关系。如关系模式 R（NAME，ADDRESS，PHONE），若一个人有两个电话号键（PHONE），则在关系中至少要出现两个元组，以便存储这两个号键。1NF 是关系模式应具备的最起键的条件。1NF 仍可能出现数据冗余和异常操作问题，还需要去除局部函数依赖。

将一个非规范化关系模式变为 1NF 有两种办法，一是将不含单纯值的属性分解为多个属性，并使其仅含单纯值。

2．第二范式（2NF）

定义 6-15 对于 FD $W \rightarrow A$，若存在 $X \subseteq W$ 有 $X \rightarrow A$ 成立，则称 $W \rightarrow A$ 是局部依赖（A 局部依赖于 W）；否则称 $W \rightarrow A$ 是完全依赖。完全依赖也称为“左部不可约依赖”。

定义 6-16 若 A 是关系模式 R 中候选键属性，则称 A 是 R 的**主属性**；否则称 A 是 R 的**非主属性**。

定义 6-17 若关系模式 R 是 1NF，且每个非主属性完全函数依赖于候选键，则称 R 是第二范式（2NF）的模式。若数据库模式中每个关系模式都是 2NF，则称数据库模式为 2NF 的数据库模式。

若一个关系模式 R 不属于 2NF，则会产生以下几种问题：

（1）插入异常；

（2）删除异常；

（3）更新复杂。

分析上述案例，看出主要问题在于有两种非主属性。一种如 G 对键是完全函数依赖；另一种如 TYPE 和 ADDR，对键不是完全函数依赖。解决的办法是将关系模式 R 分解为两个关系模式：

R_1（$C\#$，$P\#$，G）

R_2（C#，TYPE，ADDR）

关系模式 R_1 的键为（C#，P#），关系模式 R_2 的键为 C#。因此，就使得非主属性对键都是完全依赖。

算法 6-4 分解成 2NF 模式集的算法。

设关系模式 R（U），主键是 W，R 上还存在 FD $X\rightarrow Z$，并且 Z 是非主属性和 XIW，则 $W\rightarrow Z$ 就是一个局部依赖。此时应将 R 分解成两个模式：

R_1（XZ），主键是 X；

R_2（Y），其中 Y=U−Z，主键仍是 W，外键是 X（参数，R_1）。

利用外键和主键的连接可以从 R_1 和 R_2 重新得到 R。

若 R_1 和 R_2 还不是 2NF，则重复上述过程，一直到数据库模式中每一个关系模式都成为 2NF 为止。

3．第三范式（3NF）

定义 6-18 若 $X\rightarrow Y$，$Y\rightarrow A$，且 $Y\nrightarrow X$ 和 $A\notin Y$，则称 $X\rightarrow A$ 是**传递依赖**（**A 传递依赖于 X**）。

定义 6-19 若关系模式 R 是 1NF，且每个非主属性都不传递依赖于 R 的候选键，则称 R 是第三范式（3NF）的模式。若数据库模式中每个关系模式都是 3NF，则称其为 3NF 的数据库模式。

注意：介绍 3NF 的目的是消除非主属性对键的传递函数依赖。

【案例 6-2】在上述案例中，R_2 是 2NF 模式，而且也已是 3NF 模式。但 R_1（P#，ENAME，ADDR）是 2NF 模式，却不一定是 3NF 模式。若 R_1 中存在函数依赖 P#→ENAME 和 ENAME→ADDR，则 P#→ADDR 就是一个传递依赖，即 R_1 不是 3NF 模式。此时 R_1 的关系中也会出现冗余和异常操作。例如一个企业生产 5 种产品，则关系中就会出现 5 个元组，企业的地址就会重复五次。

若将 R_1 分解成 R_{11}(ENAME，ADDR)和 R_{12}(P#，ENAME)后，C#→ADDR 就不会出现在 R_{11} 和 R_{12} 中。这样 R_{11} 和 R_{22} 都是 3NF 模式。

算法 6-5 分解成 3NF 模式集的算法。

设关系模式 R(U)，主键是 W，R 上还存在 FD $X\rightarrow Z$。并且 Z 是非主属性，$Z\not\subseteq X$，X 不是候选键，这样 $W\rightarrow Z$ 就是一个传递依赖。此时应将 R 分解成两个模式：

R_1（XZ）

R_2（Y）

R_1（XZ）主键是 X；

R_2（Y）其中 Y=U−Z，主键仍是 W，外键是 X（参数，R_1）。

利用外键和主键相匹配机制，R_1 和 R_2 通过连接可以重新得到 R。

若 R_1 和 R_2 还不是 3NF，则重复上述过程，一直到数据库模式中每一个关系模式都是 3NF 为止。

定理 6-9 若 R 是 3NF 模式，则 R 也是 2NF 模式。

证明：略。

定理 6-10 设关系模式 R，当 R 上每一个 FD $X\rightarrow A$ 满足下列 3 个条件之一时：

（1）$A\subseteq X$（即 $X\rightarrow A$ 是一个平凡的 FD）；

（2）X 是 R 的超键；

（3）A 是主属性。

关系模式 R 就是 3NF 模式。

算法 6-6 将一个关系模式分解为 3NF，使它既具有无损连接性又具有保持函数依赖性。

（1）根据算法 6.6 求出保持函数依赖的分解：$\rho=\{R_1, R_2, \cdots, R_k\}$。

（2）判定 ρ 是否具有无损连接性，若是，转到（4）。

（3）令 $\rho=\rho\cup\{X\}=\{R_1, R_2, \cdots, R_k, X\}$，其中 X 是 R 的候选键。

（4）输出 ρ。

4．BCNF（Boyce–Codd NF）

定义 6-20 若关系模式 R 是 1NF，且每个属性都不传递依赖于 R 的候选键，则称 R 是 BCNF 的模式。若数据库模式中每个关系模式都是 BCNF，则称为 BCNF 的数据库模式。

讨论 BCNF 的目的是消除主属性对键的部分函数依赖和传递依赖，具有如下性质：

（1）若 $R\in$BCNF，则 R 也是 3NF。

（2）若 $R\in$3NF，则 R 不一定是 BCNF。

BCNF 和 3NF 的区别：

（1）BCNF 不仅强调其他属性对键的完全的直接的依赖，而且强调主属性对键的完全的直接的依赖，它包括 3NF，即 $R\in$BCNF，则 R 一定属于 3NF。

（2）3NF 只强调非主属性对键的完全直接依赖，这样就可能出现主属性对键的部分依赖和传递依赖。

对于不是 BCNF 的关系模式，仍然存在不合适的地方。非 BCNF 的关系模式也可以通过分解成为 BCNF。例如 CFM 可以分解为 CF(C, F)与 FM(F, M)，都是 BCNF。

算法 6-7 无损分解成 BCNF 模式集。

（1）令 $\rho=\{R\}$。

（2）若 ρ 中所有模式都是 BCNF，则转到（4）。

（3）若 ρ 中有一个关系模式 S 不是 BCNF，则 S 中必能找到一个函数依赖 $X\rightarrow A$ 且 X 不是 S 的候选键，且 A 不属于 X，设 $S_1=XA$，$S_2=S-A$，用分解$\{S_1, S_2\}$代替 S，转到（2）。

（4）分解结束，输出 ρ。

5．第四范式（4NF）

定义-21 设有一关系模式 $R(U)$，U 是其属性全集，X、Y 是 U 的子集，D 是 R 上的数据依赖集。若对于任一多值依赖 $X\rightarrow Y$，此多值依赖是平凡的，或 X 包含了 R 的一个候选键，则称 R 是**第四范式的关系模式**，记为 $R\in$4NF。

注意：介绍 BCNF 目的是消除非平凡且非 DF 的多值依赖；BCNF 的关系模式不一定是 4NF；4NF 的关系模式必定是 BCNF 的关系模式；4NF 是 BCNF 的推广。

算法 6-8 第四范式（4NF）的分解：

（1）令 $\rho=\{R\}$。

（2）若 ρ 中所有模式 R_i 都是 4NF，则转到（4）。

（3）若 ρ 中有一个关系模式 S 不是 4NF，则 S 中必能找到一个多值依赖 $X\rightarrow Y$ 且 X 不包含 S 的候选键，$Y-X\neq\phi$，$XY\neq S$，令 $Z=Y-X$，设 $S_1=XZ$，$S_2=S-Z$，用分解$\{S_1, S_2\}$代替 S，由于 $S_1\cap S_2=X$，$S_1-S_2=Z$，所以有$(S_1\cap S_2)\rightarrow(S_1-S_2)$，分解具有无损连接性，转到（2）。

（4）分解结束，输出 ρ。

6.5 关系模式的规范化

一个低一级范式的关系模式，通过模式分解转化为若干个高一级范式的关系模式的集合，这种分解过程称为**关系模式的规范化**。

6.5.1 学习要求

（1）理解关系模式规范化的目的和原则。

（2）掌握关系模式规范化的过程和要求。

6.5.2 知识要点

1．关系模式规范化的目的和原则

关系模式规范化的**目的**是使其结构合理，消除数据中的存储异常，使数据冗余尽量小，在操作过程中便于插入、删除和更新，并保持操作数据的正确性和完整性。

关系模式规范化的**原则**是：遵从概念单一化“一事一地”的原则，即一个关系模式描述一个实体或实体间的一种联系。规范的实质就是概念单一化。

2．关系模式规范化过程

常用的关系模式规范化过程，如图 6-2 所示。主要包括：

（1）对 1NF 关系进行分解，消除原关系中非主属性对键的部分函数依赖，将 1NF 关系转换为多个 2NF。

（2）对 2NF 关系进行分解，消除原关系中非主属性对键的传递函数依赖，产生一组 3NF。

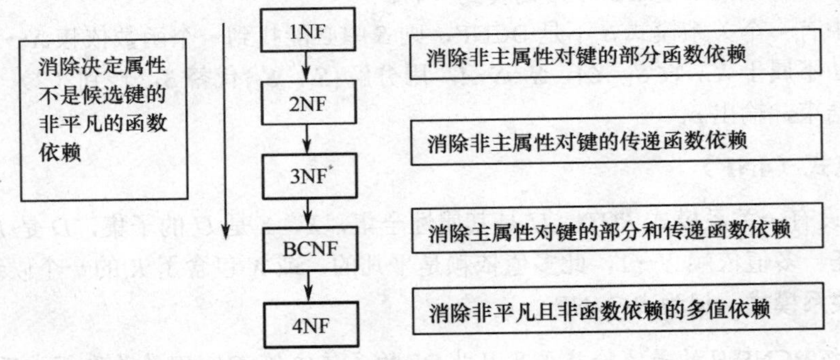

图 6-2 关系模式规范化的过程

在实际应用中，规范化的过程就是一个不断消除属性依赖关系中某些问题的过程，就是从第一范式到第四范式的逐步递进规范的过程。

3．关系模式规范化要求

保证分解后的关系模式与原关系模式是等价的，等价的 3 种标准：

（1）分解要具有无损连接性。

（2）分解要具有函数依赖保持性。

（3）分解既要具有无损连接性，又要具有函数依赖保持性。

6.6 要点小结

本章重点介绍了数据库关系模式规范化设计问题。关系模式设计得正确性和完整性，直接影响到数据冗余度、数据一致性等问题。设计好的数据库模式，必须有一定的理论为基础。这就是模式规范化理论。

在数据库中，数据冗余将会引起各种操作异常。通过将模式分解成若干比较小的关系模式可以消除冗余。关系模式的规范化过程实际上是一个“分解”过程：将逻辑上独立的信息放在独立的关系模式中。分解是解决数据冗余的主要方法，也是规范化的一条原则：“关系模式有冗余问题就应分解”。

函数依赖 $X \rightarrow Y$ 是数据之间最基本的一种联系，在关系中有两个元组，若 X 值相等则要求 Y 值也相等。FD 有一个完备的推理规则集。

关系模式在分解时应保持“等价”，有数据等价和语义等价两种，分别用无损分解和保持依赖两个特征进行衡量。前者能保持泛关系在投影连接后仍能恢复，而后者能保证数据在投影或连接中其语义不会发生变化，即不会违反 FD 的语义。但无损分解与保持依赖两者之间没有必然的联系。

范式是衡量模式优劣的标准，范式表达了模式中数据依赖之间应满足的联系。若关系模式 R 是 3NF，则 R 上成立的非平凡 FD 都应该左边是超键或右边是非主属性。若关系模式 R 是 BCNF，则 R 上成立的非平凡的 FD 都应该左边是超键。范式的级别越高，其数据冗余和操作异常现象就越少。分解成 BCNF 模式集的算法能保持无损分解，但不一定能保持 FD 集。而分解成 3NF 模式集的算法既能保持无损分解，又能保持 FD 集。

第 7 章

存储过程与触发器

在数据库中，存储过程和触发器都是 SQL 语句和流程控制语句组。触发器实际上也是一种存储过程，存储过程在运算时生成执行方式，可便对其运行更便捷。触发器是一种特殊类型的存储过程，可以实现自动化的操作。

重点	存储过程的特点、类型和作用，存储过程的执行方式，DML 触发器的工作原理，DDL 触发器的特点和创建方式
难点	存储过程的执行方式，DML 触发器的工作原理，DDL 触发器的特点和创建方式
关键	存储过程的特点、类型和作用，存储过程的执行方式，DML 触发器的工作原理
教学目标	了解存储过程的特点、类型和作用 理解存储过程的执行方式 理解和掌握 DML 触发器的工作原理 理解和掌握 DDL 触发器的特点和创建方式

7.1 存储过程概述

7.1.1 学习要求

（1）掌握存储过程概念。

（2）掌握存储过程特点与类型。

7.1.2 知识要点

1．存储过程的概念

存储过程（Stored Procedure）是数据库系统中，一组为了完成特定功能的 SQL 语句集。经编译后存储在数据库中，用户通过指定存储过程名及给出参数（若此存储过程带有参数）进行执行。SQL Server 提供了一种方法，可将一些固定的操作集中由 SQL Server 数据库服务器完成，以实现某个任务，这种方法就是存储过程。

2．存储过程的特点

（1）存储过程已经在服务器上注册，可以提高 T-SQL 语句执行效率。

（2）存储过程具有安全性和所有权链接，可执行所有的权限管理。用户可以被授予执行存储过程的权限，而不必拥有直接对存储过程中引用对象的执行权限。

（3）存储过程允许用户模块化设计程序，极大地提高了程序设计的效率。例如，存储过程创建之后，可以在程序中任意调用，这样会带来许多好处，提高程序的设计效率、提高了应用程序的可维护性。

（4）存储过程可以大大减少网络通信流量，这是一条非常重要的使用存储过程的原因。

7.2 存储过程的实现

7.2.1 学习要求

（1）掌握创建与执行存储过程、查看存储过程、修改存储过程。

（2）掌握更名或删除存储过程等。

7.2.2 知识要点

1. 创建存储过程

在 SQL Server 中，可以使用 3 种方法创建存储过程：

（1）利用创建存储过程向导创建存储过程。

（2）使用 SQL Server 企业管理器创建存储过程。

（3）使用 T-SQL 语句中的 CREATE PROCEDURE 命令创建存储过程。

在创建存储过程之前，需要考虑以下几个问题：

（1）不能将 CREATE PROCEDURE 语句与其他 SQL 语句组合到单个批处理中。

（2）只能在当前数据库中创建存储过程。

（3）创建存储过程的权限默认为数据库所有者，此所有者可将其权限授予其他用户。

（4）存储过程是数据库对象，其名称应当遵守标识符规则。

（5）存储过程可以嵌套使用，嵌套最多不能超过 32 层。

利用 T-SQL 语句 CREATE PROCEDURE 命令创建存储过程，包含一些选项，其语法格式如下所示：

```
CREATE PROCEDURE proc_name
    AS
    BEGIN
        sql_statement1
        sql_statement2
    END
```

说明：

（1）proc_name 表示一个具体的存储过程名。

（2）sql_statement1，sql_statement2 表示具体操作的 T-SQL 语句。

2. 创建参数化存储过程

在创建存储过程时，应该指定所有的输入参数、执行数据库操作的编程语句、返回至调用过程或批处理表明成功或失败的状态值、捕捉和处理潜在错误的错误处理语句。

在实际应用中，还需要注意创建存储过程的准则。

（1）用相应的架构名称限定存储过程所引用的对象名称。

（2）每个任务创建一个存储过程。

（3）创建或测试存储过程，并对其进行故障诊断。

（4）存储过程名称避免使用 sp_前缀。

（5）对所有存储过程使用相同的连接设置。

（6）尽可能减少临时存储过程的使用。

如果为存储过程中的参数定义了默认值，则在以下场合中将用到参数的默认值。

（1）执行存储过程时，没有为参数指定任何值。

（2）DEFAULT 关键字指定为参数的值。

通过使用输出参数和返回值，存储过程可将信息返回给进行调用的存储过程和客户端。输出参数允许保留因存储过程的执行而产生的对该参数的任何更改，即使是在存储过程执行完毕之后，要在 Transact-SQL 中使用输出参数，必须在 CREATE PROCEDURE 和 EXECUTE 语句中同时指定 OUTPUT 关键字。如果在执行存储过程时省略了 OUTPUT 关键字，则存储过程仍将执行，但是不会返回修改过的值。

3．查看存储过程

存储过程被创建之后，其名字存储在系统表 sysobjects 中，源语句则存放在系统表 syscomments 中。可使用企业管理器或系统存储过程查看用户创建的存储过程。

可供使用的系统存储过程及其语法形式如下所示。

（1）sp_help：用于显示存储过程的参数及其数据类型。

```
sp_help [[@objname=] name]
```

说明： 参数 name 为要查看的存储过程的名称。

（2）sp_helptext：用于显示存储过程的源语句。

```
sp_helptext [[@objname=] name]
```

说明： 参数 name 为要查看的存储过程的名称。

（3）sp_depends：用于显示和存储过程相关的数据库对象。

```
sp_depends [@objname=]'object'
```

说明： 参数 object 为要查看依赖关系的存储过程的名称。

（4）sp_stored_procedures：用于返回当前数据库中的存储过程列表。

4．修改存储过程

在 SQL Server 统中，可以使用 ALTER PROCEDURE 语句修改已经存在的存储过程。修改存储过程不是删除和重建存储过程，其目的是保持存储过程的权限不发生变化。

存储过程通常为了响应客户请求或适应基础表定义中的更改而进行修改。若要修改现有存储过程并保留权限分配，应使用 ALTER PROCEDURE 语句，使用 ALTER PROCEDURE 修改存储过程时，SQL Server 将替换该存储过程以前的定义。

注意： 使用 ALTER PROCEDURE 语句时应注意以下问题。

（1）如果要修改使用选项（如 WITH ENCRYPTION）创建的存储过程，则必须在 ALTER PROCEDURE 语句中包含该选项，以保留该选项所提供的功能。

（2）ALTER PROCEDURE 只要改单个过程，如果你的过程还要调用其他存储过程，则嵌套的存储过程不受影响。

5．更名或删除存储过程

1）更名存储过程

修改存储过程的名称可以使用系统存储过程 sp_rename，其语法形式如下：

sp_rename 原存储过程名，新存储过程名

说明：此外，通过“企业管理器”也可以修改存储过程的名称。

2）删除存储过程

若要从当前数据库中删除用户定义的存储过程，应使用 DROP PROCEDURE 语句。其语法格式为：

```
DROP PROCEDURE 存储过程名
```

注意：需要注意的是，在删除存储过程之前，应先执行 sp_depends 存储过程以确定是否有对象依赖于该存储过程，如下面语句所示：

```
EXEC sp_depends @objname = N'Production. LongLeadProducts'
```

删除 LongLeadProducts 存储过程语句为：

```
DROP PROC Production.LongLeadProducts
```

*7.3 触发器应用

7.3.1 学习要求

（1）熟悉触发器概念与类型。

（2）掌握创建触发器的过程。

7.3.2 知识要点

1．触发器的概念及特点

一般地认为，触发器是一种特殊类型的存储过程，包括了大量的 T-SQL 语句。但是触发器又与存储过程不同，例如存储过程可以由用户直接调用执行，但是触发器不能被直接调用执行，它只能自动执行。

按照触发事件的不同，可以把 SQL Server 系统提供的触发器分成两大类型，即 DML 触发器和 DDL 触发器。在 SQL Server 中，可以创建 CLR 触发器，既可以是 DML 触发器，也可以是 DDL 触发器。

触发器的主要好处是可以包含使用 T-SQL 语句的复杂处理逻辑。

（1）当约束所支持的功能无法满足应用程序的功能性需求时，则触发器最为有用。约束只能通过标准化的系统错误消息来传达错误，如果应用程序要求更复杂的错误处理，则必须使用触发器。

（2）触发器可将更改级联传播到数据库中的相关表，但是，通过级联引用完整性约束可更有效地执行这些更改。

有关触发器的事实如下：

（1）触发器以及激发它的语句被视为单个事务，该事务可从触发器中回滚，如果检测到严重错误（如磁盘空间不足），则整个事务自动回滚。

（2）触发器可将更改级联传播到数据库中相关表。但是，使用级联引用完整性约束可更有效地执行这些更改。

（3）触发器可防止恶意的或不正确插入、更新和删除操作，并强制实施比使用 CHECK 定义的限制更为复杂的其他限制。

（4）与 CHECK 约束不同，触发器可引用其他表中的列。例如，触发器可以使用从另一个表进行选择的 SELECT 语句来与插入的或更新的数据进行比较并执行额外操作，如修改数据或显示用户定义的错误消息。

2．创建触发器

可使用 CREATE TRIGGER 语句创建触发器，其语法如下：

```
CREATE TRIGGER trigger_name
ON {table | view}
{FOR |AFTER| INSTEAD OF|}
{[INSTERT]|[UPDATE]|[DELETE]}
WITH APPEND
AS {sql_statement}
```

触发器的类型，有两类触发器 DML 和 DDL。其中，DML 触发器也有两类。

（1）AFTER 触发器。该触发器在执行 INSERT，UPDATE，DELETE 语句的之后执行。

（2）INSTEAD OF 触发器，该触发器替代常规触发操作执行，还可以在基于一个或多个基表的视图上定义。

3．INSERT 触发器的工作方式

当执行 INSERT 语句将要数据插入表或视图时，如果该表或视图配置了 INSERT 触发器，就会激发该 INSERT 触发器来执行特定的操作。

当 INSERT 触发器触发时，新行将插入触发器和 inserted 表。inserted 表是一个逻辑表，保留已插入行的副本。inserted 表包含由 INSERT 语句引起的已记入日志的插入活动。inserted 表允许引用从发起插入操作的 INSERT 语句所产生的已记入日志的数据。触发器可检查 inserted 表以确定是否应执行触发器操作，或应如何执行。inserted 表中的行总是触发器表中一行或多行的副本。

4．DELETE 触发器的工作方式

DELETE 触发器是一种特殊的存储过程，它在每次 DELETE 语句从配置了该触发器的表或者视图中删除数据时执行。

当 DELETE 触发器激发时，被删除的行将放置在特殊的 deleted 表中。deleted 表是一个逻辑表，它保留已删除行的副本。deleted 表允许你引用从发起删除的 DELETE 语句产生的已记入日志的数据。

5．UPDATE 触发器的工作方式

UODATE 触发器是在每次 UPDATE 语句配置了 UPDATE 触发器的表或视图中的数据进行更改时执行的触发器。

UPDATE 触发器的工作过程可视为两步：

（1）数据前映像的 DELETE 步骤；

（2）捕获数据后映像是 INSERT 语句。

当 UPDATE 语句在已定义了触发器的表上执行时，原始行（前映像）移入 deleted 表，而更新行（后映像）插入 inserted 表中。

触发器可检查 deleted 表和 insert 表，还有 updated 表，以确定是否要更新多行以及应如何执行触发器操作。

6．INSTEAD OF 触发器的工作方式

INSTEAD OF 触发器替代常规触发器操作执行。INSTEAD OF 触发器还可以在基于一个或多个基表的视图上定义。

此触发器代替原始触发操作执行，它增加了可对视图执行的更新类型种类，每个表或视图限制为每个触发器操作一个 INSTEAD OF 触发器。

INSTEAD OF 触发器主要具有以下优点。

（1）允许由多个基表组成的视图支持引用表中数据的插入、更新和删除操作。

（2）可编写逻辑语句拒绝执行批处理的某些命令，并不影响批处理其他部分成功执行。

（3）允许用户针对符合指定条件的情况指定备选数据库操作。

7.4 要点小结

本章系统介绍了 SQL Server 系统的存储过程与触发器的概念。

存储过程是不同 T-SQL 语句的集合，它以一个名称下被存储并作为一个单独单元执行，存储过程允许用户声明参数、变量及使用 T-SQL 语句和编程逻辑，存储过程提供较好的性能、安全性、准确性和减少网络拥塞。

触发器是由 T-SQL 语句集组成的为响应某些动作而激活的语句块，触发器在响应 INSERT，UPDATE 和 DELETE 语句时激活。触发器可用来加强业务规则和数据的完整性，AFTER 触发器是所有在表上定义的约束和触发器已被成功执行后执行，INSTEAD OF 触发器可用来在另一个表或视图上执行另一个像 DML 操作之类的动作。

第8章

数据库设计

数据库设计对于数据库应用软件研发极为重要，其主要任务是通过对现实系统的业务数据进行需求调研收集和抽象分析，得到符合现实系统要求及 DBMS 支持的数据模式。

重点	数据库设计的方法，数据库设计的6个阶段，重点是需求分析、概念结构设计、逻辑设计和物理设计阶段。数据库设计规范
难点	数据设计的需求分析阶段，需求分析说明书的撰写，数据流程图、功能模块图和数据字典等；概念结构设计方法，局部 ER 到全局 ER 模型的转换；逻辑设计阶段的关系模式的规范化
关键	数据设计的方法，数据库设计的需求分析、概念结构设计、逻辑设计步骤和方法
教学目标	了解数据库设计的步骤；掌握数据设计需求分析、概念设计、逻辑设计、物理设计；了解和掌握数据库实施和使用维护；了解数据库设计规范

8.1 数据库设计概述

8.1.1 学习要求

（1）了解数据库设计的任务内容和特点。

（2）了解数据库设计的几种方法。

（3）了解数据库设计的基本步骤。

8.1.2 知识要点

1. 数据库设计的任务、内容和特点

（1）数据库设计的任务是指根据用户需求构建数据库结构及应用系统的过程。

（2）数据库设计的内容是指根据给定的业务应用环境，进行数据库的模式设计或子模式的设计。它包括数据库的概念设计、逻辑设计和物理设计，如图 8-1 所示。数据库的行为设计是指对数据库用户的行为和动作。

（3）数据库设计的特点

① 数据库建设是硬件、软件和构件（技术和管理的界面）的结合。

② 数据库设计应该与应用系统设计相结合，也就是说要把行为设计和结构设计密切结合起来是一种“反复探寻，逐步求精的过程”。

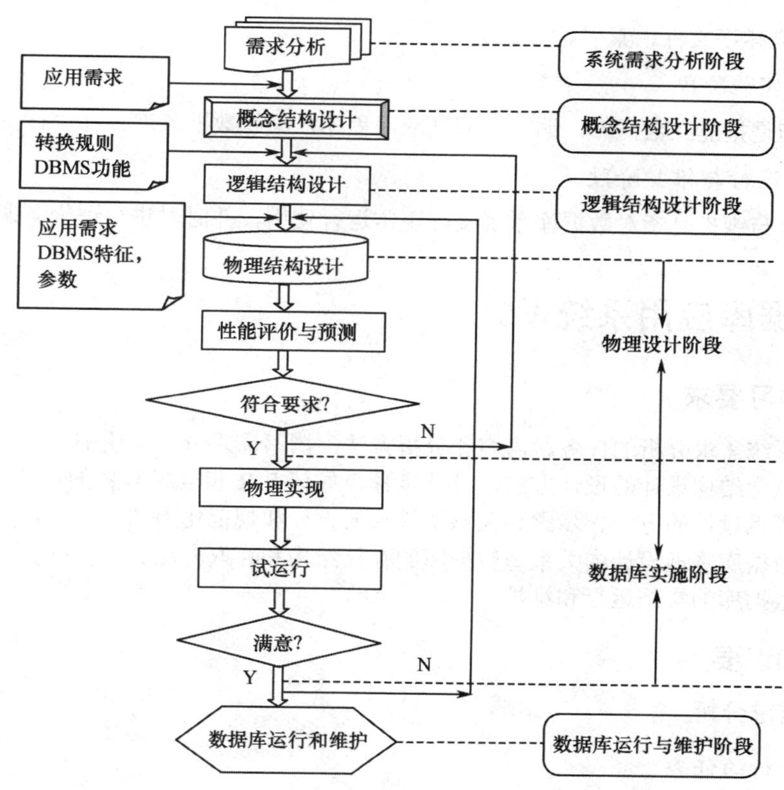

图 8-1 数据库开发设计的 6 个阶段

2．数据库设计方法概述

（1）基于 E-R 模型的数据库设计方法。

（2）基于 3NF 的数据库设计方法。

（3）计算机辅助数据库设计方法。

3．数据库开发设计的步骤

数据库开发设计的步骤主要有 6 个。

1）需求分析阶段

需求分析是指准确了解和分析用户及新 DB 应用系统的需求，这是最困难、最费时、最复杂的一步，但也是最重要的一步。决定了以后各步设计的速度和质量。

2）概念结构设计阶段

概念结构设计是指对用户的需求进行分析综合、归纳与抽象，形成一个独立于具体 DBMS 的概念模型，是整个数据库设计的关键。

3）逻辑结构设计阶段

逻辑结构设计是指将概念模型转换成某个 DBMS 所支持的 ER 模型（二维表结构），并对其进行优化。

4）物理设计阶段

物理设计是指为逻辑数据模型选取一个最适合应用环境的物理结构（包括存储结构顺序和存

储方法），如建立排序文件、索引。

5）数据库实施阶段

数据库实施是指建立数据库，编写与调试应用程序，组织数据入库，并进行试运行。

6）数据库运行与维护阶段

数据库运行与维护是指对数据库系统实际正常运行使用，并时时进行评价、调整与修改。

8.2 数据库应用系统设计

8.2.1 学习要求

（1）掌握系统需求分析的任务、内容和分析方法，撰写需求分析说明书。
（2）掌握概念结构设计的设计方法、设计步骤，局部 E-R 和全局 E-R 的设计。
（3）掌握逻辑设计的方法、步骤和关系型模式的设计和规范化方法。
（4）了解数据库物理设计中关系型数据库的存储结构和存取方法。
（5）了解数据库的实施运行和维护。

8.2.2 知识要点

1．系统需求分析

1）需求分析的任务

需求分析的任务是通过详细调查现实业务要处理的对象，通过充分对原系统的工作情况的了解，明确用户的各种需求，然后在此基础上确定新系统的功能。

数据库需求分析的任务主要包括数据（或信息）和处理要求两个方面。

具体而言，需求分析阶段的任务包括以下方面：

（1）调查、收集、分析用户需求，确定系统边界。
（2）编写系统需求分析说明书。

系统需求分析说明书一般应包括如下内容：

- 系统概况，包括系统的目标、范围、背景、历史和现状等。
- 系统的运行及操作的主要原理和技术。
- 系统总体结构和子系统结构说明。
- 系统总体功能和子系统功能说明。
- 系统数据处理概述、工程项目体制和设计阶段划分。
- 系统方案及技术、经济、实施方案可行性等。

在系统需求分析说明书中可提供以下附件：

（1）系统的软硬件支持环境的选择及规格要求（所选择的数据库管理系统、操作系统、计算机型号及其网络环境等）。

（2）组织机构图、组织之间联系图和各机构功能业务一览图。

（3）数据流程图、功能模块图和数据字典等图表。

2）需求分析的方法

结构化分析方法（Structured Analysis，SA）是一种简单实用的方法，主要的方法有自顶向下和自底向上两种，SA 方法是从最上层的系统组织入手，采用自顶向下、逐层分解的方法分析系统。

数据流图表达了数据和处理过程的关系。在 SA 方法中，处理过程的处理逻辑常常借助判定表和判定树来描述。系统中的数据则借助数据流图（DFD）和数据字典（DD）来描述。

（1）数据流图

数据流图（Data Flow Diagram，DFD）描述了数据与处理流程及其的关系的图形表示。

数据流图中的基本元素有：

- 圆圈表示处理加工，输入数据经过处理产生输出数据。其中注明处理的名称。
- 矩形描述一个输入源点或输出汇点。其中注明源点或汇点的名称。
- 箭头描述一个数据流。被加工的数据及其流向，流线上注明数据名称，箭头代表数据流动方向。
- 长方体（或立方体）：表示代表系统之外数据提供者或使用者，数据的源点或终点。

➢ 数据流 → 代表数据流的有向线

➢ 加工 代表数据处理逻辑

➢ 文件 输入源点或输出汇点

➢ 外部实体 代表系统之外数据提供者或使用者

构建 DFD 的目的是为了系统分析师与用户能够进行明确的交流，以便指导系统的设计，并为以下工作打下基础。所以要求 DFD 既要简单，又要易于理解。

构建 DFD 通常采用 Top-Down，逐层分解，直到功能细化为止，形成若干层次的 DFD。

（2）数据字典

数据字典是系统中各类业务数据及结构描述的集合，是各类数据结构和属性的清单。在需求分析阶段，它通常包含以下 5 个部分内容。

数据项、数据结构、数据流、数据存储、处理过程。

处理过程的功能及处理要求。

- 功能：该处理过程用来做什么。
- 处理要求：处理频度要求（如单位时间内处理事务量及数据量）、响应时间要求等。
- 处理要求是后面物理设计的输入及性能评价的标准。

最终形成的数据流图和数据字典为“系统需求分析说明书”的主要内容，这是下一步进行概念设计的基础。

2．概念结构设计

1）概念结构的设计方法

（1）自顶向下：首先定义全局概念结构的框架，然后逐步细化。其设计方法如图 8-2 所示。

（2）自底向上：首先定义各局部应用的概念结构，然后将它们集成起来，得到全局概念结构。这种设计方法如图 8-3 所示。

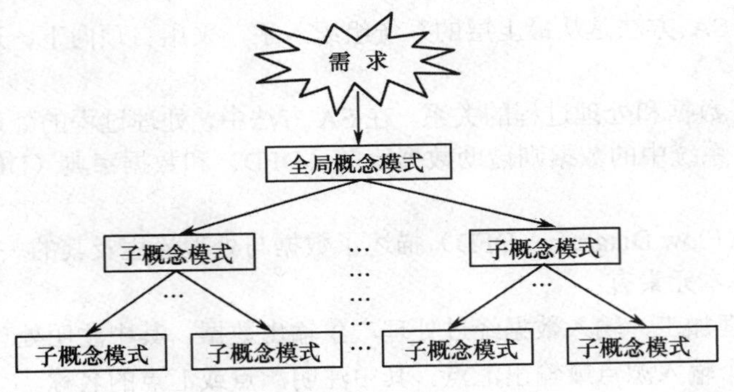

图 8-2　自顶向下的设计方法

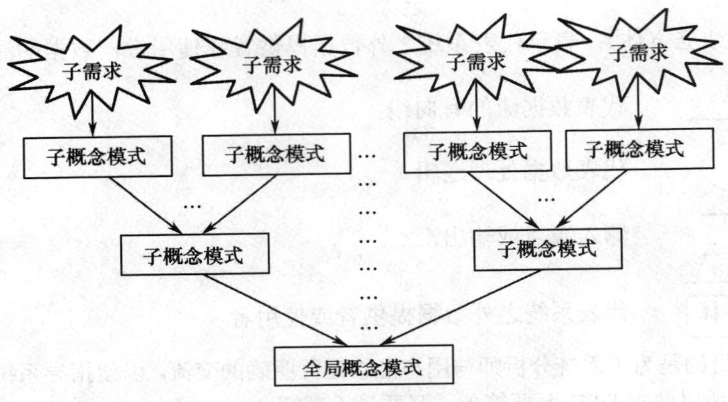

图 8-3　自底向上的设计方法

（3）逐步扩张。首先定义最重要的核心概念结构，然后向外扩充，以滚雪球的方式逐步生成其他概念结构，直至总体概念结构，如图 8-4 所示。

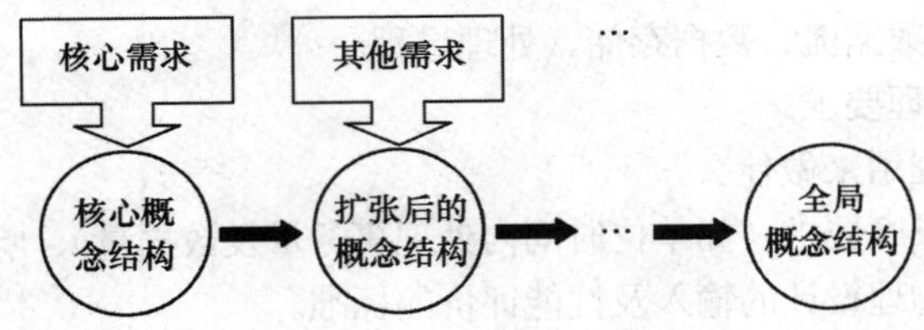

图 8-4　逐步扩张的设计方法

（4）混合策略。将自顶向下和自底向上相结合，用自顶向下策略设计一个全局概念结构的框架，以它为骨架集成由自底向上策略中设计的各局部概念结构。

其中最常用的设计方法是自底向上。即自顶向下地进行需求分析，再自底向上地设计概念模式结构。

2）概念结构设计的步骤

对于自底向上的设计方法，概念结构的步骤分为两步（如图 8-5 所示）。

（1）进行数据抽象，设计局部 E-R 模型。

（2）集成各局部 E-R 模型，形成全局 E-R 模型。

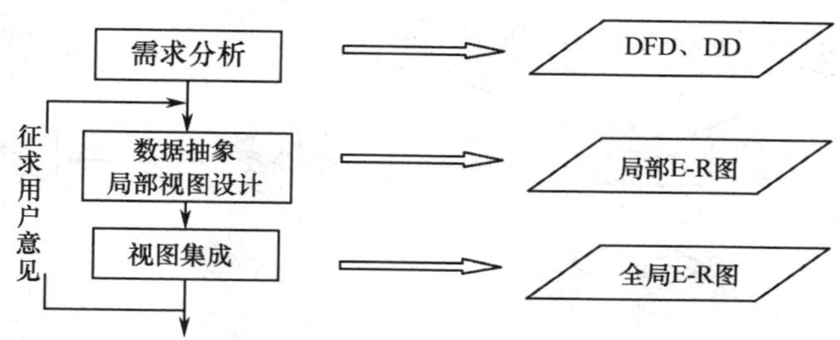

图 8-5　自底向上方法的设计步骤

3）数据抽象与局部 E-R 模型设计

（1）数据抽象

三种：分类（Classification）、聚集（Aggregation）和概括（Generalization）。

（2）局部视图设计

选择好一个局部应用之后，就要对每个局部应用逐一设计分 E-R 图，也称局部 E-R 图。将各局部应用涉及的数据分别从数据字典中抽取出来，参照数据流图，标定各局部应用中的实体、实体的属性、标识实体的键，确定实体之间的联系及其类型（1 : 1，1 : n，m : n）。

【案例 8-1】 在简单的教务管理系统中，有如下语义约束。

① 一个学生可选修多门课程，一门课程可为多个学生选修，因此学生和课程是多对多的联系。

② 一个教师可讲授多门课程，一门课程可为多个教师讲授，因此教师和课程也是多对多的联系。

③ 一个系可有多个教师，一个教师只能属于一个系，因此系和教师是一对多的联系，同样系和学生也是一对多的联系。

根据上述约定，可以得到如图 8-6 所示的学生选课分 E-R 图和如图 8-7 的教师任课分 E-R 图。

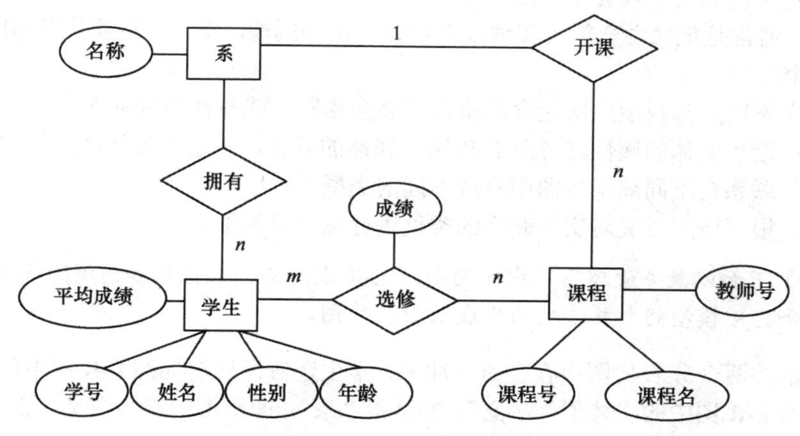

图 8-6　学生选课局部 E-R 图

4）全局 E-R 模型设计

各个局部视图即分 E-R 图建立好后，还需要对它们进行合并，集成为一个整体的概念数据结构。即全局 E-R 图，也就是视图的集成，视图的集成有两种方式：

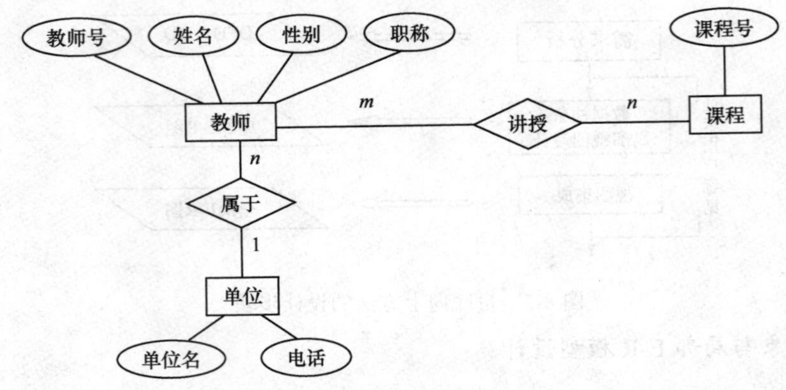

图 8-7　教师任课局部 E-R 图

（1）一次集成法；

（2）逐步累积式。

合并需要解决各个局部 E-R 图之间的冲突，将各个局部 E-R 图合并起来生成初步 E-R 图。合理消除各分 E-R 图的冲突，合并分 E-R 图的主要工作与关键所在。

E-R 图中的冲突有 3 种：属性冲突、命名冲突和结构冲突。

① 属性冲突

② 命名冲突

同名异义：不同意义的对象在不同的局部应用中具有相同的名字。

异名同义（一义多名）：同一意义的对象在不同的局部应用中具有不同的名字。

命名冲突可能发生在属性级、实体级、联系级上。其中属性的命名冲突更为常见。解决命名冲突的方法是通常用讨论、协商等手段加以解决。

③ 结构冲突（有三类结构冲突）

同一对象在不同应用中具有不同的抽象。

解决方法：通常是把属性变换为实体或把实体变换为属性，使同一对象具有相同的抽象。变换时要遵循两个准则。

同一实体在不同局部视图中所包含的属性不完全相同，或属性的排列次序不完全相同。

解决方法：使该实体的属性取各分 E-R 图中属性的并集，再适当设计属性的次序。

实体之间的联系在不同局部视图中呈现不同的类型。

解决方法：根据应用语义对实体联系的类型进行综合或调整。

【案例 8-2】下面以教务管理系统中的两个分 E-R 图为例，来说明如何消除各分 E-R 图之间的冲突，进行分 E-R 模型的合并，从而生成初步 E-R 图。

首先，在消除两个分 E-R 图中存在命名冲突，学生选修课程的局部 E-R 图中的实体型“系”与教师任课局部 E-R 图中的实体型“单位”，都是指“系”，即所谓的异名同义，合并后统一改为“系”，这样属性“名称”和“单位名”即可统一为“系名”。

其次，还存在着结构冲突，实体型“系”和实体型“课程”在两个不同应用中的属性组成不同，合并后这两个实体的属性组成为原来分 E-R 图中的同名实体属性的并集。解决上述冲突后，合并两个分 E-R 图，生成如图 8-8 所示的初步的总 E-R 图。

修改与重构。冗余的数据是指可由基本数据导出的数据，冗余的联系是指可由其他联系导出的联系。冗余数据和冗余联系容易破坏数据库的完整性，给数据库维护增加困难。

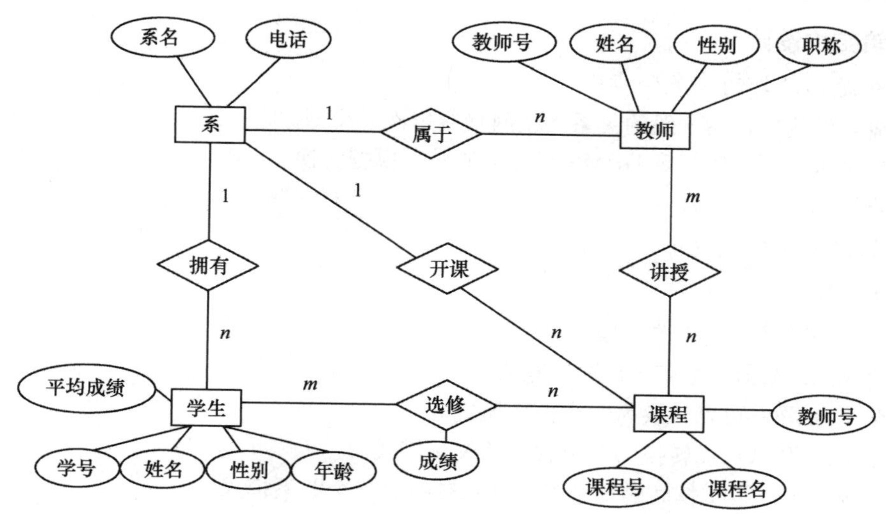

图 8-8　消除各分 E-R 图之间的冲突，进行分 E-R 模型的合并

采用分析的方法来消除数据冗余，以数据字典和数据流图为依据，根据数据字典中关于数据项之间逻辑关系的说明来消除冗余。

【案例 8-3】下面以教务管理系统中的合并 E-R 图为例，说明消除不必要的冗余，从而生成基本 E-R 图方法。

在初步 E-R 图中，“课程”实体型中的属性“教师号”可由“讲授”这个教师与课程之间的联系导出，而学生的平均成绩可由“选修”联系中的属性“成绩”中计算出来，所以“课程”实体型中的“教师号”与“学生”实体型中的“平均成绩”均属于冗余数据。

另外，“系”和“课程”之间的联系“开课”，可以由“系”和“教师”之间的“属于”联系与“教师”和“课程”之间的“讲授”联系推导出来，所以“开课”属于冗余联系。

这样，初步 E-R 图在消除冗余数据和冗余联系后，便可得到基本的 E-R 图，如图 8-9 所示。

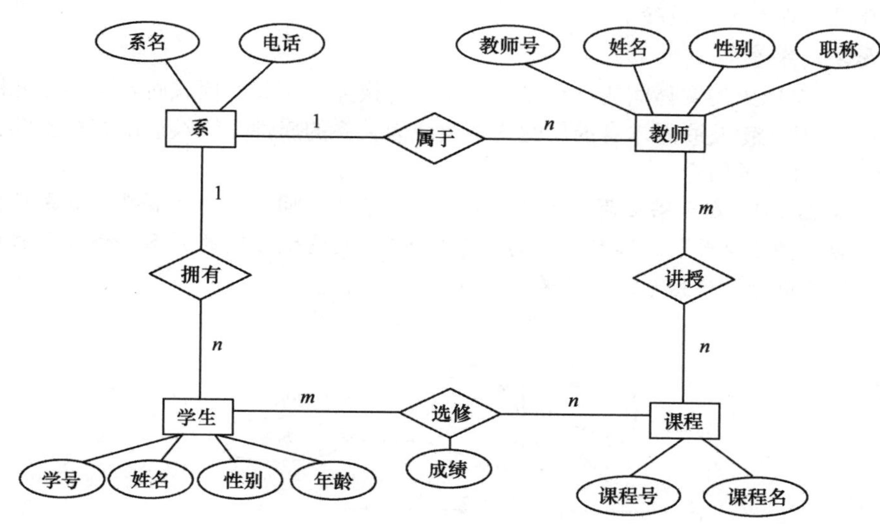

图 8-9　初步的全局 E-R 图

3．逻辑结构设计

1）逻辑结构设计的任务和步骤

① 将概念结构转化为一般的关系（或网状或层次）模型。

② 将转化来的模型向特定 DBMS 支持下的数据模型转换。

③ 对数据模型进行优化。

2）初始化关系模式设计

① 转换原则

- 一个实体转换为一个关系模式。
- 一个 $m:n$ 联系转换为一个关系模式。
- 一个 $1:n$ 联系可以转换为一个关系模式
- 一个 1 : 1 联系可以转换为一个独立的关系模式。
- 三个或三个以上实体间的一个多元联系转换为一个关系模式。

② 具体做法

- 把一个实体转换为一个关系。先分析该实体的属性，从中确定主键，然后再将其转换为关系模式。

【案例 8-4】以图 8-9 为例将 4 个实体分别转换为关系模式（带下画线的为主键）：

学生（学号，姓名，性别，年龄）

课程（课程号，课程名）

教师（教师号，姓名，性别，职称）

系（系名，电话）

- 把每个联系转换成关系模式。

【案例 8-5】把图 8-9 中的 4 个联系也转换成关系模式：

属于（教师号，系名）

讲授（教师号，课程号）

选修（学号，课程号，成绩）

拥有（系名，学号）

- 三个或三个以上的实体间的一个多元联系在转换为一个关系模式时，与该多元联系相连的各实体的主键及联系本身的属性均转换成为关系的属性，转换后所有得到的关系的主键为个实体键的组合。

【案例 8-6】图 8-10 表示供应商、项目和零件三个实体之间的多对多联系，如果已知三个实体的主键分别为“供应商号”，“项目号”与“零件号”，则它们之间的联系“供应”转换为关系模式：供应（供应商号，项目号，零件号，数量）。

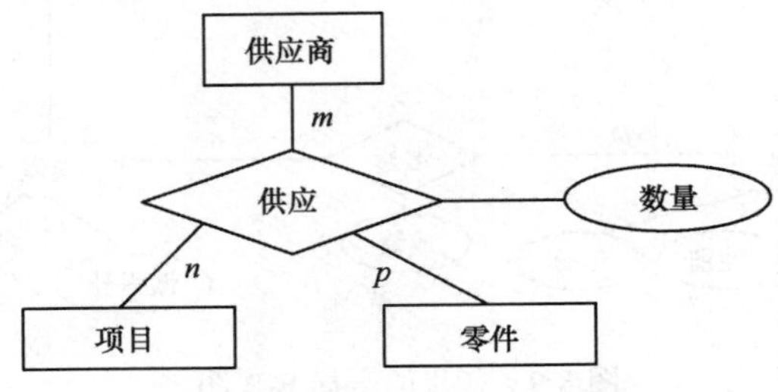

图 8-10　多个实体之间的联系

3）关系模式的规范化

（1）确定数据依赖，按需求分析阶段所得到的语义，分别写出每个关系模式内部各属性之间的数据依赖以及不同关系模式属性之间数据依赖。

（2）对于各个关系模式之间的数据依赖进行极小化处理，消除冗余的联系。

（3）按照数据依赖的理论对关系模式逐一进行分析，考查是否存在部分函数依赖、传递函数依赖、多值依赖等，确定各关系模式分别属于第几范式。

（4）按照需求分析阶段得到的各种应用对数据处理的要求，分析对于这样的应用环境这些模式是否合适，确定是否要对它们进行合并或分解。

（5）按照需求分析阶段得到的各种应用对数据处理的要求，对关系模式进行必要的分解或合并，以提高数据操作的效率和存储空间的利用率。

【案例 8-7】职工管理系统全局 E-R 模型进行关系模型的转化，如图 8-11 所示。

（1）第一步：将每一个实体型转换为一个关系模式

将实体集的属性转换成关系的属性，实体集的码对应关系的码。实体集的名对应关系的名。职工管理系统全局 E-R 模型中的 5 个实体集可以表示如下：

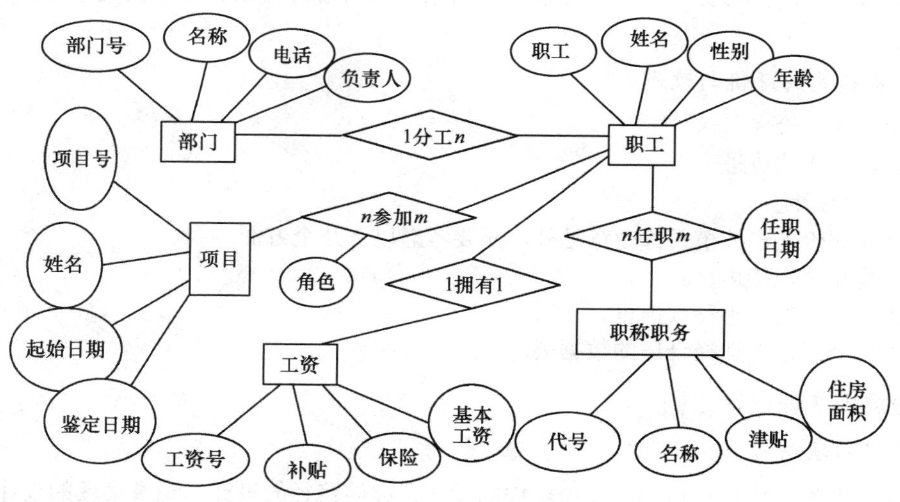

图 8-11　职工管理系统全局 E-R 模型

职工（职工号，姓名，性别，年龄）

部门（部门号，名称，电话，负责人）

职称职务（代号，名称，津贴，住房面积）

工资（工资号，补贴，保险，基本工资，实发工资）

项目（项目号，名称，起始日期，鉴定日期）

（2）第二步：将每个联系转换为关系模式

用关系表示联系，实质上是用关系的属性描述联系，该关系的属性，对于给定的联系 R，由它所转换的关系具有以下属性：

联系 R 单独的属性都转换为该关系的属性；

联系 R 涉及到的每个实体集的码属性（集）转换为该关系的属性。

如职工管理系统中的联系可以表示如下：

分工（职工号，部门号）　　　　$n:1$ 联系

任职（职工号，代号，任职日期）　$n:m$ 联系

拥有（职工号，工资号）　1:1 联系，职工号和工资号都可以作为主码

参加（职工号，项目号，角色）　$n:m$ 联系

根据联系的类型不同，联系转换为关系后，关系的码的确定也相应有不同的规则：

若联系 R 为 1:1 联系，则每个相关实体的码均可作为关系的候选码。

若联系 R 为 $1:n$ 联系，则关系的码为 n 端实体的码。

若联系 R 为 $n:m$ 联系，则关系的码为相关实体的码的集合。

（3）第三步：根据具体情况，把具有相同码的多个关系模式合并成一个关系模式

具有相同码的不同关系模式，从本质上说，它们描述的是同一实体的不同侧面（即属性），因此，它们可以合并。合并的过程也就是将对事物不同侧面的描述转化为对事物的全方位的描述。

合并后关系包括两关系的所有属性，这样做可以简化系统，节省存储空间。上列关系中的职工关系、分工关系和拥有关系就可以合并为一：

职工（职工号，姓名，性别，年龄，部门，工资号）

现在我们不难看出，当将联系 R 转换为关系模式时，只有当 R 为 $m:n$ 联系时，才有必要建立新的关系模式；当 R 为 1:1、$1:n$ 及 is-a 联系时，只需对与该联系有关的关系作相应的修改即可。

4）关系模式的评价与改进

（1）模式的评价

（2）数据模式的改进

- 分解与合并。

除了性能评价提出的模式修改意见外，还要考虑以下几个方面：

（1）尽量减少连接运算。

（2）减小关系的大小和数据量。

（3）为每个属性的选择合适的数据类型。

4．数据库物理设计

1）确定物理结构

数据库物理设计内容包括记录存储结构的设计，存储路径的设计，记录集簇的设计。

（1）记录存储结构的设计

记录存储结构的设计就是设计存储记录的结构形式，它涉及不定长数据项的表示。

（2）关系模式的存取方法选择

DBMS 常用存取方法有：索引方法，目前主要是 B+树索引方法，聚簇（Cluster）方法，Hash 方法。

- 索引方法。索引存取方法的主要内容：对哪些属性列建立索引，对哪些属性列建立组合索引，对哪些索引要设计为唯一索引。

索引从物理上分为聚簇索引和普通索引。确定索引的一般顺序是：

（1）确定关系的存储结构，即记录存放是无序的，还是按某属性（或属性组）聚簇存放；

（2）确定不宜建立索引的属性或表；

（3）确定宜建立索引的属性。

关系的主码或外码一般应建立索引。因为数据进行更新时，系统对主码和外码分别作唯一性和参照完整性检查，建立索引，可使它加快。

- 聚簇。为了提高某个属性（或属性组）的查询速度，把这个或这些属性（称为聚簇码）上具有相同值的元组集中存放在连续的物理块称为聚簇。聚簇的用途：大大提高按聚簇属性进行查询的效率。
- Hash 方法。当一个关系满足下列两个条件时，可以选择 Hash 存取方法。

（1）该关系的属性主要出现在等值连接条件中或在相等比较选择条件中。

（2）该关系的大小可预知且不变或动态改变，但所选用的 DBMS 提供了动态 Hash 存取方法。

2）评价物理结构

重点是时间和空间的效率。

5．数据库实施

数据库实施是指根据逻辑设计和物理设计的结果，在计算机上建立起实际的数据库结构，装入数据，进行测试和试运行的过程。数据库实施的工作内容包括系统结构用 DDL 定义数据库结构，组织数据入库，编制与调试应用程序，数据库试运行。

6．数据库运行和维护

数据库试运行结果符合设计目标后，数据库就可以真正投入实际应用。数据库投入运行标志着开发任务的基本完成和维护工作的开始，对数据库设计进行评价、调整、修改等维护工作是一个长期的任务，也是设计工作的继续和提高。

对数据库经常性的维护工作主要是由 DBA 完成的，包括 4 个方面的内容，即数据库的转储和恢复，数据库的安全性、完整性控制，数据库性能的监督、分析和改进。

8.3 数据库设计文档

8.3.1 学习要求

了解和掌握数据库设计文档的格式和规范。

8.3.2 知识要点

1．引言

引言部分包括编写目的、编写背景和专门术语的定义、参考资料等。具体说明如下：

（1）编写目的

（2）背景

（3）定义

（4）参考资料

2．外部设计

（1）标识符和状态

（2）使用它的程序

（3）约定

（4）专门指导

（5）支持软件

3．结构设计

（1）概念结构设计

（2）逻辑结构设计

（3）物理结构设计

4．运用设计

（1）数据字典设计

（2）安全保密设计

8.4 要点小结

本章讲述了数据库应用软件开发设计过程，共分 6 个阶段：需求分析、概念设计、逻辑设计、物理设计、数据库实施和数据库使用与维护。

可以通过跟班作业、开会调查、专人介绍、用户填表、查阅记录等方法调查用户需求、通过编制组织机构图、业务关系图、数据流图和数据字典等方法来描述和分析用户需求。概念设计是数据库设计的核心环节，是在用户需求描述与分析的基础上对现实世界的抽象和模拟。目前，最广泛流行的概念设计工具是 E-R 模型。对于小型的不太复杂的应用可使用集中模式设计法进行设计，对于大型数据库的设计可采用视图集成法进行设计。

逻辑设计是在概念设计的基础上，将概念模型转换成所选用的具体的 DBMS 支持的数据模型的逻辑模式。本章重点介绍了 E-R 图向关系模型的转换，首先进行规范化处理，然后根据实际情况对部分关系模式进行逆规范化处理。物理设计是从逻辑设计出发，设计一个可实现的有效的物理数据库结构。

数据库的实施过程包括数据载入、应用程序调试、数据库试运行等几个步骤，该阶段的主要目标，是对系统的功能和性能进行全面测试。

数据库使用与维护阶段的主要工作有数据库安全和完整性控制、数据库的转储和恢复、数据库性能监控分析与改进、数据库的重组和重构等。

第9章 数据库安全与保护

数据库安全对于数据库应用系统的安全保障极为重要，不仅关系到国家、政治、军事和经济的安全，还涉及社会的稳定和各种网络系统及用户信息的安全。

重点	数据库安全的相关概念和关键技术；角色、权限和完整性控制；数据库的备份与恢复
难点	数据库安全的相关概念；角色、权限和完整性控制；并发控制与封锁
关键	数据库安全的相关概念和关键技术；角色、权限和完整性控制；数据库的备份与恢复
教学目标	理解数据库安全的相关概念，层次结构和关键技术 掌握角色、权限和完整性控制 了解并发控制与封锁 掌握数据库的备份与恢复、加密及审计方法

9.1 数据库安全概述

9.1.1 学习要求

（1）掌握数据库安全相关概念。

（2）理解威胁数据库安全的要素。

（3）了解数据库安全的层次和结构。

9.1.2 知识要点

1．数据库安全相关概念

1）数据库安全的概念

数据安全（Data Security）是指数据的完整性、保密性、可用性、可控性和可审查性，防止数据被非授权泄露、更改、破坏或被非法的系统辨识与控制。

数据库安全（DataBase Security）是指对数据库及其相关数据和文件进行有效保护。数据库安全的**关键和核心**是其数据安全。

数据库系统安全（DataBase System Security）是指通过对数据库系统采取各种有效的安全保护措施，防止系统和数据遭到破坏、更改和泄露。

2）数据库安全的内涵

数据库系统安全主要利用在系统级控制数据库的存取和使用的机制，包括：

（1）系统的安全管理及设置，包括法律法规、政策制度、实体安全、系统安全设置等。

（2）数据库的访问控制和权限管理。

（3）用户的资源限制，包括访问、使用、存取、维护与管理等。

（4）系统运行安全及用户可执行的系统操作。

（5）数据库审计安全及有效性。

（6）用户对象可用的磁盘空间及数量。

在数据库系统中，通常采用访问控制、身份认证、权限限制、用户标识和鉴别、存取控制、视图，以及密码存储等技术进行安全防范。

数据安全是在对象级控制数据库的访问、存取、加密、使用、应急处理和审计等机制，包括用户可存取指定的模式对象及在对象上允许进行具体操作类型等。

2．威胁数据库安全的要素

1）威胁数据库安全的要素

威胁数据库安全的要素包括以下 7 种：

（1）法律法规、社会伦理道德和宣传教育等问题。

（2）政策、规章制度、人为及管理问题。

（3）硬件系统控制问题。如 CPU 是否具备安全性方面的特性。

（4）实体安全。包括服务器、计算机或外设、网络设备等安全及运行环境安全。

（5）操作系统及数据库管理系统 DBMS 的安全性问题。

（6）可操作性问题。若某个密码方案被采用，就是密码自身的安全性。

（7）数据库系统本身的漏洞、缺陷和隐患带来的安全性问题。

2）数据库系统缺陷及隐患

常见**数据库的安全缺陷和隐患要素**包括：

（1）数据库应用程序的研发、管理和维护等人为因素的疏忽。

（2）用户对数据库安全的忽视，安全设置和管理失当。

（3）部分数据库机制威胁网络低层安全。

（4）系统安全特性自身存在的缺陷。

（5）数据库账号、密码容易泄露和破译。

（6）操作系统后门及漏洞隐患。

（7）网络协议、病毒及运行环境等其他威胁。

***3．数据库安全的层次与结构**

1）数据库安全的层次分布

数据库安全涉及以下 **5 个层次**，如图 9-1 所示。

（1）用户层。

（2）物理层。

（3）网络层。

（4）操作系统层。

（5）数据库系统层。

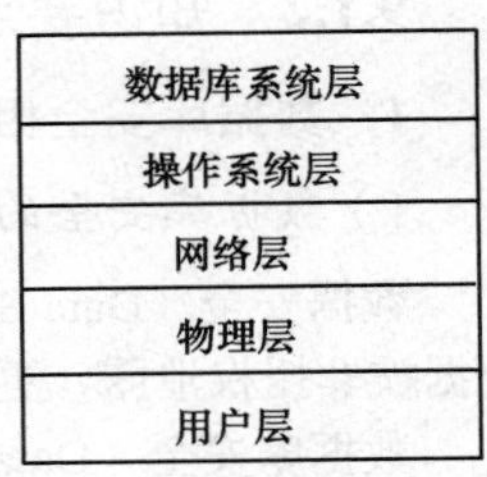

图 9-1　数据库安全的层次

2）可信 DBMS 体系结构

可信 DBMS 体系结构分为两类：TCB 子集 DBMS 体系和可信主体 DBMS 体系。

（1）TCB 子集 DBMS 体系结构，如图 9-2 所示。

（2）可信主体 DBMS 体系结构。一种简单方案如图 9-3 所示。

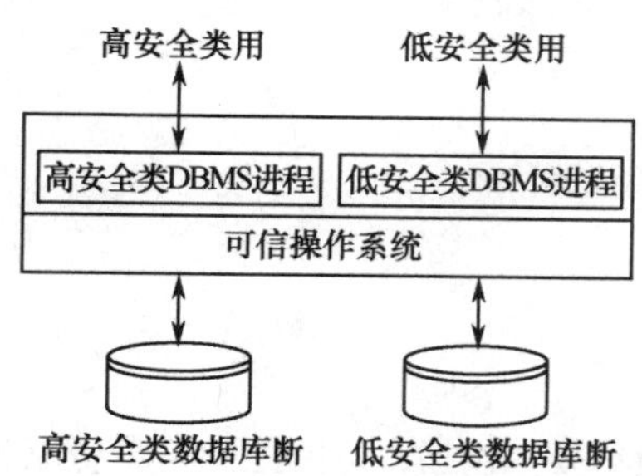

图 9-2　TCB 子集 DBMS 体系结构

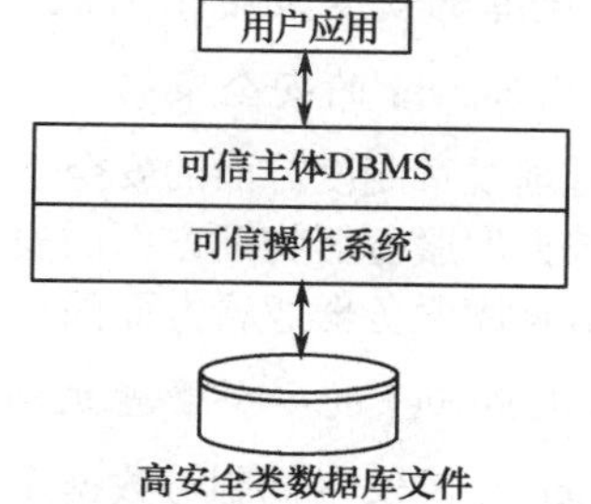

图 9-3　可信主体 DBMS 体系结构

9.2 数据库安全技术及机制

9.2.1　学习要求

（1）掌握数据库安全关键技术。

（2）理解数据库的安全策略和机制。

9.2.2　知识要点

1．数据库安全关键技术

以网络安全业务价值链的概念，将网络数据库安全的技术手段分为预防保护类、检测跟踪类和响应恢复类等三大类，如图 9-4 所示。

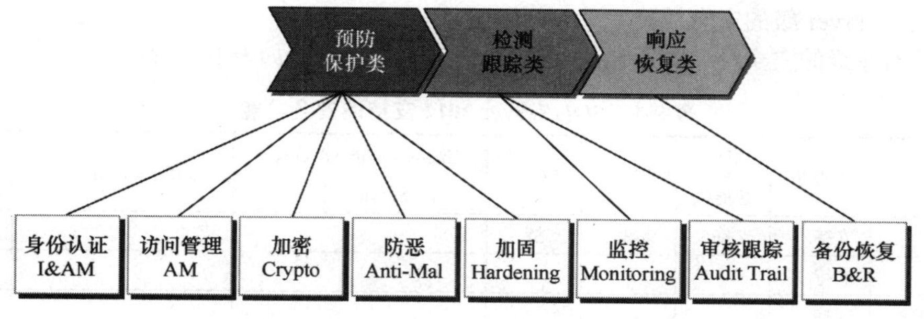

图 9-4　网络安全关键技术

常用的 8 种**网络数据库安全关键技术**包括：

（1）身份认证（Identity and Authentication）。

（2）访问管理（Access Management）。

（3）加密（Cryptograghy）。

（4）防恶意代码（Anti-Malicode）。

（5）加固（Hardening）。
（6）监控（Monitoring）。
（7）审核跟踪（Audit Trail）。
（8）备份恢复（Backup and Recovery）。

2．数据库的安全策略和机制

1）SQL Server 的安全策略

（1）管理规章制度方面的安全性。
（2）数据库服务器物理方面的安全性。
（3）数据库服务器逻辑方面的安全性。

2）SQL Server 的安全管理机制

SQL Server 的安全机制对数据库系统的安全极为重要，包括：访问控制与身份认证、存取控制、审计、数据加密、视图机制、特殊数据库的安全规则等，如图 9-5 所示。

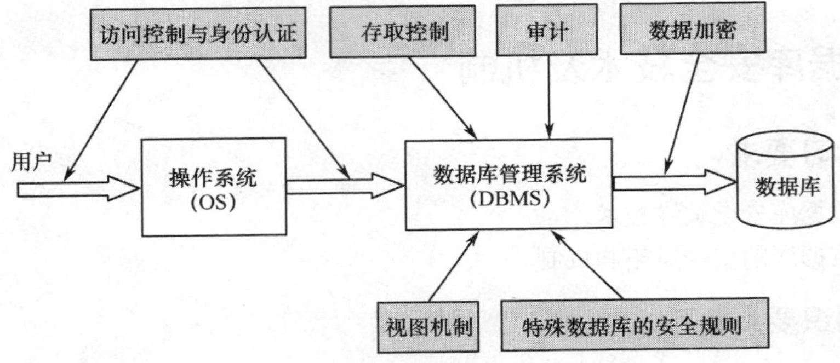

图 9-5　数据库系统的安全机制

SQL Server 2012 的安全性管理可分为 3 个等级：
（1）操作系统级的安全性。
（2）SQL Server 级的安全性。
（3）数据库级的安全性。SQL Server 2012 支持的安全功能如表 9-1 所示。

表 9-1　SQL Server 2012 支持的安全功能

功能名称	企业版	商业智能版	标准版	Web 版	Express with Advanced Services 版	Express with Tools 版	Express 版
基本审核	支持	支持	支持	支持	支持	支持	支持
精细审核	支持						
透明数据库加密	支持						
可扩展密钥管理	支持						

3．SQL Server 安全性及合规管理

（1）合规管理及认证。
（2）数据保护。
（3）加密性能增强。
（4）控制访问权限。

（5）用户定义的服务器角色。
（6）默认的组间架构。
（7）内置的数据库身份验证。
（8）SharePoint 激活路径。
（9）对 SQL Server 所有版本的审核。

9.3 数据库的访问权限及控制

9.3.1 学习要求

（1）掌握数据库的权限管理的概念和方法。
（2）掌握安全访问控制管理的概念和方法。
（3）理解用户与角色管理的概念和应用。

9.3.2 知识要点

1．数据库的权限管理

1）权限管理概念

权限是进行操作和访问数据的通行证。SQL 管理者可通过权限保护分层实体集。其实体被称为安全对象，是 SQL 的各种受安全保护控制资源。主体（Principal）和安全对象之间是通过权限相关联的，在 SQL 中，主体可以请求系统资源的个体和组合过程。

权限用于管理控制用户对数据库对象的访问，以及指定用户对数据库可执行的操作，用户可以设置服务器和数据库的权限，主要涉及 3 种权限。

（1）服务器权限。
（2）数据库对象权限。
（3）数据库权限。

2）SQL 的安全模式与验证

（1）SQL 的安全模式

SQL Server 采用两层安全模式：一是访问 SQL Server，涉及验证所连接人员的有效账号，称为登录；二是访问数据库。

（2）登录身份验证模式及设置

用户连接到 SQL Server 账户称为 SQL Server 登录。

对于访问 SQL Server 登录，有**两种验证模式**：Windows 身份验证和混合模式身份验证。

审核方式取决于安全性要求，4 种审核级别其含义为：

- “无”：表示不使用登录审核。
- “仅限失败的登录”：表示记录所有的失败登录。
- “仅限成功的登录”：表示记录所有的成功登录。
- “失败和成功的登录”：表示记录所有的登录。

3）权限的管理

权限管理的内容包括：权限的种类、授予权限、收回权限、取消权限等几个方面。

（1）权限的种类

可按照预先定义情况划分权限为两类：预先定义的权限和预先未定义的权限。按照针对的对象分为：针对所有对象的权限和针对特殊对象的权限。通常按照权限等级分为 3 种：系统权限（隐含权限）、对象权限和语句权限。

① 系统权限。也称为隐含权限，是数据库服务器级别上对整个服务器和数据库进行管理的权限。

② 对象权限。用于控制一个用户是如何与一个数据库对象进行交互操作，有 5 个不同的权限：查询（Select）、插入（Insert）、修改（Update）、删除（Delete）和执行（Execute）。

对各种对象的主要操作如表 9-2 所示。

表 9-2　对象类型和操作权限

操作对象	权限类型	操作权限及列举
数据库	创建操作 修改操作 备份操作	CREATE DATABASE、CREATE TABLE、CREATE VIEW、CREATE FUNCTION、CREATE PROCEDURE、CREATE TRIGGER，ALTER DATABASE、ALTER TABLE、ALTER VIEW、ALTER FUNCTION、ALTER PROCEDURE、ALTER TRIGGER，BACKUP DATABASE、BACKUP LOG，CONNECT，CONTROL
表和视图	数据插入，更新，删除，查询，引用	INSERT，UPDATE，DELETE，SELECT，REFERENCES 等（对列操作权限：SELECT 和 UPDATE）
存储过程	执行，控制查看，定义	EXECUTE，CONTROL 等
标量函数	执行，引用，控制	EXECUTE，REFERENCES，CONTROL 等
表值函数	数据插入，更新，删除，查询，引用	INSERT，UPDATE，DELETE，SELECT，REFERENCES 等

③ 语句权限。授予用户执行相应的语句命令的能力。其语句权限的执行操作如表 9-3 所示。

表 9-3　语句权限的执行操作

语句权限	执行操作
BACKUP DATABASE	备份数据库
BACKUP LOG	备份数据库日志
CREATE DATABASE	创建数据库
CREATE DEFAULT	在数据库中创建默认对象
CREATE FUNCTION	创建函数
CREATE ROCEDURE	在数据库中创建存储过程
CREATE RULE	在数据库中创建规则
CREATE TABLE	在数据库中创建表
CREATE VIEW	在数据库中创建视图

（2）授予权限

在 SQL 系统中，可以使用 GRANT 语句将安全对象的权限授予给指定的安全主体。

GRANT 语句的语法如下：

```
GRANT { ALL }
| permission [ ( column [ ,...n ] ) ] [ ,...n ]
[ ON securable ] TO principal [ ,...n ]
```

```
[ WITH GRANT OPTION ]
```

说明：其中各参数的含义为

① ALL：该选项并不授予全部可能的权限。
② permission：权限的名称。
③ column：指定表中将授予其权限的列的名称，需要使用括号“()”。
④ securable：指定将授予其权限的安全对象。
⑤ TO principal：主体的名称。
⑥ GRANT OPTION：使被授权者在获指定权限同时还可将其权限授予其他主体。

（3）收回权限

收回权限是指不再赋予此权限，但并非禁止。因为用户可能从角色中继承了该项权限。REVOKE 语句的语法格式如下：

```
REVOKE [ GRANT OPTION FOR ]
    { [ ALL ] |permission [ ( column [ ,...n ] ) ] [ ,...n ] }
    [ ON securable ]
    { TO | FROM } principal [ ,...n ]
    [ CASCADE ]
```

说明：其中各参数的含义为

① GRANT OPTION FOR：指示将撤销授予指定权限的能力。
② CASCADE：指示当前正在撤销的权限也将从其他被该主体授权的主体中撤销。
其余参数的含义与 GRANT 语句中的各参数含义相同。

（4）取消（剥夺）权限

安全主体可通过两种方式获得权限，第一种方式是直接用 GRANT 语句为其授予权限，第二种方式是通过角色成员继承角色的权限。用 REVOKE 语句只能删除安全主体以第一种方式得到的权限，要彻底取消（剥夺）安全主体的指定权限必须使用 DENY 语句。DENY 语句的语法形式与 REVOKE 语句非常类似。

使用 DENY 语句可以取消（剥夺）对特定数据库对象的权限，防止主体通过其组或角色成员身份继承权限。语法格式如下：

```
DENY { ALL }
| permission [ ( column [ ,...n ] ) ] [ ,...n ]
[ ON securable ] TO principal [ ,...n ]
[ CASCADE ]
```

说明：参数 CASCADE 指示拒绝授予指定主体该权限。同时，拒绝该主体将该权限授予其他主体。其余参数的含义与 Grant 语句中的各参数含义相同。

4）管理权限的设置

设置权限有两种方法：一是使用 SSMS（SQL Server Management Studio）菜单操作方式；另一种方法是使用 T-SQL 语句管理权限。两种方法各有利弊，前者操作简单而直观，但不能设置表或视图的列权限，使用 T-SQL 语句操作较烦琐，但其功能齐全。

（1）使用 SSMS 设置权限

在“数据库属性”窗口，选择“选择页”窗口中的“权限”项，可以进入“权限设置”页面。

（2）使用 T-SQL 语句设置权限

T-SQL 语句中的权限设置有下面 3 种。

① GRANT 语句：允许权限。

② REVOKE：收回权限。

③ DENY：取消允许设置。

GRANT 语句的账户权限设置语法格式为：

```
GRANT { ALL | statement [ ,...n ] }
    TO security_account [ ,...n ]
    REVOKE { ALL | statement [ ,...n ] }
    FROM security_account [ ,...n ]
    DENY { ALL | statement [ ,...n ] }
    TO security_account [ ,...n ]
```

说明： 其中参数与上述类似。

2．安全访问控制管理

1）登录名管理

登录名管理包括创建登录名、设置密码策略、查看登录名信息、修改和删除登录名。登录名管理的方法，主要有两种。

（1）创建登录名

创建登录名操作主要包括：创建基于 Windows 登录名、创建 SQL Server 登录名、查看登录名信息。

（2）修改和删除登录名

数据库管理员 DBA 应定期检查访问过 SQL Server 的用户。

2）监控错误日志

用户应时常查看 SQL Server 的错误日志。在查看错误日志的内容时，应注意在正常情况下不应出现的错误消息。

查看日志有两种方法：利用 SSMS 查看日志，利用文本编辑器查看日志。

3）记录配置信息

其操作为：

（1）打开 SSMS 操作界面。

（2）选择服务器，单击“连接”按钮，进入 SSMS 窗口。

（3）打开一个新的查询窗口，可以输入各种 SQL 命令。

（4）在查询窗口中输入命令。

3．用户与角色管理

（1）使用 SSMS 创建用户

（2）角色管理

① 固定服务器角色

② 数据库角色

可以为数据库添加角色，然后将角色分配给用户，使用户拥有相应的权限，在 SSMS 中，给用户添加角色（或叫做将角色授权用户）的操作与将固定服务器角色授予用户的方法类似，通过相应角色的属性对话框可以方便地添加用户，使用户成为角色成员。

用户也可使用图形界面工具 T-SQL 命令创建新角色，使之拥有某个或某些权限；创建的角色还可修改其对应的权限。用户需完成 3 项任务：创建新的数据库角色、给创建的角色分配权限、将角色授予某个用户。

9.4 数据的完整性

9.4.1 学习要求

（1）理解数据完整性的概念和实施过程。

（2）掌握完整性规则、构成和实现方法。

（3）掌握默认值常用操作和应用。

9.4.2 知识要点

1．数据完整性的概念

数据完整性（Data Integrity）是指数据的准确性（Accuracy）和可靠性（Reliability）。用于避免数据库中存在不符合语义规定的数据造成无效操作或错误。DBMS 数据语义检查条件称为数据完整性约束条件，作为表定义的一部分存储在数据库中。DBMS 中检查数据完整性条件的机制就称为完整性检查。系统对各种关系取长补短，并有针对性地采取不同的方法。

2．完整性规则构成

由 DBA 或应用开发者所决定的一组预定义的完整性约束条件称为规则。关系数据库允许可用完整性约束和数据库触发器定义各种数据完整性规则。

数据的完整性规则主要由以下三部分**构成**。

（1）触发条件：规定系统什么时使用规则检查数据。

（2）约束条件：规定系统检查用户操作请求的完整性约束条件。

（3）违约响应：规定系统发现用户的操作违约时要做的事情。

完整性规则从执行时间上可分为立即执行约束和延迟执行约束。

（1）立即执行约束（Immediate Constraints）是指在执行用户事务过程中，某一条语句执行完成后，系统立即对此数据进行完整性约束条件检查。

（2）延迟执行约束（Deferred Constraints）是指在整个事务执行结束后，再对约束条件进行完整性检查，结果正确后才能提交。

完整性约束条件包括三大类：实体完整性、参照完整性和用户定义完整性。

3．完整性约束条件的分类

数据的完整性约束可分以下两类：

1）从约束条件使用的对象分

从约束条件使用的对象分为值约束和结构约束两种。

（1）值约束

值约束是指对数据类型、数据格式、取值范围等进行具体规定。

（2）结构约束

结构约束是指对数据之间联系的约束，常见的结构约束有 4 种。

① 函数依赖约束。明确同一关系中不同属性之间应满足的约束条件。

② 实体完整性约束。规定键的属性列必须唯一，其值不能为空或部分为空。

③ 参照完整性约束。规定不同关系的属性之间的约束条件。

④ 统计约束。规定某属性值与一个关系多元组的统计值之间必须满足某种约束条件。

注意：实体完整性约束和参照完整性约束是关系模型的两个极重要约束，被称为关系的两个不变性。

2）从约束对象的状态分

从约束对象的状态分为静态约束和动态约束两种。

（1）静态约束。静态约束是指对数据库每一个确定状态所应满足的约束条件，是反映数据库状态合理性的约束，这是最重要的一类完整性约束。

（2）动态约束。动态约束是指数据库从一种状态转变为另一种状态时，新旧值之间所应满足的约束条件，动态约束反映的是数据库状态变迁的约束。

4．数据完整性的实施

数据库采用多种方法以保证数据完整性，包括外键、束约、规则和触发器。

1）实现数据完整性的方法

（1）在服务器端。定义（建立）表时声明数据完整性，在服务器端以触发器来实现。只涉及在服务器端实现数据完整性的方法。

（2）在客户端。在客户端实现数据完整性的好处是在将数据发送到服务器端之前，可以先进行判断。然后，只将正确的数据发送给数据库服务器。

2）完整性约束条件的作用对象及实现

完整性约束条件的作用对象为：

① 字段（列）级约束：数据类型 、数据格式 、取值范围 、空值的约束。

② 行（元组）级约束：每个字段之间的联系的约束。订货数量小于等于库存数量。

③ 表（关系）级约束：表约束是指多行之间、表之间的联系的约束。如零件 ID 的取值不能重复也不能取空值。

具体实现包括：主关键字约束、外关键字约束、唯一性约束、检查约束、默认约束。约束提供了自动保持数据完整性的一种方法。

（1）主键约束

主键约束（Primary Key Constraint）也称为主关键字约束，要求指定表的一列或几列的组合的值在表中具有唯一性，每个表中只能有一列被指定为主键。若发现了任何重复的值，则拒绝主键约束。其语法格式为：

```
CONSTRAINT constraint_name
PRIMARY KEY [CLUSTERED | NONCLUSTERED]
（column_name1[, column_name2,…,column_name16]）
```

（2）外键约束

外键约束（Foreign Key Constraint）也称为外关键字约束，定义了表之间的关系。

外键约束语法格式为：

```
CONSTRAINT constraint_name
FOREIGN KEY （column_name1[, column_name2,…,column_name16]）
REFERENCES ref_table [ （ref_column1[,ref_column2,…, ref_column16] ）]
[ ON DELETE { CASCADE | NO ACTION } ]
[ ON UPDATE { CASCADE | NO ACTION } ] ]
[ NOT FOR REPLICATION ]
```

说明：constraint_name 为约束名称，其他与上述类似。

（3）唯一性约束

唯一性约束（Unique Constraint）用于指定一个或几列的组合的值具有唯一性，以防止在列中输入重复的值。

创建 UNIQUE 约束有关的规则为：可创建在列级，也可创建在表级。不允许一个表中有两行取相同的非空值。一个表中可有多个 UNIQUE 约束。即使指定了 WITH NOCHECK 选项，也不能阻止根据约束对现有数据进行的检查。

语法格式为：

```
CONSTRAINT constraint_name
UNIQUE [CLUSTERED | NONCLUSTERED]
（column_name1[, column_name2,…,column_name16]）
```

（4）检查约束

检查约束（Check Constraint）通过限制插入列中的值控制域完整性。语法格式为：

```
CONSTRAINT constraint_name
CHECK [NOT FOR REPLICATION]
（logical_expression）
```

① IN 关键字。可以确保：键入的值被限制在一个常数表达式列表中。

② LIKE 关键字。可通过通配符确保输入某一列的值符合一定的约束模式。

③ BETWEEN 关键字。可以通过 BETWEEN 关键字来指明常数表达式的范围。

（5）默认约束

默认约束（Default Constraint）可用于为某列指定一个常数值，这样用户就无须为该列插入值。只能在一列上创建一个默认约束，且该列不能是 IDENTITY 列。

具体语法格式为：

```
CONSTRAINT constraint_name
DEFAULT constant_expression [FOR column_name]
```

（6）在企业管理器中创建约束

（7）系统对约束的检查

① 主键约束。只有当新插入数据或修改后的主键值满足不重复不空时，系统才进行插入和修改操作，否则出错。

② 唯一值约束。只要新插入数据或更改后的值满足不重复此条件，才可操作。

③ 外键约束。当在子表中插入数据时，应检查新插入数据的外键值是否在主表的主键值范围内，若在主键值范围，则可插入，否则失败。

④ 检查约束。

⑤ 默认约束。

5. 完整性规则实现

规则（Rule）是数据库中对存储在表的列或用户自定义数据类型中的值的规定和限制。规则是单独存储的独立的数据库对象。

1）创建规则

（1）用命令创建

语法为：CREATE RULE rule_name AS condition_expression

其中，condition_expression 子句是规则的定义。condition_expression 子句可以是能用于 WHERE 条件子句中的任何表达式，它可以包含算术运算符、关系运算符和谓词（如 IN、LIKE、BETWEEN 等）。

注意：condition_expression 子句中的表达式必须以字符“@”开头，如表 9-4 所示。

表 9-4　规则的示例

示例	说明
CREATE RULE rulDeptName AS @DeptName NOT IN ('accounts','stores')	表明若要向规则绑定的列或用户自定义数据类型中插入值'accounts'或'stores'，这些值将被拒绝
CREATE RULE rulMaxPrice AS @MaxPrice >= $5000	允许$5000 或更大的值被插入到该规则绑定的列中或用户自定义数据类型中
CREATE RULE rulEmpCode AS @EmpCode LIKE '[F-M][A-Z]___'	允许符合 LIKE 子句中指定形式的字符串被插入到该规则绑定的列中或用户自定义数据类型中

（2）用企业管理器创建规则

在企业管理器中选择数据库对象“规则”，单击右键从快捷菜单中可选“新建规则”项。

（3）使用规则的限制

有时只有一条规则可以绑定到某列或某个用户自定义数据类型上。

2）查看规则

语法：sp_helptext [@objname =] 'name'

例如：exec sp_helptext birthday_defa 查看 birthday_defa 规则。

也可以用 SSMS 查看规则，如图 9-6 所示。

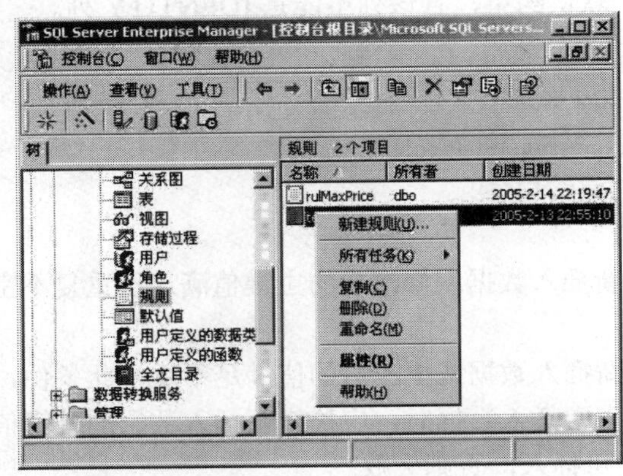

图 9-6　用 SSMS 查看规则

3）规则的绑定与松绑

当创建规则以后，规则只是一个存在于数据库中的对象，并未发生作用。只有将规则与数据库表或用户自定义对象联系起来，才能达到创建规则的目的。

解除规则与对象的绑定称为松绑。

（1）用存储过程 Sp_bindrule 绑定规则

语法格式为：

```
sp_bindrule [@rulename =] 'rule',
[@objname =] 'object_name'
[, 'futureonly']
```

💻说明：其中，参数为

[@rulename =] 'rule'：指定规则名称。

[@objname =] 'object_name'：指定规则绑定的对象。

'futureonly'：此选项仅在绑定规则到用户自定义数据类型上时才可以使用。当指定此选项时，仅以后使用此用户自定义数据类型的列会应用新规则，而当前已经使用此数据类型的列则不受影响。

🔔注意：规则对已经输入表中的数据不起作用。

（2）用 Sp_unbindrule 解除规则的绑定

语法格式为：

sp_unbindrule [@objname =] 'object_name'[,'futureonly']

4）删除规则

语法为：DROP RULE {rule_name} [,...n]

🔔注意：在删除一个规则前，必须先将与其绑定的对象解除绑定。

6．默认值

默认值（Default）是往用户输入记录时没有指定具体数据的列中自动插入的数据。默认值对象与 CREATE TABLE 或 ALTER TABLE 命令操作表时用 DEFAULT 选项指定的默认值功能相似。

表的某一列或一个用户自定义数据类型也只能与一个默认值相绑定。

1）创建默认值

用 CREATE DEFAULT 命令创建默认值，CREATE DEFAULT 命令用于在当前数据库中创建默认值对象。其语法如下：

```
CREATE DEFAULT default_name AS constant_expression
```

💻说明：constant_expression 子句是默认值的定义。constant_expression 子句可以是数学表达式或函数，也可以包含表的列名或其他数据库对象。

【案例 9-17】创建生日默认值 birthday_defa。

CREATE DEFAULT birthday_defa AS '1978-1-1'

2）默认值的绑定与松绑

（1）用存储过程 Sp_bindefault 绑定默认值，语法格式为：

```
sp_bindefault [@defname =] 'default',
[@objname =] 'object_name'
[, 'futureonly']
```

（2）用存储过程 Sp_unbindefault 解除默认值的绑定，其语法如下：

```
Sp_unbindefault [@objname =] 'object_name'
[,'futureonly']
```

3）删除默认值

可以在企业管理器中删除默认值。先选择默认值，然后单击右键，从快捷菜单中选择“删除”选项删除默认值。也可用 DROP DEFAULT 命令，语法格式为：

```
DROP DEFAULT {default_name} [,...n]
```

注意：在删除一个默认值前必须先将与其绑定的对象解除绑定。

9.5 并发控制与封锁

9.5.1 学习要求

（1）理解并发操作产生的问题及因由。
（2）掌握并发控制的概念和封锁技术。
（3）了解并发操作的调度。

9.5.2 知识要点

1．并发操作产生的问题

数据库资源可为多个应用程序所共享。各用户在存取数据时，可能是串行执行。串行执行时，其他用户程序必须等到前一用户程序结束才能进行存取，若一个用户程序涉及大量数据的输入/输出交换，则系统的大部分时间将处于闲置状态。为了充分利用数据资源，进行并行存取，就会发生多用户并发存取同一数据的情况，即数据库的并行操作。

2．并发控制概述

1）并发控制概念

数据库的**并发控制**是对多用户程序并行存取的控制机制，**目的**是避免数据的丢失修改、无效数据的读出与不可重复读数据现象的发生，从而保持数据的一致性。

事务是数据库并发控制的基本单位。是用户定义的一个操作序列。对事务的操作实行“要么都做，要么都不做”的原则，将事务作为一个不可分割的工作单位。

注意：造成数据的不一致性是由并发操作引起的。

2）并发控制需要处理的问题

并发操作带来的数据不一致性包括：

（1）丢失更新；

（2）读“脏”数据（脏读）。

3．封锁技术

并发控制措施的本质就是用正确的方式调度并发操作，使一个用户事务的执行不受其他事务的干扰，从而避免造成数据的不一致性。并发控制的主要技术是**封锁**（locking）。

基本的**封锁类型**有两种：

（1）排他锁（X 锁、写锁）；

（2）共享锁（S 锁、读锁）。

4．并发操作的调度

计算机系统以随机的方式对并行操作调度，而不同的调度可能会产生不同的结果。结论：几个事务的并行执行是正确的，当且仅当其结果与按某一次序串行地执行的结果相同。此并行调度策略称为可串行化（Serializable）的调度。可串行性（Serializability）是并行事务正确性的唯一准则。

为确保并行操作正确，DBMS 的并行控制机制提供了保证调度可串行化的手段。

9.6 数据备份与恢复

9.6.1 学习要求

（1）熟悉数据备份与恢复的概念、目的和种类。

（2）掌握数据备份与恢复的过程和方法。

9.6.2 知识要点

1．数据备份

1）数据备份概述

数据备份（Data Backup）是将数据库中的数据复制到备份设备的过程。**目的**是为防止系统出现意外导致数据丢失，而将全部或部分数据从应用主机中复制（转存）到其他存储介质的过程。常用的技术就是数据备份和登记日志文件。

数据备份并非简单的文件复制，多数是指**数据库备份**，是数据库结构和数据的复制，以便在数据库遭到破坏时进行恢复。备份内容包括用户数据库和系统数据库内容。

（1）备份。也称转储，是定期地将整个数据库复制到介质上储存的过程。其备用的数据文本称为后备副本或后援副本。当数据库遭到破坏后可将其重新装入，但只能将数据库恢复到备份时的状态，要想恢复到故障发生时的状态，须重新运行自备份后的所有更新事务。

系统在 T_a 时刻停止运行事务进行数据库备份，在 T_b 时刻备份完毕，得到 T_b 时刻的数据库一致性副本。系统运行到 T_f 时发生故障。为恢复数据库，首先由 DBA 重装数据库后备副本，将数据库恢复至 T_b 时刻的状态，然后重新运行自 T_b 时刻至 T_f 时刻的所有更新事务，就可将数据库恢复到故障发生前的状态，如图 9-7 所示。

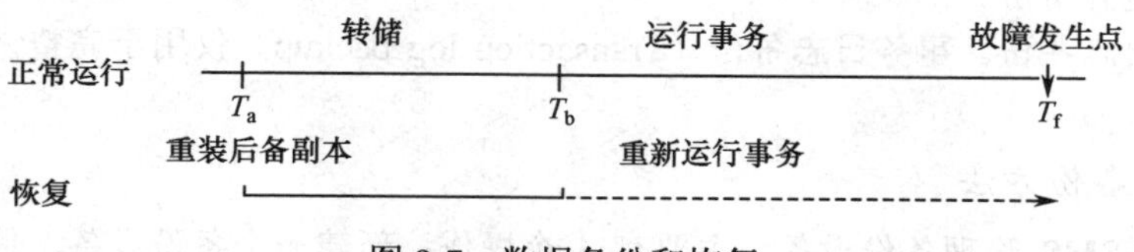

图 9-7　数据备份和恢复

（2）日志文件。用于记录事务对数据库的更新操作的文件。概括起来日志文件主要有两种格式：以记录为单位的日志文件和以数据块为单位的日志文件。

对于以记录为单位的日志文件，在日志文件中需要登记的内容包括：

① 每个事务的开始（BEGIN TRANSACTION）标记；

② 每个事务的结束（COMMIT 或 ROLL BACK）标记；

③ 每个事务的所有更新操作。

这里每个事务开始的标记、每个事务的结束标记和每个更新操作均作为日志文件中的一个日志记录（log record）。每个日志记录的内容主要包括：

① 事务标识（标明是哪个事务）；

② 操作的类型（插入、删除或修改）；

③ 操作对象（记录内部标识）；

④ 更新前数据的旧值（对插入操作，此项为空值）；

⑤ 更新后数据的新值（对删除操作，此项为空值）。

日志文件用于进行事务故障恢复和系统故障恢复，并协助后备副本进行介质故障恢复。必须用日志文件进行事务故障恢复和系统故障，如图 9-8 所示。

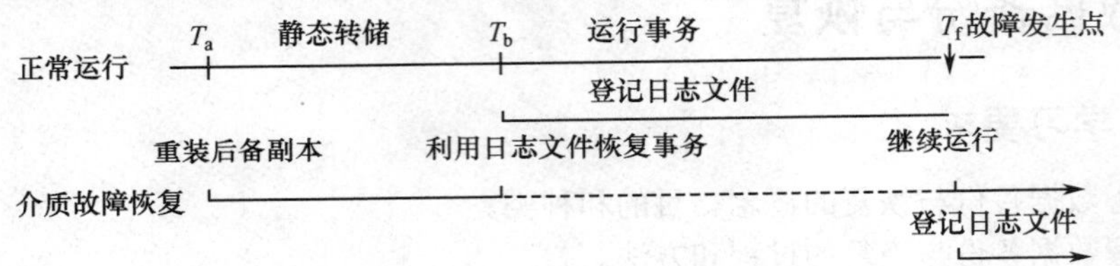

图 9-8　利用日志文件恢复

登记日志文件（logging）。为保证数据库是可恢复的，登记日志文件时必须遵循登记的次序严格按并发事务执行的时间次序；必须先写日志文件，后写数据库。

2）数据备份类型

备份是指对 SQL Server 数据库事务日志进行复制，数据库备份记录了在进行备份操作时数据库中所有数据的状态。

（1）完整备份。也曾称为数据库备份（Database Backup）是对数据库内的所有对象都进行备份，包括事务日志部分（以便恢复整个备份）。适用于数据库容量不是很大且不是全天运行的应用系统。

（2）完整差异备份。也称为数据库差异备份（Differential Database Backup），只备份从上次数据库完整备份后（非上次差异备份后）数据库变动的部分。它基于以前的完整备份。因此，这样的完整备份称为基准备份。差异备份仅记录自基准备份后更改过的数据。

（3）部分备份。

（4）部分差异备份。

（5）文件和文件组备份。

（6）文件差异备份。

（7）事务日志备份。事务日志备份（Transaction log backup）仅用于完整恢复模式或大容量日志恢复模式。

3）数据库备份方法

（1）利用 SSMS 管理备份设备。主要有 4 个操作：新建一个备份设备、使用备份设备备份数据库、查看备份设备、删除备份设备。

（2）利用 SSMS 备份数据库。

（3）数据库的差异备份。

2．数据恢复

数据恢复（Data Restore）是指将备份到存储介质上的数据再恢复（还原）到计算机系统中，与数据备份是一个逆过程，包括整个数据库系统的恢复。

1）数据库的故障和恢复策略

（1）事务故障及其恢复

事务故障表示由非预期的、不正常的程序结束所造成的故障。

造成程序非正常结束的原因包括输入数据错误、运算溢出、违反存储保护、并行事务发生死锁等。发生事务故障时，被迫中断的事务可能已对数据库进行了修改，为了消除该事务对数据库的影响，要利用日志文件中所记载的信息，强行**退回**（ROLLBACK）该事务，将数据库恢复到修改前的初始状态。为此，要检查日志文件中由这些事务所引起的发生变化的记录，取消这些没有完成的事务所做的一切改变，恢复操作称为事务撤销（UNDO）。

① 反向扫描日志文件，查找该事务的更新操作。

② 对该事务的更新操作执行反操作，即对已插入的新记录进行删除操作，对已删除的记录进行插入操作，对修改的数据恢复旧值，用旧值代替新值。

一个事务是一个工作单位，也是一个恢复单位。

（2）系统故障及其恢复

系统故障发生后，对数据库的影响有两种情况：

① 一种情况是一些未完成事务对数据库的更新已写入数据库，这样在系统重新启动后，要强行撤销（UNDO）所有未完成事务，清除这些事务对数据库所做的修改。这些未完成事务在日志文件中只有 BEGIN TRANSCATION 标记，而无 COMMIT 标记。

② 另一种情况是有些已提交的事务对数据库的更新结果还保留在缓冲区中，尚未写到磁盘上的物理数据库中，也使数据库处于不一致状态。因此，应将这些事务已提交的结果重新写入数据库。这类恢复操作称为事务的重做（REDO）。这种已提交事务在日志文件中既有 BEGIN TRANSCATION 标记，也有 COMMIT 标记。

系统故障的恢复要完成两方面的工作，既要撤销所有未完成的事务，还需要重做所有已提交的事务，这样才能将数据库真正恢复到一致的状态。具体做法如下：

① 正向扫描日志文件，查找尚未提交的事务，将其事务标识记入撤销队列。同时查找已经提交的事务，将其事务标识记入重做队列。

② 对撤销队列中每个事务进行撤销处理。与事务故障中所介绍的撤销方法相同。

③ 对重做队列中的每个事务进行重做处理。重做处理方法是：正向扫描日志文件，按照日志文件中所登记的操作内容，重新执行操作，使数据库恢复到最近某个可用状态。

通常采用设立检查点（Checkpoint）的方法来判断事务是否正常结束。每隔一段时间如 5 分钟，系统就产生一个检查点，完成以下操作：

① 将仍保留在日志缓冲区中的内容写到日志文件中。

② 在日志文件中写一个“检查点记录”。

③ 将数据库缓冲区中的内容写到数据库中，即将更新的内容写到物理数据库中。

④ 将日志文件中检查点记录的地址写到“重新启动文件”中。

（3）介质故障及其恢复

介质故障是指系统在运行过程中，由于辅助存储器介质受到破坏，使存储在外存中的数据部分丢失或全部丢失。具体方法为：

① 装入最新的数据库副本，使数据库恢复到最近一次备份时的可用状态。

② 装入最新的日志文件副本，根据日志文件中的内容重做已完成的事务。

故障发生后对数据库的影响有两种可能性：

① 数据库没有被破坏，但数据可能处于不一致状态。

② 数据库本身被破坏。

2）数据恢复类型

数据恢复操作通常有 3 种类型：

（1）全盘恢复。也称为系统恢复。

（2）个别文件恢复。是将个别已备份的最新版文件恢复到原来的地方。

（3）重定向恢复。是将备份的文件或数据，恢复到另一个不同位置或系统上。

3）恢复模式

恢复模式是一个数据库属性，用于控制数据库备份和还原操作的基本行为。

（1）恢复模式的优点。简化恢复计划，简化备份和恢复过程，明确系统操作要求之间的权衡，明确可用性和恢复要求之间的权衡。

（2）恢复模式的分类。在 SQL 中，有 3 种恢复模式：简单恢复模式、完整恢复模式和大容量日志恢复模式。

4）恢复数据库

（1）使用 SSMS 恢复数据库

启动 SSMS，选择服务器，右击相应的数据库，选择“还原（恢复）”命令，再单击“数据库”，出现恢复数据库窗口。

（2）使用备份设备恢复

① 在还原数据库窗口选择“源设备”，单击文本框右边按钮，出现“指定备份”对话框。

② 选中备份媒体中的备份设备，单击“添加”按钮，出现“选择备份设备”对话框。

③ 选择相应的备份设备，单击“确定”按钮即可。

（3）使用 T-SQL 语句恢复数据库

① 完整恢复。完整恢复的语法格式为：

```
RESTORE DATABASE database_name
[ FROM <backup_device> [ ,...n ] ]
[ WITH
  [ FILE = file_number ]
    [ [ , ] MOVE 'logical_file_name' TO 'operating_system_file_name' ] [ ,...n ]
    [ [ , ] { RECOVERY | NORECOVERY | STANDBY = {standby_file_name } } ]
    [ [ , ] REPLACE ]
]
<backup_device> ::=
{
    { logical_backup_device_name }
```

```
    | { DISK | TAPE } = { 'physical_backup_device_name' }
  }
```

② 部分恢复。部分恢复的语法格式为：

```
RESTORE DATABASE    database_name
        <files_or_filegroups>
[ FROM <backup_device> [ ,...n ] ]
[ WITH
     PARTIAL
[ FILE = file_number ]
    [ [ , ] MOVE 'logical_file_name' TO 'operating_system_file_name' ][ ,...n ]
    [ [ , ] NORECOVERY ]
    [ [ , ] REPLACE ]
 ]
<backup_device> ::=
{
    { logical_backup_device_name }
    | { DISK | TAPE } = { 'physical_backup_device_name' }
 }
<files_or_filegroups> ::=
{ FILE = logical_file_name | FILEGROUP = logical_filegroup_name }
```

③ 文件恢复或页面恢复。语法格式为：

```
RESTORE DATABASE database_name
        <file_or_filegroup > [ ,...f ]
[ FROM <backup_device> [ ,...n ] ]
[ WITH
    [ FILE = file_number ]
 [ [ , ] MOVE 'logical_file_name' TO 'operating_system_file_name' ] [ ,...n ]
    [ [ , ] NORECOVERY ]
    [ [ , ] REPLACE ]
]
<backup_device> ::=
{
    { logical_backup_device_name }
    | { DISK | TAPE } = { 'physical_backup_device_name' }
}
<file_or_filegroup> ::=
{ FILE = logical_file_name | FILEGROUP = logical_filegroup_name }
```

④ 事务日志恢复。语法格式为：

```
RESTORE LOG database_name [ <file_or_filegroup> [ ,...f ] ]
[ FROM <backup_device> [ ,...n ] ]
[ WITH
    [ FILE = file_number ]
 [ [ , ] MOVE 'logical_file_name' TO 'operating_system_file_name' ] [ ,...n ]
```

```
    [ [ , ] { RECOVERY | NORECOVERY | STANDBY = standby_file_name } ]
    [ [ , ] REPLACE ]
]
<backup_device> ::=
{
    { logical_backup_device_name }
    | { DISK | TAPE } = { 'physical_backup_device_name' }
}
<file_or_filegroup> ::=
{ FILE = logical_file_name | FILEGROUP = logical_filegroup_name }
```

9.7 要点小结

首先概述了数据库和数据安全性的有关概念、数据库安全威胁要素、层次和结构，以及二者之间的关系及其重要性。数据库安全的核心和关键是数据安全。在此基础上介绍了数据库安全关键技术，数据库的安全策略和机制，数据库的安全权限问题，以及安全控制方法与新技术。在数据的访问权限及控制方面，涉及数据库的权限管理，安全访问控制管理，用户与角色管理及控制，并结合 SQL Server 2012 实际应用，概述了具体的登录控制、角色管理、权限管理和完整性控制，以及并发控制与封锁等管理技术和方法。

数据的完整性主要概述了概念、完整性规则构成、完整性约束条件的分类、数据完整性的实施、完整性规则实现和默认值等。之后简单地介绍了利用 SQL Server 2012 企业管理器或 SQL 备份/恢复语句在本地主机上进行数据库备份和恢复操作，最后概述了数据库的备份与恢复技术、加密及审计方法等。

第 10 章

数据库新技术

从 20 世纪 80 年代开始，数据库技术在商业领域获得巨大成功，其他领域对其需求也迅速增长，而在管理方面的新需求也直接推动了数据库技术的研究与发展。为了满足现代应用的需要，必须将数据库技术与其他现代信息、数据处理技术集成，从而形成“新一代数据库技术”，也可称为“现代数据库技术”。

重点	面向对象数据库、分布式数据库、数据仓库、数据挖掘技术、并行数据库、移动数据库等
难点	面向对象数据模型、分布式数据库体系结构、数据挖掘技术
关键	各种数据库的概念、特点、模型结构及应用领域
教学目标	理解各种类型数据库的基本概念 熟悉面向对象数据库、分布式数据库、数据仓库等特点及应用 掌握各种类型数据库的模型结构 了解数据库发展趋势

10.1 数据库新技术概述

10.1.1 学习要求

（1）熟悉传统数据库技术面临的挑战。

（2）掌握数据库新技术的类型。

10.1.2 知识要点

1. 传统数据库技术面临的挑战

（1）各种业务数据急剧增长。

（2）数据类型的多样化和一体化。

（3）处理不确定或不精确的模糊信息。

（4）数据安全性。

（5）数据操作的新要求。

（6）对数据库理解和知识获取。

2．数据库新技术的类型

1）体系系统方面

在数据模型及其语言、事务处理与执行模型、数据库逻辑组织与物理存储等各个方面，都集成了新的技术、工具和机制。如面向对象数据库（Object-Oriented Database）、主动数据库（Active Database）、实时数据库（Real-Time Database）和时态数据库（Temporal Database）等。

2）体系结构方面

不改变数据库基本原理，而是在系统的体系结构方面采用和集成了新的技术。如分布式数据库（Distributed Database）、并行数据库（Parallel Database）、内存数据库（Main Memory Database）、联邦数据库（Federal Database）、数据仓库（Data Warehouse）等。

3）应用方面

以特定应用领域的需求为出发点，在某些方面采用和引入一些非传统数据库技术，加强系统对有关应用的支撑能力。如工程数据库（Engineering Database），支持 CAD、CAM、CIMS 等应用领域；空间数据库（Spatial Database），包括地理数据库（Geographic Database），支持地理信息系统（GIS）的应用；科学与统计数据库（Scientific and Statistic Database），支持统计数据中的应用；超文本数据库（Hyperdocument Database），包括多媒体数据库（Multimedia Database）。

10.2 面向对象数据库

10.2.1 学习要求

（1）理解面向对象数据库概念。

（2）掌握面向对象数据模型。

（3）熟悉面向对象数据库语言。

（4）理解对象及关系数据库。

10.2.2 知识要点

1．面向对象数据库概念

面向对象数据库系统（Object Oriented Data Base System，OODBS）是数据库技术与面向对象程序设计方法相结合的产物。它既是一个 DBMS，又是一个面向对象系统，具有 DBMS 特性，如持久性、辅助管理、数据共享（并发性）、数据可靠性（事务管理和恢复）、查询处理和模式修改等，又具有面向对象的特征，如类型/类、封装性/数据抽象、继承性、计算机完备性、对象标识、复合对象和可扩充等特性。面向对象数据库组成有：对象模型、对象描述语言、对象查询语言、对象语言绑定。

2．面向对象数据模型

面向对象数据库系统支持面向对象数据模型，简称 OO 模型。OO 模型的概念有：

1）对象、对象结构与对象标识

现实世界的任一实体都被统一地模型化为一个对象，每个对象有一个唯一的标识，称为对象标识（Object Identifier，OID）。对象结构：对象是由一组数据结构和在这组数据结构上的操作程序所封装起来的基本单位。属性（Attribute）描述对象的状态组成和特性，是每个对象固有的静态表示，所有属性的集合构成对象数据的数据结构。方法（Method）又称为“操作”（Operation），用于反映对象的行为特征，是对象的固有动态行为的表示，可用于审视并改变对象的内部状态（属性值）。

2）封装

每一个对象是其状态与行为的封装（Encapsulation），其中状态是该对象一系列属性值的集合，而行为是在对象状态上操作的集合。封装是对象外部界面与内部实现之间实行清晰隔离的一种抽象，对象的内部表示（即对象中的属性组成与方法实现），对象的外部表示（方法接口，也称对象界面）。

3）类

共享同样属性和方法集的所有对象构成了一个对象类（Class），简称类，一个对象是某一类的一个实例（Instance）。在 OODB 中，类是“型”，对象是某一类的一个“值”。类属性的定义域可以是任何类，既可以是基本类，如整数、字符串、布尔型，也可以是包含属性和方法的一般类。一个类中的对象共享一个定义，相互之间的区别仅在于属性取值不同。

4）类层次（结构）与继承

（1）类的层次结构：在面向对象数据模式中，一组类可以形成一个类层次。一个面向对象数据模式可能有多个类层次。在一个类层次中，一个类继承其所有超类的属性、方法和消息。

（2）继承：在面向对象模式中，继承分为单继承和多重继承。一个子类只能继承一个超类的特性为单继承。一个子类能够继承多个超类的特性为多重继承。

5）消息

对象与外部的通信一般只能通过消息（Message）传递，即消息从外部传送给对象，存取和调用对象中的属性和方法，在内部执行所要求的操作，操作的结果仍以消息的形式返回。消息是对象间的一种协作机制，一个对象可以通过向另一个对象发送消息来调用另一个对象中的方法，以获得其协作来共同完成某一个任务。

3．面向对象数据库语言

面向对象数据库语言（OODB 语言）用于描述面向对象数据库模式，说明并操纵类定义与对象实例。OODB 语言主要包括对象定义语言（Object Definition Language，ODL）和对象操纵语言（OML），对象操纵语言中一个重要子集是对象查询语言（OQL）。OQL 支持 SQL 中的 5 和聚集函数（AVG，MAX，MIN，SUM，COUNT），支持 Group by 子句，支持全称量词 For all 和存在量词 Exists。

1）面向对象数据库语言的功能

（1）类的定义与操纵：面向对象数据库语言可以操纵类，包括定义、生成、存取、修改与撤销类。其中类的定义包括定义类的属性、操作特征、继承性与约束等。

（2）操作方法的定义：在操作实现中，语言的命令可用于操作对象的局部数据结构。对象模型中的封装性允许操作方法由不同程序设计语言来实现，并且隐藏不同程序设计语言实现的事实。

（3）对象的操纵：面向对象数据库语言可以用于操纵（即生成、存取、修改与删除）实例对象。

2）面向对象数据库语言的实现

（1）类的定义和操纵语言：包括定义、生成、存取、修改和撤销类的功能。

（2）对象的定义和操纵语言：用于描述对象和实例的结构，并实现对对象和实例的生成、存取、修改以及删除等操作。

（3）方法的定义和操纵语言：用于定义并实现对象（类）的操作方法，描述操作对象的局部数据结构、操作过程和引用条件。对象的操作方法允许由不同的程序设计语言来实现。

4．对象-关系数据库

1）面向对象数据库系统的特点

面向对象数据库系统必须满足支持核心的面向对象数据模型和支持传统数据库系统所有的数据库特征两个条件。对象-关系数据库系统除了具有关系数据库的各种特点外，还具有以下特点。

（1）扩充数据类型：对象-关系数据库系统允许用户根据应用需求自己定义数据类型、函数和操作符。

（2）支持复杂对象：能够在 SQL 中支持复杂对象（组合、集合、引用）。复杂对象是指由多种基本数据类型或用户自定义的数据类型构成的对象。

（3）支持继承的概念：能够支持子类、超类和继承的概念，包括属性数据的继承和函数及过程的继承；支持单继承与多重继承；支持函数重载（操作的重载）。

（4）提供通用的规则系统：在传统 RDBMS 中用触发器来保证数据库数据的完整性。触发器可以看成规则的一种形式。对象-关系数据库系统规则中的事件和动作可以是任意的 SQL 语句，可以使用用户自定义的函数，规则能够被继承等。

2）实现对象-关系数据库的方法

（1）在现有关系数据库的 DBMS 基础上扩展。

（2）将现有关系数据库的 DBMS 与某种对象-关系数据库产品相连接，形成现有关系数据库的 DBMS。

（3）将现有与某种对象-关系数据库产品相连接，使现有面向对象型的 DBMS 具备对象-关系数据库的功能。

（4）扩充现有面向对象型的 DBMS 使之成为对象-关系数据库。

面向对象数据库目前存在的问题有：缺乏通用数据模型、缺乏理论基础、缺乏友好的用户界面与工具环境、缺乏有力的查询优化。

10.3 分布式数据库

10.3.1 学习要求

（1）理解分布式数据库概念。
（2）熟悉分布式数据库系统的特点。
（3）掌握分布式数据库体系结构。

10.3.2 知识要点

1．分布式数据库概念

分布式数据库系统（Distributed Database System）是地理上分布在网络的不同结点而逻辑上

属于同一个系统的数据库系统。它是由若干个站点集合而成，这些站又称为结点，它们在通信网络中连接在一起，每个结点都是一个独立的数据库系统，都拥有各自的数据库、中央处理机、终端，以及各自的局部数据库管理系统。分布式数据库系统可以看做是一系列集中式数据库系统的联合。广义的理解，C/S 也是一种分布式结构。C/S 结构把任务分为两部分，一部分由前端（Frontend，即 Client）运行应用程序，提供用户接口，而另一部分由后端（Backend，即 Server）提供特定服务，包括数据库或文件服务、通信服务等。

2．分布式数据库系统的特点

1）数据独立性

分布式数据库的数据具有逻辑独立性、物理独立性、分布独立性也称分布透明性。数据分布的信息由系统存储在数据字典中。用户对非本地数据的访问请求由系统根据数据字典予以解释、转换和传送。

2）集中与自治相结合的控制结构

分布式数据库系统中，数据的共享有两个层次。局部共享，即在局部数据库中存储局部场地上各用户的共享数据。全局共享，即在分布式数据库系统的各个场地也存储供其他场地的用户共享的数据，支持系统的全局应用。因此，相应的控制机构也具有集中和自治两个层次。各局部的 DBMS 可以独立地管理局部数据库，具有自治的功能。同时，系统又设有集中控制机制，协调各局部 DBMS 的工作，执行全局应用。

3）适当增加数据冗余度

分布式数据库系统将数据分布于多个场地，并增加适当的冗余度可以提供更好的可靠性。在不同的场地存储同一数据的多个副本，利用其他数据副本执行操作，不影响事务的正常执行（如 SYBASE REPLICATION SERVER），则提高了系统的可靠性、可用性。

4）全局的一致性、可串行性和可恢复性

分布式数据库系统中各局部数据库应满足集中式数据库的一致性、并发事务的可串行性和可恢复性，还应保证数据库的全局一致性、全局并发事务的可串行性和系统的全局可恢复性。

3．分布式数据库体系结构

分布式数据库：D-DBMS 由 4 部分组成。

（1）局部场地上的数据库管理系统（Local DBMS），其功能是建立和管理局部数据库，提供场地自治能力，执行局部应用及全局查询的子查询。

（2）全局数据库管理系统（Global DBMS），提供分布透明性，协调全局事务的执行，协调各局部 DBMS 以完成全局应用，保证数据库的全局一致性，执行并发控制，实现更新同步，提供全局恢复功能等。

（3）全局数据字典（Global Data Directory，GDD），存放全局概念模式、分片模式、分布模式的定义以及各模式之间映像的定义，存放有关用户存取权限的定义，以保证全用户的合法权限和数据库的安全性，存放数据完整性约束条件的定义，其功能与集中式数据库的数据字典类似。

（4）通信管理（Communication Management，CM），通信管理系统在分布数据库各场地之间传送消息和数据，完成通信功能。分布式系统是用通信网络连接起来的结点（也称为“场地”）的集合，每个结点都是拥有集中式数据库的计算机系统。

10.4 数据仓库与数据挖掘

10.4.1 学习要求

（1）理解数据仓库概念、结构、数据仓库设计和数据仓库类型。

（2）理解数据挖掘概念、数据挖掘任务、数据挖掘分类和数据挖掘工具。

10.4.2 知识要点

1. 数据仓库

1）数据仓库的概念

数据仓库为在支持管理的决策生成过程中，一个面向主题的、集成的、时变的、非易失的数据集合。这个定义中的数据是：

(1) 面向主题的。数据仓库是面向分析、决策人员的主观要求的，不同的用户有不同的要求，同一个用户的要求也会随时间而经常变化。因此，数据仓库中的主题有时会因用户主观要求的变化而变化的。数据仓库关注的是决策者的数据建模与分析，而不针对日常操作和事务的处理。

(2) 集成的。数据仓库中的数据必须从多个数据源中获取，这些数据源包括多种类型数据库、文件系统及 Internet 上的数据等，它们通过数据集成而形成数据仓库中的数据。数据仓库通常是结合多个异种数据源构成的，异种数据源可能包括关系数据库、面向对象数据库、文本数据库、Web 数据库和一般文件等。

(3) 时变的。数据仓库随时间变化而变化，随时间增加新的数据内容，随时删去旧的数据内容。数据仓库的数据只在某些时间点或瞬间区间上是精确的、有效的。数据仓库中的数据是经过抽取而形成的分析型数据，不具有原始性，供企业决策分析之用，执行的主要是“查询”操作。

(4) 非易失的。数据仓库总是与操作环境下的实时应用数据物理地分离存放，因此不需要事务处理、恢复和并发控制机制。数据仓库里的数据通常只需要两种操作：初始化载入和数据访问，因此其数据相对稳定。数据仓库的数据不能被实时修改，只能由系统定期地进行刷新。刷新时将新数据补充进数据仓库，而不是用新数据代替旧数据。

数据库数据与数据仓库数据对照如表 10-1 所示。

表 10-1　数据库数据与数据仓库数据对照

数据库数据	数据仓库数据
原始性数据	加工型数据
分散性数据	集成性数据
当前数据	历史数据
即时数据	快照数据
多种数据访问操作	读操作

2）数据仓库的结构

（1）源数据：来自于多个数据源，不同格式的数据，其中有大型关系数据库、对象数据库、各种非格式化的数据文件等。数据仓库中的源数据来自企业中心数据库系统的数据，企业各部门维护的数据库或文件系统中（像 VSAM、RMS 和关系 DBMS）的部门数据，在工作站和私有服务器的私有数据，外部系统的数据。

（2）装载管理器：又叫前端部件，完成所有与数据抽取和装入数据仓库有关的操作。有许多商品化的数据装载工具，可根据需要选择和裁剪。

（3）数据仓库管理器：完成管理仓库中数据的有关操作包括分析数据，以确保数据一致性；在暂存转换、合并源数据到数据仓库的基表中。创建数据仓库基表上的索引和视图、非规范化数据、产生聚集、备份和归档数据。仓库管理包括对数据的安全、归档、备份、维护、恢复等工作。数据存储由数据仓库、数据集市与 ODS（Operating Data Store）构成，并由关系或非关系的数据引擎提供来自数据源的数据存储和管理。

（4）查询管理器：又叫后端部件，完成所有与用户查询的管理有关的操作。这一部分通常由终端用户的存取工具、数据仓库监控工具、数据库的实用程序和用户建立的程序组成。它完成的操作包括解释执行查询和对查询进行调度。

（5）详细数据：在仓库的这一区域中存储所有数据库模式中的所有详细数据，通常这些数据不能联机存取。

（6）轻度和高度汇总的数据：在仓库的这一区域中存储所有经仓库管理器预先轻度和高度汇总（聚集）过的数据。这一区域的数据是变化的，随执行查询的改变而改变。数据汇总的目的是为了提高查询性能。

（7）归档/备份数据：这一区域存储为归档和备份用的详细的各汇总过的数据，数据被转换到磁带或光盘上。

（8）元数据：元数据是数据仓库的核心，它存储数据模式的定义数据结构、转换规则、仓库结构、控制信息等，元数据记录的信息包括如下内容：

① 数据源系统。包括数据存取的规范、数据库文档、信息描述、安全性数据所有者权限等；

② 数据处理过程。包括数据的刷新、数据的提取、加载清洗、过滤协调以及完成处理所需遵守的规则。

③ 数据的刷新。包括数据刷新方式、刷新频率等信息。

（9）终端用户访问工具：访问工具有 5 类，报表和查询工具、应用程序开发工具、执行信息系统（EIS）工具、联机分析处理（OLAP）工具、数据挖掘工具。此处的执行信息系统工具，又称每个人的信息系统的工具，是一种全个人的可按自己风格裁剪系统的所有层次（数据管理、数据分析、决策）的支持工具。

3）数据仓库的设计

数据仓库的组织设计必须以用户决策的需要来确定，即从用户决策的主观需求（主题）开始。在数据库设计中则是以客体（Object）为起始点，即以客观操作需求为设计依据。数据仓库设计大致有如下几个步骤：明确主题、概念设计、技术准备、逻辑设计、物理设计、数据仓库生成、数据仓库的运行与维护。

4）数据仓库的类型

数据仓库一般可分为下列 3 种类型：企业数据仓库（EDW）、操作型数据库（ODS）和数据集市（DataMart）。企业数据仓库为通用数据仓库，它既含有大量详细的数据，也含有大量累赘的或聚集的数据，这些数据具有不易改变性和面向历史性。操作型数据库既可以被用来针对工作数据做决策支持，又可用做将数据加载到数据仓库时的过渡区域。与 EDW 相比较，ODS 是面向主题和面向综合的；是易变的；仅仅含有目前的、详细的数据，不含有累计的、历史性的数据。数据集市是数据仓库的一种具体化，它可以包含轻度累计、历史的部门数据，适合特定企业中某个部门的需要。一个数据仓库的基本体系结构包括以下几个组成部分：数据源、监视器、集成器、数据仓库和客户应用。

2．数据挖掘技术

1）数据挖掘的概念

数据挖掘（Data Mining，DM）也称为数据库中的知识发现（Knowledge Discovery in Database），是指从大量数据中挖掘出隐含的、先前未知的、对决策有潜在作用的知识和规则的过程。从技术角度考虑，数据挖掘（Data Mining）是从大量的、不完全的、有噪声的、模糊的、随机的实际数据中，提取隐含在其中的，尚不完全被人们了解的、但又是潜在有用的信息和知识的过程。数据挖掘必须包括 3 个因素，即数据挖掘的本源：大量、完整的数据；数据挖掘的结果：知识、规则；结果的隐含性：因而需要一个挖掘过程。

2）数据挖掘的任务

（1）关联分析（Association Analysis）：两个或两个以上变量的取值之间存在某种规律性，就称为关联。关联分为简单关联、时序关联和因果关联。关联分析的目的是找出数据库中隐藏的关联网。一般用支持度和可信度两个阈值来度量关联规则的相关性，还不断引入兴趣度、相关性等参数，使得所挖掘的规则更符合需求。

（2）聚类分析（Clustering）：聚类是把数据按照相似性归纳成若干类别，同一类中的数据彼此相似，不同类中的数据相异。聚类分析可以建立宏观的概念，发现数据的分布模式，以及可能的数据属性之间的相互关系。

（3）分类（Classification）：分类是找出一个类别的概念描述，即该类的内涵描述，并用这种描述来构造模型，一般用规则或决策树模式表示。分类是利用训练数据集通过一定的算法而求得分类规则。分类可被用于规则描述和预测。

（4）预测（Predication）：预测是利用历史数据找出变化规律，建立模型，并由此模型对未来数据的种类及特征进行预测。预测关心的是精度和不确定性，通常用预测方差来度量。

（5）时序模式（Time-series Pattern）：时序模式是指通过时间序列搜索出的重复发生概率较高的模式。与回归一样，它也是用已知的数据预测未来的值，但这些数据的区别是变量所处时间的不同。

（6）偏差分析（Deviation）：在偏差中包括很多有用的知识，数据库中的数据存在很多异常情况。偏差检验的基本方法就是寻找观察结果与参照之间的差别。

3）数据挖掘系统的分类

（1）根据挖掘的数据库类型分类：数据挖掘的数据库系统可以根据不同的标准分类，如数据模型不同（如关系的、面向对象的、数据仓库等），应用类型不同（如空间的、时间序列的、文本的、多媒体的等），从而使得数据挖掘系统的分类也随着数据库分类而不同。

（2）根据挖掘的知识类型分类：根据数据挖掘的功能（如特征化、区分、关联、聚类、孤立点分析、演变分析等），构造不同类型数据挖掘模型。

（3）根据所用的技术分类：根据用户交互程序（如自动系统、交互探察系统、查询驱动系统等），所使用的数据分析方法（如面向对象数据库技术、数据仓库技术、统计学方法、神经网络方法等）描述。

（4）根据应用分类：不同的应用通常需要对于该应用特别有效的方法，通常根据应用系统的需求与特点确定数据挖掘的类型。

4）数据挖掘技术实施的步骤

（1）数据集成：在挖掘前必须进行数据集成，这包括：从各类数据系统中提取挖掘所需的统一数据模型，建立一致的数据视图并加载数据，从而形成挖掘的数据基础。在数据仓库数据的加载过程中，一般需要对数据作以下的预处理，包括数据清理、数据集成、数据转换。其中数据清理包括填补丢失的数据、清除噪声数据、修正数据的不一致性。

（2）数据归约：通过数据归约技术可以减低数据量，提高数据挖掘操作的性能。常见的数据归约技术有，数据立方体计算、挖掘范围的选择、数据压缩、离散化处理、挖掘范围的选择。通过数据压缩技术可以减低数据的规模，节省存储空间开销和数据通信的开销。

（3）挖掘：根据挖掘要求选择相应的方法与相应的挖掘参数，如支持度、置信度参数等，在挖掘约束后即可得到相应的规则。

（4）评价：经过挖掘后所得结果可能有多种，此时可以对挖掘的结果按一定标准作出评价，并选取评价较高者作为最终结果。

（5）表示：数据挖掘结果的规则可在计算机中用一定形式表示出来，它可以包括文字、图形、表格、图表等可视化形式，也可同时用内部结构形式存储于知识库中供日后进一步分析之用。

5）数据挖掘的工具

（1）基于规则和决策树的工具。大部分数据挖掘工具采用规则发现和决策树分类技术来发现数据模式和规则，其核心是某种归纳算法。

（2）基于神经元网络的工具。挖掘过程基本上是将数据簇聚，然后分类计算权值。

（3）数据可视化方法。这类工具支持多维数据的可视化，提供了多方向同时进行数据分析的图形化方法。

（4）模糊发现方法。应用模糊逻辑进行数据查询排序。

（5）统计方法。这类工具没有采用人工智能技术，因此更适于分析现有信息，而不是从原始数据中发现数据模式和规则。

（6）综合多种方法。许多工具采用多种挖掘方法，一般规模较大。

10.5 其他新型数据库

10.5.1 学习要求

（1）理解主动数据库概念、功能、模型。
（2）熟悉多媒体数据库概念、特征、模型、体系结构等。
（3）理解工程数据库概念、模型、特点等。
（4）理解并行数据库概念、提携结构、并行处理技术、与分布式数据库区别等。
（5）了解空间数据库概念、特征、查询与索引等。
（6）掌握移动数据库概念、特点、移动计算模型等。

10.5.2 知识要点

1．主动数据库

1）主动数据库概念

数据库技术和人工智能技术相结合产生了主**动数据库**（Active Database，ADB）。实现 ADB 的关键技术在于它的条件检测技术，能否有效地对事件进行自动监督，使得各种事件一旦发生就很快被发觉，从而触发执行相应的规则。

2）主动数据库系统的功能

（1）主动数据库系统应该提供传统数据库系统的所有功能，且不能因为增加了主动性功能而使数据库的性能受到明显影响。

（2）主动数据库系统必须给用户和应用提供关于主动特性的说明，且说明应该成为数据库的永久性部分。

（3）主动数据库系统必须能有效地实现（2）中说明的所有主动特性，且能与系统的其他部分有效地集成在一起，包括查询、事务处理、并发控制和权限管理等。

（4）主动数据库系统应能够提供与传统数据库系统类似的数据库设计和调试工具。

3）主动数据库系统模型

任何主动数据库管理系统 ADBMS 都必须包含管理规则集的功能，包括对规则的定义、浏览、更新、操纵和权限管理等。ECA 规则由规则说明语言定义，与所支持的数据模型有关。对规则的操作权限有：创建权限、修改和删除权限、激活/抑制权限、查询权限。一个主动数据库系统可表示为：

ADBS=DBS + EB + EM

其中 DBS 代表传统数据库系统，用来存储、操作、维护和管理数据；EB 代表 ECA 规则库，用来存储 ECA 规则，每条规则指明在何种事件发生时，根据给定条件，应主动执行什么动作；EM 代表事件监测器，一旦检测到某事件发生就主动触发系统，按照 EB 中指定的规则执行相应的动作。

ECA 规则的一般形式：

```
Rule <规则名> [（<参数 1>，<参数 2>……）]
When   <事件表达式>
If <条件 1> Then <动作 1>
……
If <条件 n> Then <动作 n>
End Rule
```

规则系统结构包括：事件检测器，监测事件信号、更新事件记录、将事件信号发送给规则管理器；规则管理器，接收信号、事件匹配、触发规则、规则调度；语言解释器，规则条件的评估，规则动作的执行。

4）ADBMS 的实现途径

实现主动数据库系统的关键是实现一个有效的事件监视器。可采取的措施有：

（1）在单处理器系统中，事件监测器操作控制下的一个高优先级进程，起到主动监视各种事件发生的作用。

（2）在多处理器系统中，可以独立由一个处理器来完成事件监视器的任务。

（3）当系统执行到可能发生事件的地方，如执行更新语句之前或之后，都产生一个软中断，迫使转到事件监视器工作，以便核实该事件是否被指定在规则库中，若是则执行对应规则（立即执行或延迟执行），否则返回。

2．多媒体数据库

1）多媒体数据库概念

多媒体是指多种媒体，如数字、文本、图形、图像和声音的有机集成，而不是简单的组合。多媒体数据库（Multimedia Database System）是把组织在不同媒体上的数据一体化的系统，能直接管理数据、文本、图形、图像、视频、音频等多媒体数据的数据库。

2）多媒体数据库系统主要特征

（1）能表示和处理多媒体数据。多媒体数据库系统要提供管理异构表示形式的技术和处理方法，实现对格式化和非格式化的多媒体数据的存储、管理和查询。

（2）能反映和管理各种媒体数据的特性。多媒体数据库能够协调处理各种媒体数据，能正确识别和表现各种媒体数据的特征、各种媒体间的空间或时间的关联（如正确表达空间数据的相关特性和配音、文字和视频等复合信息同步），如多媒体对象在表达时就必须保证时间上的同步性。

（3）有效地操作各种媒体信息。能对格式化数据一样对各种媒体数据进行搜索、浏览等操作，且对不同的媒体可提供不同的操纵，如声音的合成、图形的缩放等。允许对 Image 等非格式化数据做整体和部分搜索，允许通过范围、知识和其他描述符的确定值和模糊值搜索各种媒体数据，允许同时搜索多个数据库中的数据，允许通过对非格式化数据的分析建立图示等索引来搜索数据，允许通过举例查询（QuerybyExample）和通过主题描述查询使复杂查询简单化。

（4）提供事务处理与版本管理功能。能提供多媒体数据库的 API（应用程序接口），提供不同于传统数据库的特种事务处理和版本管理功能。

3）多媒体数据模型

（1）文件系统管理方式：多媒体资料是以文件的形式在计算机上存储的，所以用各种操作系统的文件管理功能就可以实现存储管理。

（2）扩充关系数据库的方式：平坦化的数据类型不适于表达复杂的多媒体信息，文本、声音、图像这些非格式化的数据是关系模型无法处理的；简单化的关系也会破坏媒体实体的复杂联系，丰富的语义性超过了关系模型的表示能力。用关系数据库存储多媒体资料的方法一般是：用专用字段存放全部多媒体文件；多媒体资料分段存放在不同字段中，播放时再重新构建；文件系统与数据库相结合，多媒体资料以文件系统存放，用关系数据库存放媒体类型、应用程序名、媒体属性、关键词等。

（3）面向对象数据库的方式：由于多媒体信息是非格式化的数据，多媒体数据具有对象复杂、存储分散和时空同步等特点。多媒体资料可以自然地用面向对象方法所描述，面向对象数据库的复杂对象管理能力正好对处理非格式多媒体数据有益；根据对象标识符的导航存取能力有利于对相关信息的快速存取；封装和面向对象编程概念又为高效软件的开发提供了支持。

4）多媒体数据库系统的体系结构

（1）组合式结构：该结构是根据不同媒体的特点分别建立数据库和数据库管理系统，但各 MDBMS 之间可以相互通信，用户可对单个或多个 MDB 进行存取。

（2）集中式结构：该结构是建立一个多媒体数据库管理系统集中统一管理所有媒体数据库。

（3）客户/服务器结构：各种媒体数据的管理分别通过各自服务器上的数据管理结构 MDM 实现，所有媒体通过多媒体服务器上的 MDBMS 统一管理，客户和服务器之间通过特定的中间件连接，用户通过多媒体服务器使用多媒体数据库。

（4）超媒体结构：这种多媒体数据库体系结构强调对数据时空索引的组织，而且信息也要能够随意扩展和访问。因此没有必要建立一个统一的多媒体数据库系统，而应该把数据库分散在网络上，把它看成一个信息空间，只要设计好访问工具就能够访问和使用这些信息。

5）多媒体数据库管理系统

（1）物理存储视图：描述如何在文件系统中存储多媒体对象，多媒体对象特别巨大，存储和检索需要不同的技术。

（2）概念数据视图：描述由媒体对象物理存储表示层生成的解释，这一视图同时用于处理如何通过索引机制提供快速存取的问题。

（3）过滤视图：用户可以用不同的方法查询多媒体数据库，这些查询为用户提供一个多媒体数据库的过滤视图。多媒体数据的查询方式有关键字查询、对媒体属性值的精确查询（可视化查询）；根据用户提供的视图查询，相似性查询（语义查询）；与媒体内容和语义相关的查询（文本数据的查询，即利用索引按照关键字查询、全文检索）；声音数据的查询（主要是语音数据的查询）；图像数据的查询［基于图像的颜色、形状、纹理、数据、内容（综合检索）］。IBM 公司的 QBIC 系统，允许用颜色、纹理、草图、关键词等查询图像数据库。

（4）用户视图：该显示描述了如何将数据库中提取出来的对象正确演示出来，为多媒体数据库应用及用户之间提供了一个接口。

（5）媒体对象和用户的物理位置：可以存储在不同的系统中，用户可以在计算机网络上存取存储的数据。

3．工程数据库

1）工程数据库概念

工程数据一般由产品的几何定义、工程分析、制造工艺以及计划销售管理等多个部分组成，包括产品从设计、制造到销售等各个方面的数据。工程数据库是一种能存储和管理各种工程图形，并能为工程设计提供各种服务的数据库系统。工程数据库适用于 CAD/CAM、计算机集成制造（CIM）、地理信息处理和军事指挥、通信等工程应用领域。

2）工程数据库的数据模型

（1）扩充的关系数据模型：第一种扩充的关系数据模型是 2NF（嵌套关系型）。它允许属性既可是原子类型也可以是关系，能表达“表中表”。在 2NF 模型中可以把一个结构对象作为一个整体存储于数据库中，从而可把这种复杂的工程对象作为整体进行操作。此外 NF2 模型支持隐含的向前引用。第二种扩充是取消 1NF 的限制，允许关系的属性域可以是函数或过程。

（2）面向对象数据模型：面向对象数据模型能表示复杂的数据结构，类、类层次、继承等概念，能很好地表示复杂的工程数据。

（3）语义数据模型：语义数据模型是具有较高的抽象层次和较强的语义表达能力的数据模型。比较常用的有语义网络数据模型、超图数据模型、函数数据模型、IFO（Is a Funcation Object）数据模型等。工程数据库一般采用多层结构，也就是把工程数据库从逻辑上分为全局数据库和局部数据库。全局数据库存储公用数据、产品和零部件数据、材料特性数据和机械数据等标准数据，并可在逻辑上和物理上按工程应用分类细分。局部数据库是设计者独占的临时数据库。除多层结构外，工程数据库系统还可采用集中式结构、客户/服务器（C/S）结构、分布式结构等。

3）工程数据库系统特点

（1）复杂对象的表达和处理。一个工程对象往往由几十个乃至几百个简单对象组成，工程数据库要有对这种复杂对象的描述能力。

（2）复杂多样的数据存储和集中管理。工程数据具有多种类型，如图形数据、文本数据、数字数据、过程数据和超长文本数据等。在形态上，也有标准数据、动态数据和历史数据等多种形式。

（3）变长数据实体的处理。在工程设计环境中，工程数据的实体是复杂的、变长的。工程数据库系统必须能处理可变长度的非结构化数据。

（4）模式的动态修改和扩展。工程设计是一种反复试探，不断接受用户反馈，逐步修改的过程。工程数据库系统必须能支持模式的动态修改和扩展。

（5）数据库版本管理。工程设计是一个试探性的过程，因而保留设计过程是很重要的。工程数据库系统必须能有效地存储并管理不同版本的数据。

（6）长事务及并发控制。工程数据库系统能进行长事务和嵌套事务的处理与恢复。目前，在解决长事务等待方面可采用的方法有版本法（对象版本化、模式版本化）、成组事务、软锁技术等。

4．并行数据库

1）并行数据库概念

并行数据库是在并行计算机上具有并行处理能力的数据库系统，它是数据库技术与计算机并行处理技术相结合的产物。**并行数据库**（Parallel Database System，PDBS）发挥多处理机结构的优势，将数据库在多个磁盘上分布存储，利用多个处理机对磁盘数据进行并行处理，从而解决了磁盘“I/O”瓶颈问题，通过采用先进的并行查询技术，开发查询间并行、查询内并行以及操作内并行，大大提高查询效率。

2）并行数据库系统的体系结构

（1）共享内存结构：在该结构中，多个处理器、多个磁盘和共享内存通过网络相连，数据库存储在多个磁盘上，可被所有处理器通过连接网络访问。

（2）共享磁盘结构：共享磁盘结构是共享磁盘的松耦合群集机硬件平台上最优的并行数据库结构。采用共享磁盘结构，每个处理器都有自己的私有内存，消除了内存访问瓶颈。但多处理器对共享磁盘的访问会造成磁盘访问瓶颈，因而处理器的数目最多只能扩展到数百个，可扩展性仍不够理想。

（3）无共享结构：在该结构中数据库表划分在多个结点上，每个结点都有独立的内存和磁盘，结点处理器之间的通信和数据交换通过高速的连接网络进行。无共享结构是 MPP（大规模并行处理）和 SMP 群集机硬件平台上最优的并行数据库结构，是复杂查询和超大规模数据库应用的优选结构。

3）并行处理技术

（1）查询间的并行：查询间的并行是指不同用户事务或同一事务内部不同查询间的并发执行。查询间的并行可以提高并行数据库的事物吞吐量而不会缩短单个事务的响应时间。

（2）查询内的并行：查询内的并行是使一个查询的一个或多个操作在多个处理器上并行执行，因此可以加快查询处理的速度。

（3）操作内的并行：操作内的并行是将同一操作（扫描操作、连接操作、排序操作等）分解成多个独立的子操作，由不同的处理器同时执行。

4）并行数据库系统和分布式数据库系统的区别

（1）应用目标不同：并行数据库系统的目标是充分发挥并行计算机的优势，利用系统中的各结点并行地完成数据库任务，提高数据库系统的整体性能。分布式数据库系统主要目的在于实现场地自治和数据的全局透明共享，而不是利用网络中的各结点来提高系统处理性能。

（2）实现方式不同：在并行数据库系统中，为了充分利用各个结点的处理能力，各结点间采用高速网络互连，结点间数据传输率可达 100 Mbps 以上，数据传输代价相对较低，可以通过系统中各个结点负载平衡和操作并行来提高系统性能。分布式数据库系统中，各结点之间一般采用局域网或广域网相连，网络带宽较低，结点间通信开销较大。

（3）各结点的地位不同：并行数据库系统中不存在全局应用和局部应用的概念，各结点是完全非独立的，在数据处理中只能发挥协同作用。在分布式数据库系统中，各结点除了能通过网络协同完成全局事务外，各结点具有场地自治性，每个场地使独立的数据库系统。每个场地有自己的数据库、客户、CPU 等资源，运行自己的 DBMS，执行局部应用，具有高度的自治性。

5. 空间数据库

1）空间数据库概念

空间数据库（Spatial Database）是以描述空间位置和点、线、面、体特征的位置数据（空间数据）以及描述这些特征的属性数据（非空间数据）为对象的数据库，其数据模型和查询语言能支持空间数据类型和空间索引，并且提供空间查询和其他空间分析方法。其中，空间数据用于表示空间物体的位置、形状、大小和分布特征等信息，用于描述所有二维、三维和多维分布的关于区域的信息，它不仅表示物体本身的空间位置和状态信息，还能表示物体之间的空间关系。非空间信息主要包含表示专题属性和质量的描述数据，用于表示物体的本质特征。由基本的空间数据类型，导出区域、划分和网络三种空间数据类型。

2）空间数据库的特性

（1）复杂性：一个空间对象可以由一个点或几千个多边形组成，并任意分布在空间中。通常不太可能用一个关系表，以定长元组存储这类对象的集合。

（2）动态性：删除和插入是以更新操作交叉存储的，这就要求有一个强壮的数据结构完成对象频繁的插入、更新和删除等操作。

（3）海量化：空间数据往往需要上千兆甚至上万兆的存储量，要想进行高效的空间操作，二级和三级存储的集成是必不可少的。

（4）算法不标准：尽管提出了许多空间数据算法，但至今没有一个标准的算法，空间算法严重依赖于特定空间数据库的应用程序。

（5）运算符不闭合性：如两个空间实体的相交，可能返回一个点集、线集或面集。

3）空间数据的查询与索引

（1）临近查询：临近查询是指为找出特定位置附近的对象所做的查询，如找出最近的餐馆。

（2）区域查询：区域查询是指为找出部分或全部位于指定区域内的对象所做的查询，如找出城市中某个区的所有医院。

（3）针对区域的交和并的查询：例如，给出区域信息，如年降雨量和人口密度，要求查询所有年降雨量低且人口密度高的区域。

6. 移动数据库

1）移动数据库概念

移动数据库（Mobile Database）是指在移动计算环境中的分布式数据库，其数据在物理上分散而在逻辑上集中，它涉及数据库技术、分布式计算技术、移动通信技术等多个学科领域。通俗地讲，移动数据库包括以下两层含义：人在移动时可以存取后台数据库或其副本；人可以带着后台数据库的副本移动。

2）移动数据库的特点

（1）移动性与位置相关性：移动数据库可在无线通信单元内及单元间自由移动，而且在移动的同时仍可能保持通信连接。

（2）频繁的断接性：移动数据库与固定网络之间经常处于主动或被动的断接状态，这要求移动数据库系统中的事务在断接的情况下能继续运行，或者自动进入休眠状态，不会因为网络断接而撤销。

（3）网络条件的多样性：在整个移动计算空间中，不同时间和地点连网条件相差十分悬殊。因此移动数据库应提供充分的灵活性和适应性，提供多种系统运行方式和资源优化方式，以适应网络条件的变化。

（4）系统规模庞大：在移动计算环境下，用户规模比常规网络环境庞大，采用普通的处理方法将导致移动数据库系统的效率十分低下。

（5）系统的安全性和可靠性较差：由于移动计算平台可以远程访问系统资源，从而带来新的不安全因素。移动数据库系统应提供比普通数据库系统更强的安全机制。

（6）资源的有限性：移动设备还受通信带宽、存储容量、处理能力等的限制。移动数据库系统必须充分考虑这些限制，在查询优化、事务处理、存储管理等环节提高资源的利用效率。

（7）网络通信的非对称性：上行链路的通信代价和下行链路有很大差异，要求移动数据库的实现中充分考虑到这种差异，采用合适的方式（如数据广播）传递数据。

3）移动数据库系统对数据管理的要求

（1）可用性和可伸缩性：保证读写操作的高可用性，在结点或副本数目以及工作负荷增加时，不会引起性能的急剧下降，同时保持系统的稳定。

（2）移动性：允许移动结点在网络断连时进行数据库的读写。

（3）可串行性：事务处理满足单副本可串行性。

（4）收敛性：提供一定的机制以保证系统收敛于一致性状态。

4）移动计算模型

移动计算环境包括移动计算机（移动主机）和有线计算机网络。移动主机通过被称为移动支持站点的计算机与有线网络通信。每个移动支持站点管理其蜂窝（即它所覆盖的地理区域）内的移动主机。移动主机可在蜂窝间移动，这就需要有从一个移动支持站点到另一个移动支持站点的控制交接。

10.6 数据库新技术发展趋势

10.6.1 学习要求

了解数据库新技术发展趋势。

10.6.2 知识要点

1．对 XML 的支持

整合 XML、对象数据、多媒体数据，将所有数据类型放在一个平台上将是传统的关系数据库发展的一大趋势。在 XML 数据查询处理研究中，存在下列焦点问题，如何定义完善的查询代数；如何将复杂、不确定的路径表达式转换为系统可识别的、明确的形式；XML 数据信息统计和代价计算。

2．概念模型

数据库新产品中在商业智能方面需有很大提高。如微软最新版 SQL Server 2005 就集成了完整的商业智能套件，包括数据仓库、数据分析、ETL 工具、报表及数据挖掘等，并有针对性地做了一些优化。如何更好地支持商业智能将是未来数据库产品发展的主要趋势之一。

3．SOA 架构

SOA（Service-Oriented Architecture）已经成为目前 IT 业内的一个大的发展趋势。目前主流的数据库厂商都开始宣称其产品完全支持 SOA 架构，包括微软 SQL Server 2012，从微软态度的转变可以看出，未来 IT 业的发展与融合，SOA 正在成长为一个主流趋势。

4．数据库的安全性

保护数据不受意外和恶意破坏，最小化算法的复杂性难以避免安全漏洞。现在人们需要从一个新的角度来重新研究解决数据关联、安全策略、支持多个个体的安全机制，以及由第三方把持的信息控制等问题。

10.7 要点小结

本章概述了上述数据库的基本概念，分析各数据库的特点、功能及应用等。如分布式数据库允许用户开发的应用程序把多个物理分开的、通过网络互连的数据库当做一个完整的数据库看待。并行数据库通过 cluster 技术把一个大的事务分散到 cluster 中的多个结点去执行，提高了数据库的吞吐和容错性。主动数据库具有各种主动服务功能，并以一种统一且方便的机制来实现各种主动需求。多媒体数据库提供了一系列用来存储图像、音频和视频对象类型，更好地对多媒体数据进行存储、管理与查询。

数据库技术与其他学科的内容相结合，是新一代数据库技术的又一个显著特征，出现了知识库、演绎数据库、时态数据库、统计数据库、科学数据库、文献数据库、图形/图像数据库、文档数据库和 XML 数据库等。立足于新的应用需求和计算机未来的发展，研究全新的数据库系统，有人称之为“革新”了的数据库系统。

第 2 篇

实验与课程设计指导

第 11 章

数据库应用实验指导

数据库应用实践对于学生素质能力的培养非常重要。主要包括 SQL Server 2012 的安装及功能、数据库中数据定义与操作、SQL 语言编程、安全性授权、故障恢复，以及数据库系统维护等方面内容的可操作性实验。所有实验都是针对数据库重要操作内容，提供了专门的同步练习和上机实验，还为每个设计的实验提供了详细的实验指导。

教学目标

- 熟练掌握 SQL Server 2012 的界面及功能操作
- 掌握关系型数据库的关系模式及模型应用
- 掌握 SQL 定义语言、常用数据及数据库操作、T-SQL 结构、存储过程及触发器
- 掌握关系模型的完整性约束机制，SQL Server 2012 的安全体系及设置
- 了解 SQL Server 2012 的分布式数据库应用
- 掌握初步的数据库系统管理技术

11.1 实验一：SQL Server 2012 界面及功能

11.1.1 实验目的

（1）掌握 SQL Server Management Studio（SSMS）的启动和登录。

（2）熟悉 SQL Server Management Studio 的基本菜单功能和界面。

（3）掌握 SQL Server 2012 的启动、服务器注册等功能。

（4）掌握新建数据库的方法，并熟练使用分离及附加数据库、备份及还原数据库功能。

11.1.2 实验内容及步骤

1. SQL Server 2012 的安装

1）SQL Server 2012 安装前准备

（1）SQL Server 2012 各版本的选择。SQL Server 2012 分为三个版本，从高到低分别是企业版、商业智能版和标准版。其中企业版是全功能版本，而其他两个版本则分别面向工作组和中小企业，所支持的机器规模和扩展数据库功能都不一样，价格方面是根据处理器核心数量而定。以下是有关功能和价格的详细资料列表。

除 SQL Server 企业版、SQL Server 商业智能版和 SQL Server 标准版外，SQL Server 2012 还

包括 SQL Server 2012 的延伸版，如 Developer Edition 和 Express Edition。

SQL Server 2012 支持包括：Windows 7 SP1、Windows Server 2008 R2、Windows Server 2008 Service Pack 2 和 Windows Vista Service Pack 2。

（2）软硬件要求。网络软件要求：独立的命名实例和默认实例支持以下网络协议：Shared Memory、Named Pipes、TCP/IP、VIA。

Internet 要求：Microsoft 管理控制台 (MMC)、SQL Server Data Tools (SSDT)、Reporting Services 的报表设计器组件和 HTML 帮助都需要 Internet Explorer 7 或更高版本。

安装程序支持软件：SQL Server 安装程序需要 Microsoft Windows Installer 3.1 或更高版本以及 Microsoft 数据访问组件 (MDAC) 2.8 SP1 或更高版本。读者可以从微软网站下载 MDAC 2.8 SP1。

SQL Server 安装程序安装该产品所需的以下软件组件：

- Microsoft Windows .NET Framework 4.0；
- Microsoft SQL Server 本机客户端；
- Microsoft SQL Server 安装程序支持文件。

硬件要求：最低 x86 处理器 1.0 GHz，建议 2 GHz 或更高，内存最小 1 GB，建议 4 GB。

2）SQL Server 2012 的安装

从微软网站下载列表中最下面的 CHSx86SQLFULL_x86_CHS_Core.box、CHSx86 SQLFULL_x86_CHS_Intall.exe 和 CHSx86SQLFULL_x86_CHS_Lang.box 三个安装包。放在同一个文件夹中，并双击打开可执行文件 CHSx86SQLFULL_ x86 _CHS_Intall.exe。系统解压缩之后打开另外一个安装文件夹 SQLFULL_x86_CHS。打开该文件夹，并双击 SETUP.EXE，开始安装 SQL Server 2012。其余按安装步骤一步一步地执行，如图 11-1 至图 11-21 所示。

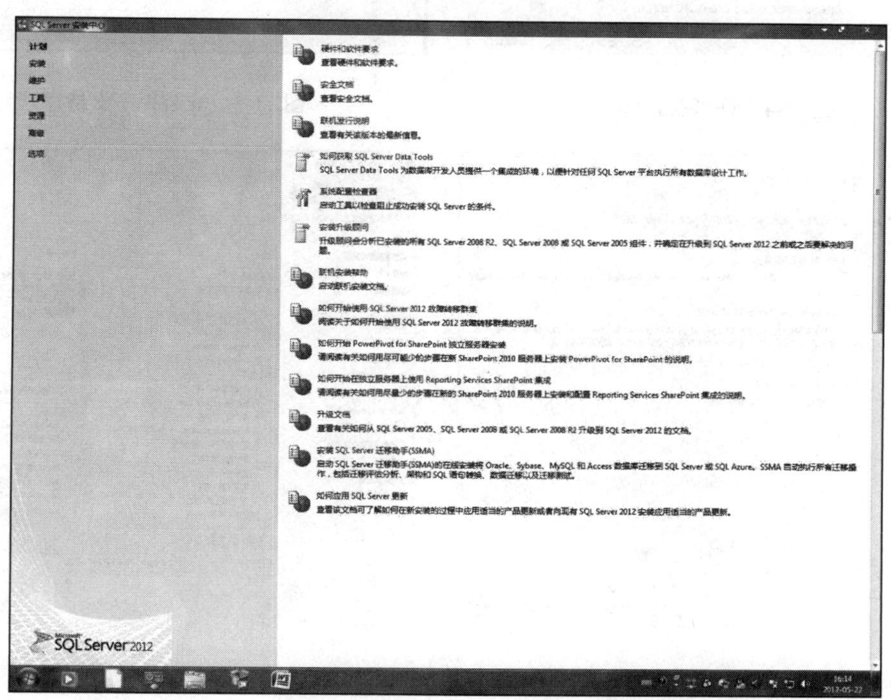

图 11-1 SQL Server 2012 安装界面

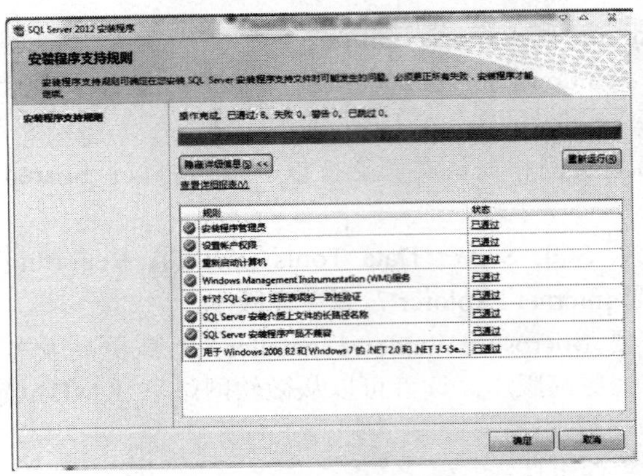

图 11-2　安装程序支持规则

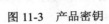

图 11-3　产品密钥

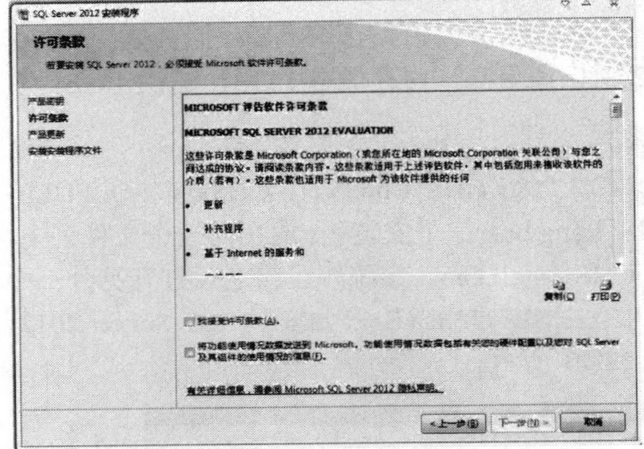

图 11-4　许可条款

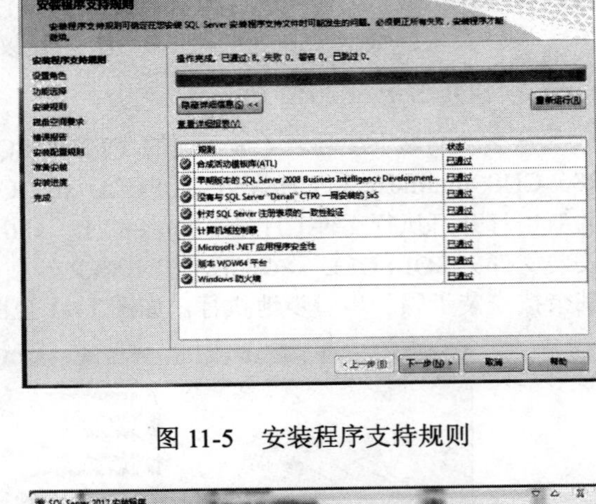

图 11-5　安装程序支持规则

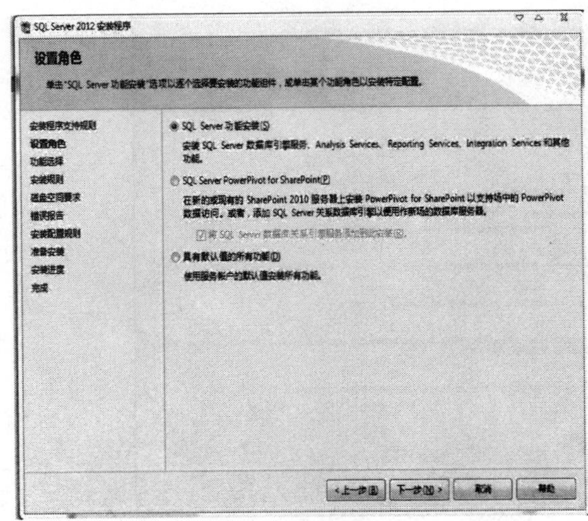

图 11-6　设置角色

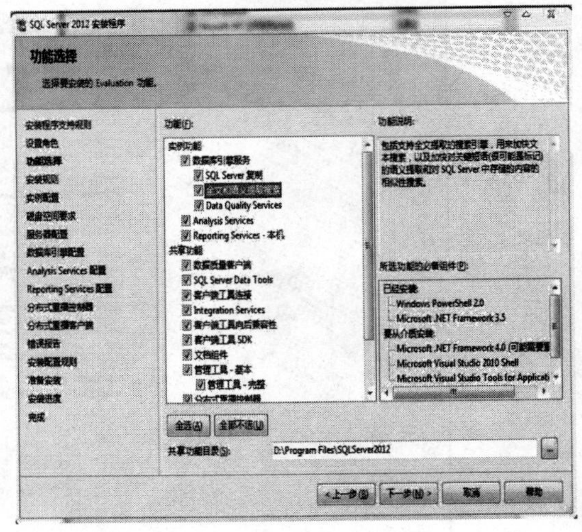

图 11-7　功能选择

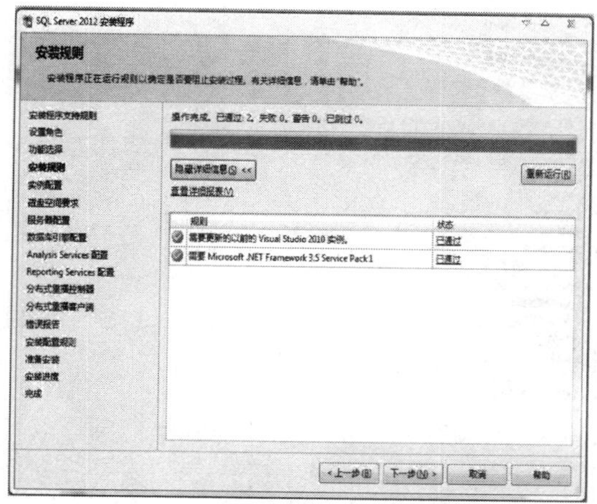

图 11-8　安装规则

图 11-9　实例配置

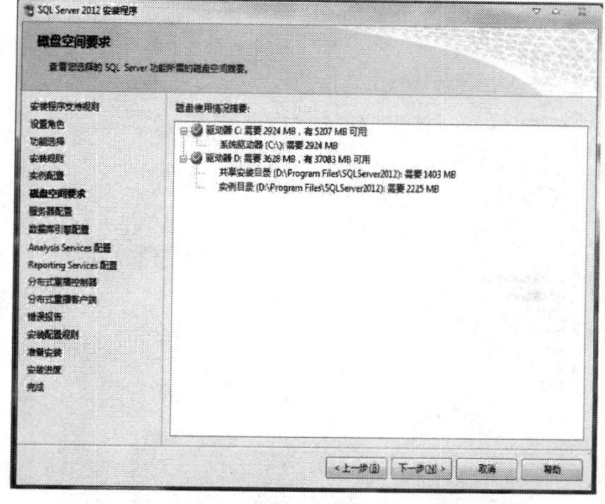

图 11-10　磁盘空间要求

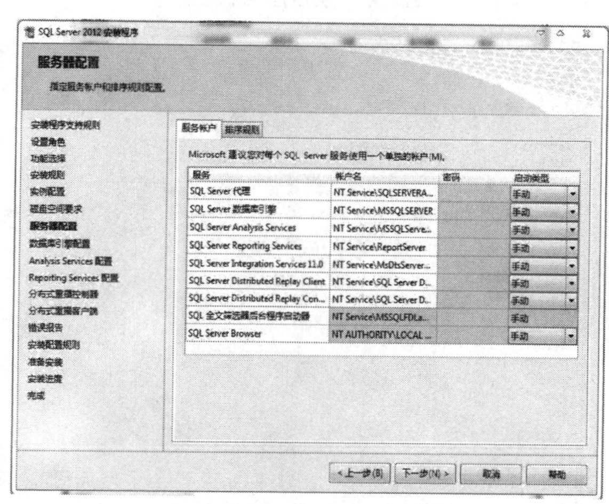

图 11-11　服务器配置

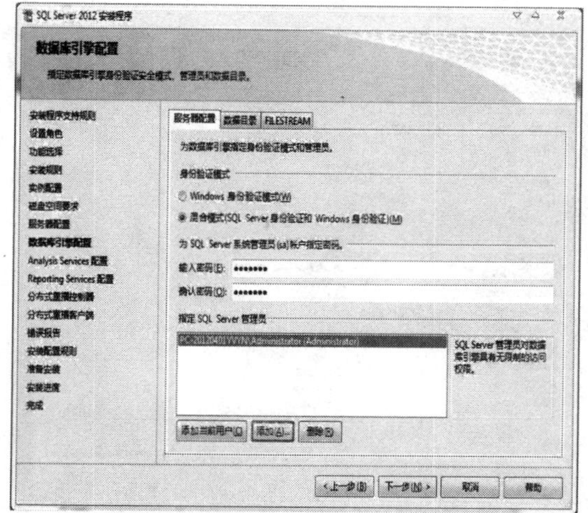

图 11-12　数据库引擎配置

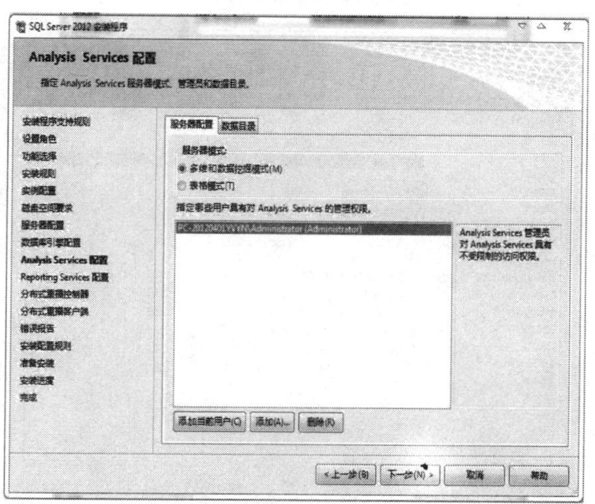

图 11-13　分析服务配置

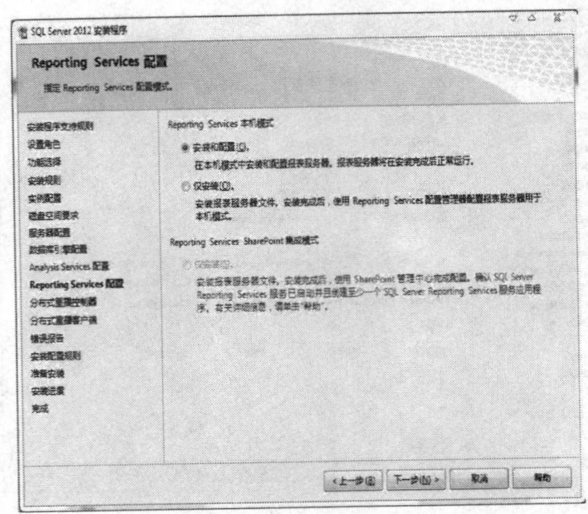

图 11-14　报告服务配置

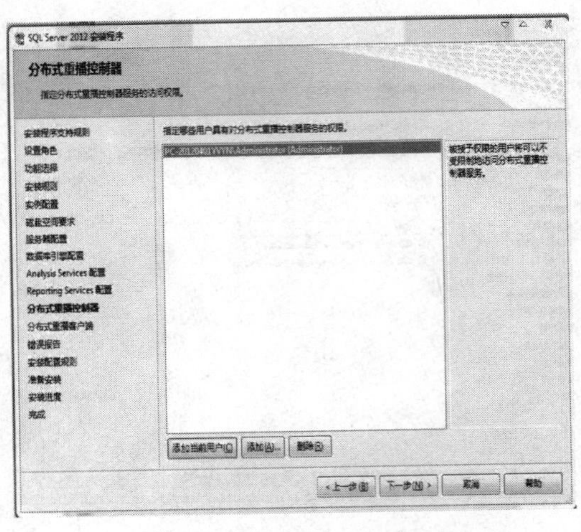

图 11-15　分布式重播控制器

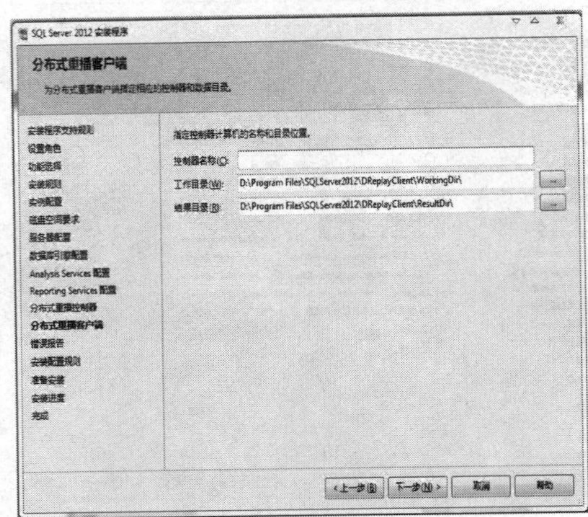

图 11-16　分布式重播客户端

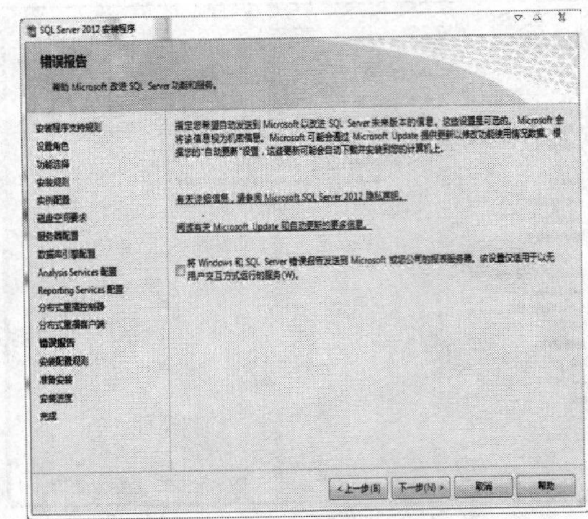

图 11-17　错误报告

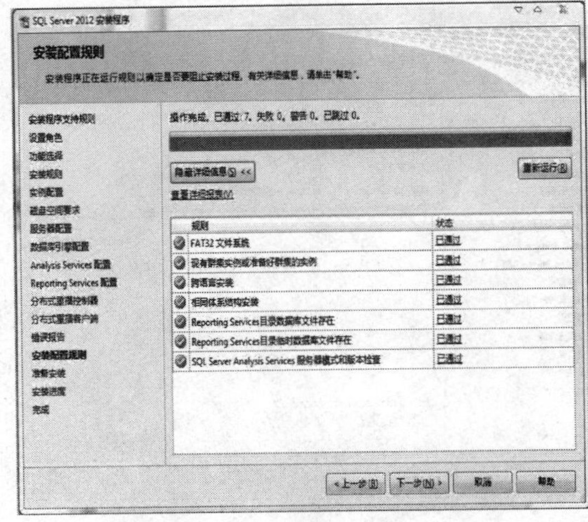

图 11-18　安装配置规则

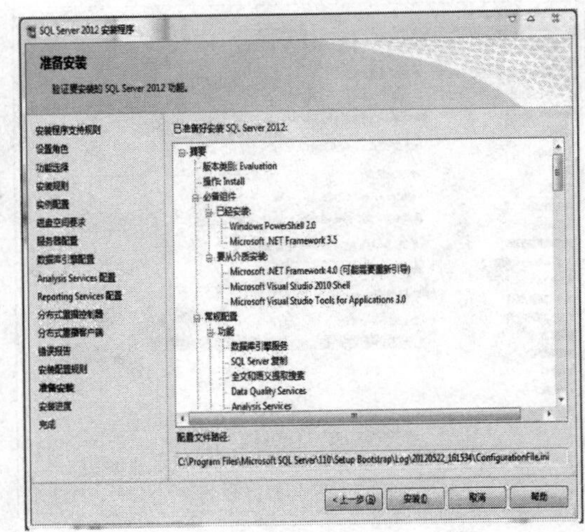

图 11-19　准备安装

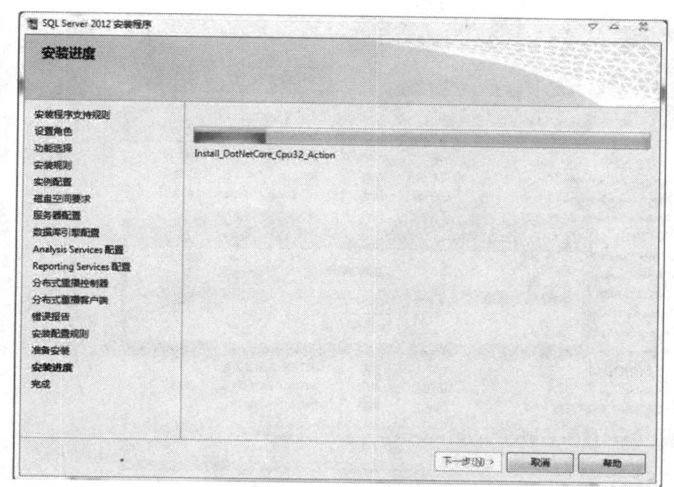

图 11-20 完成安装

图 11-21 安装完毕后添加的程序和服务

在安装完 SQL Server 2012 后，“开始”菜单中添加了如图 11-21 中程序和相应的服务。

2．SQL Server 2012 服务器配置

SQL Server 2012 数据库使用前必须启动数据库服务器，数据库服务器的配置和管理是使用 SQL Server 2012 的首要任务。启动、暂停和停止服务的方法很多，这里主要介绍如何使用 SQL Server 配置管理器完成这些操作，其操作步骤如下：

单击“开始”|“Microsoft SQL Server 2012”|“配置工具”，选择“SQL Server Configuration Manager”，打开 SQL Server 配置管理器，如图 11-22 所示。单击“SQL Server 2012 服务”选项，在右边的对话框里可以看到本地所有的 SQL Server 服务，包括不同实例的服务，如图 11-23 所示。

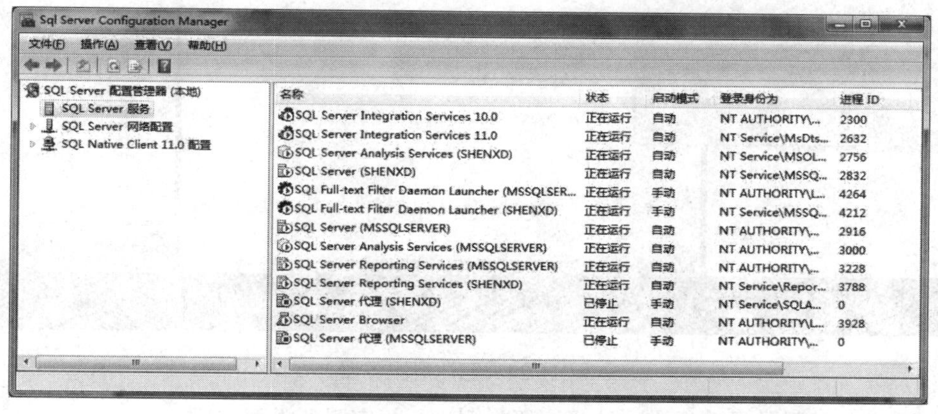

图 11-22 SQL Server 配置管理器（一）

如果要启动、停止、暂停 SQL Server 服务，鼠标指向服务名称，单击右键，在弹出的快捷菜单里选择“启动”、“停止”、“暂停”即可。

服务器注册主要为注册本地或者远程 SQL Server 服务器。打开 SQL Server 2012 下 Management Studio，进行服务器注册。注册步骤如下：

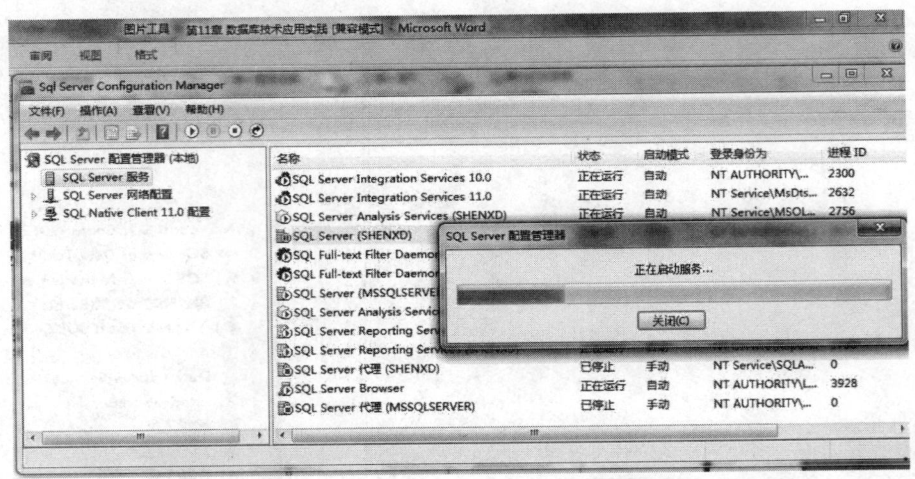

图 11-23　SQL Server 配置管理器（二）

在视图菜单中单击“已注册的服务器”菜单选项，显示已注册的服务器，如图 11-24 所示。

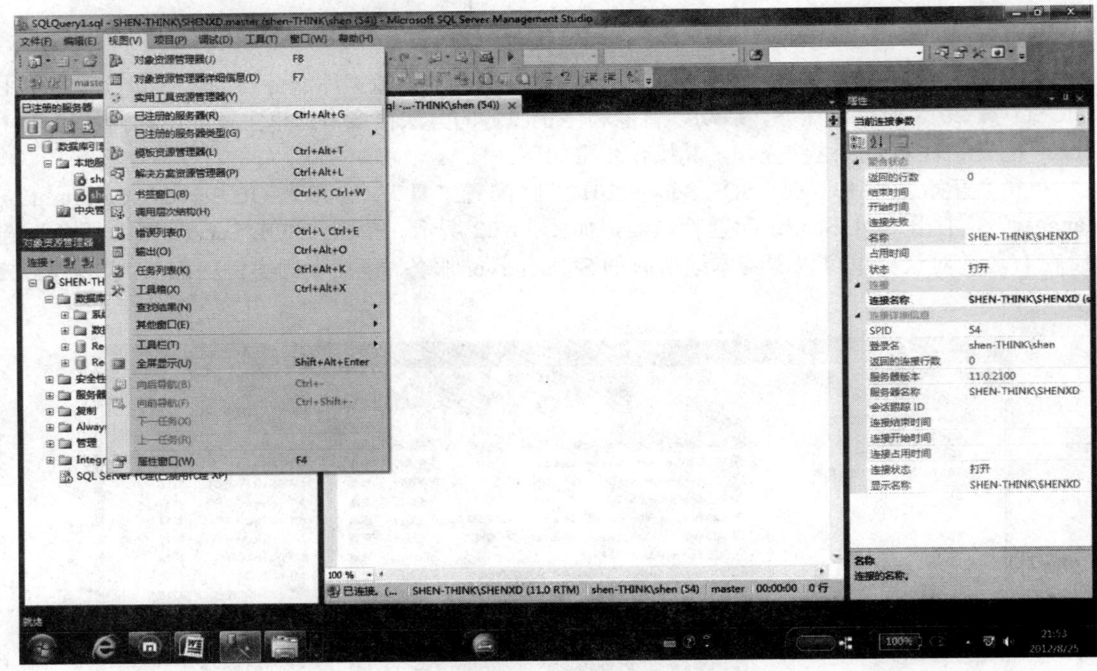

图 11-24　已注册服务器

在右上角已注册的服务器中，选择注册类型进行相应服务类型注册。

在选定的服务类型的树状结构的根部单击鼠标右键，弹出快捷菜单，选择“新建服务器组”，进行组的建立，如图 11-25 所示。

输入服务器组名称，单击“保存”按钮即可，如图 11-26 所示。

在新建的服务器组下面注册服务器，在新建服务器结点处单击鼠标右键，弹出快捷菜单，选择新建选项下面的服务器注册选项，进行服务器注册，如图 11-27 所示。填写服务器名称，选择相应的认证方式，输入用户名及密码，完成注册。

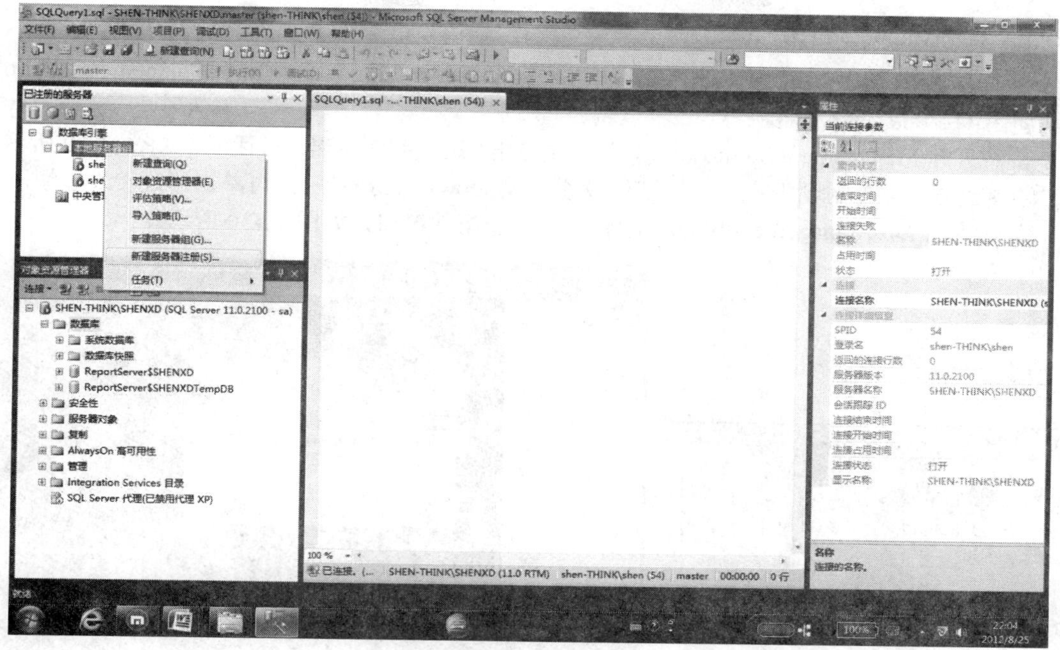

图 11-25　新建服务器组

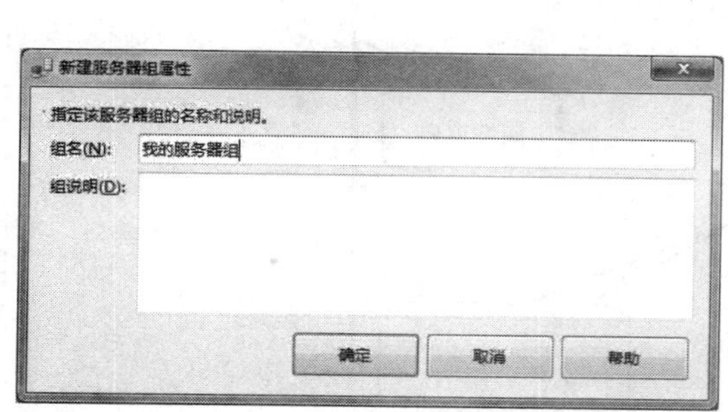

图 11-26　新建服务器组

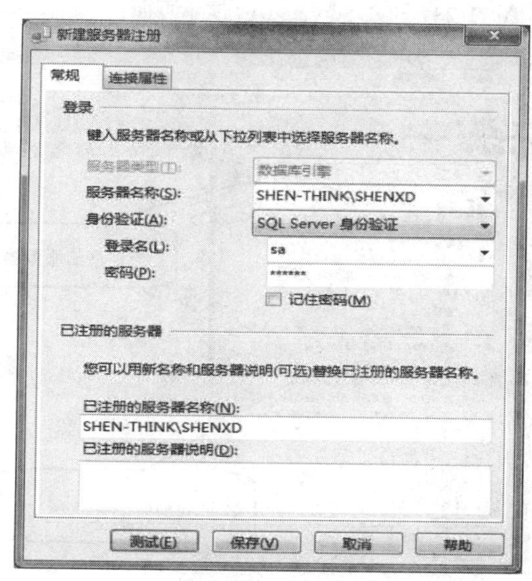

图 11-27　新建服务器注册

3．SQL Server Management Studio 的使用

SQL Server Management Studio（可称为 SQL Server 集成管理器，简写为 Management Studio，缩写为 SSMS）是为 SQL Server 数据库管理员和开发人员提供的新工具。此工具由 Visual Studio 内部承载，它提供了用于数据库管理的图形工具和功能丰富的开发环境。Management Studio 将 SQL Server 2012 企业管理器、Analysis Manager 和 SQL 查询分析器的功能集于一身，还可用于编写 MDX、XMLA 和 XML 语句。

1）启动 Management Studio

在“开始”菜单中，依次指向“所有程序”、“SQL Server 2012”，再单击“Management Studio”。出现如图 11-28 展示的页面。

接着打开 Management Studio 窗体，并首先弹出“连接到服务器”对话框（如图 11-29 所示）。在“连接到服务器”对话框中，采用默认设置（Windows 身份验证），再单击“连接”按钮。

默认情况下，Management Studio 中将显示三个组件窗口，如图 11-30 所示。

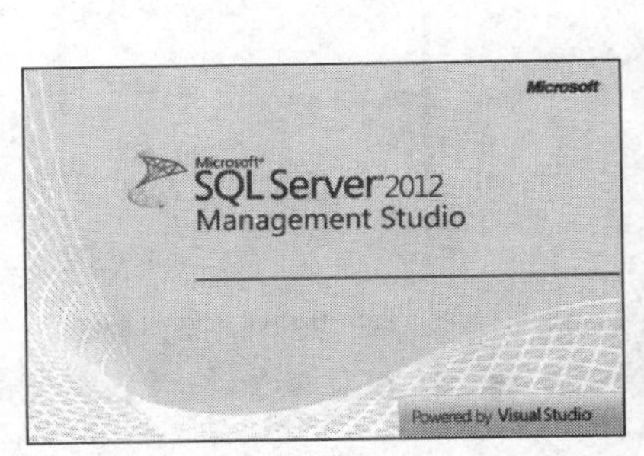

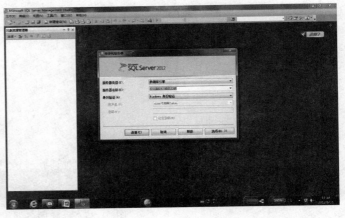

图 11-28　SQL Server 2012 展示页面

图 11-29　打开时的 SQL Server Management Studio

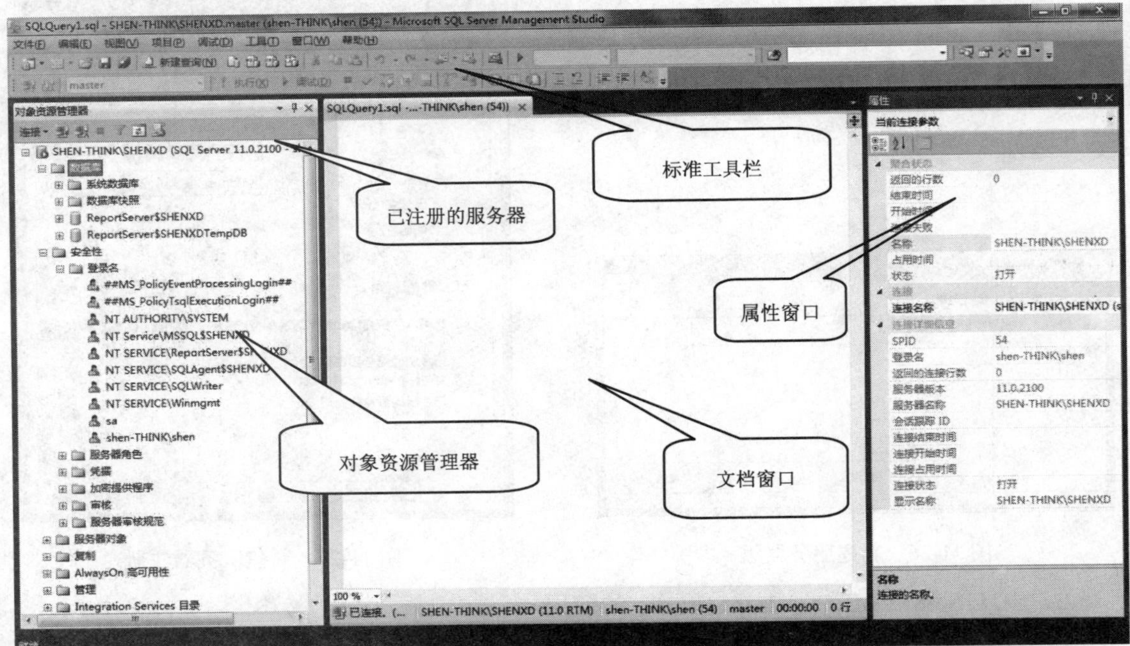

图 11-30　SQL Server Management Studio 的窗体布局

2）使用 SQL 用户验证登录

许多初次使用 SQL Server 2012 的 SQL 验证登入时，例如使用 sa 账户登入会出错。解决办法如下：右键单击服务器，在快捷菜单中选择“属性”选项。弹出如图 11-31 所示的对话框，选择“SQL Server 和 Windows 身份验证模式”。

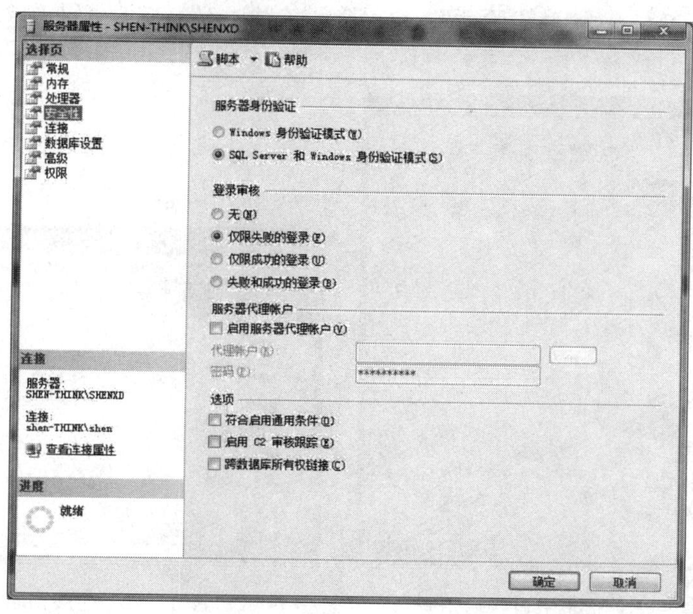

图 11-31　服务器属性——选择“SQL Server 和 Windows 身份验证模式”

再依次单击“安全性”,“登录名”，双击要改变登录属性的数据库用户名，例如 sa，弹出对话框，选择“状态”，更改成如图 11-32 所示即可。

单击确定按钮后，弹出“重启服务器”对话框，返回到主界面。右键单击服务器，在快捷菜单中选择“重新启动”，则服务器重新启动。

接着单击服务器的“安全性”，右键单击“登录名”中的 sa，在快捷菜单中选择“属性”，弹出“登录属性”对话框，选择“常规”选项，设置 sa 用户的登录密码和确认密码为“123456”，如图 11-33 所示。再单击“状态”选项，选择“启用”登录。单击“确定”按钮即完成用户 sa 的登录设置，如图 11-34 所示。

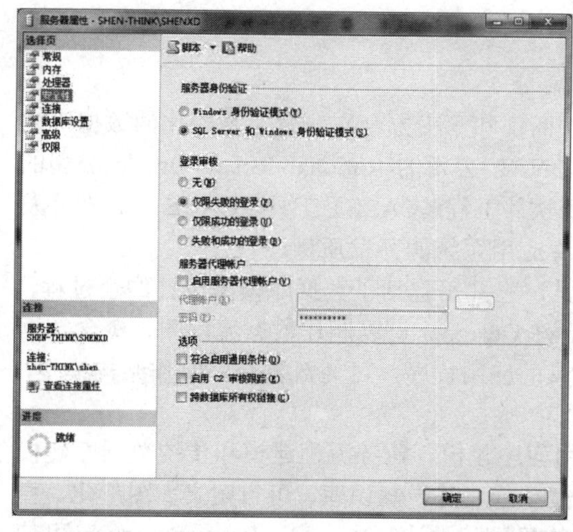

图 11-32　登录属性——选择启用登录

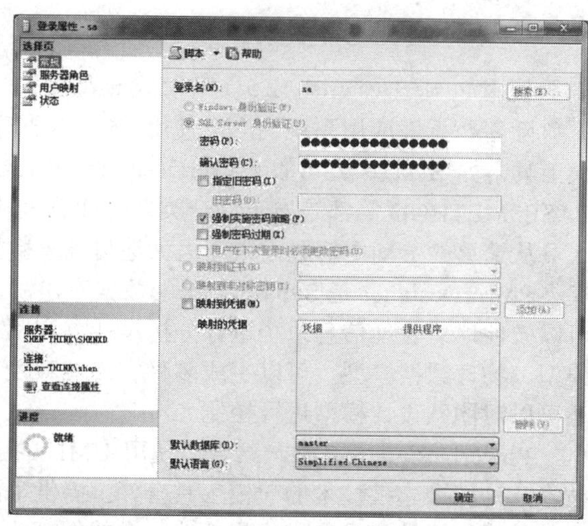

图 11-33　登录属性——常规中设置 sa 用户密码

断开服务器连接后，再次建立服务器连接，打开如图 11-35 所示的“连接到服务器对话框”，选择身份验证为“SQL Server 身份验证”，设置登录名为“sa”，输入密码“123456”，即进入主界面。

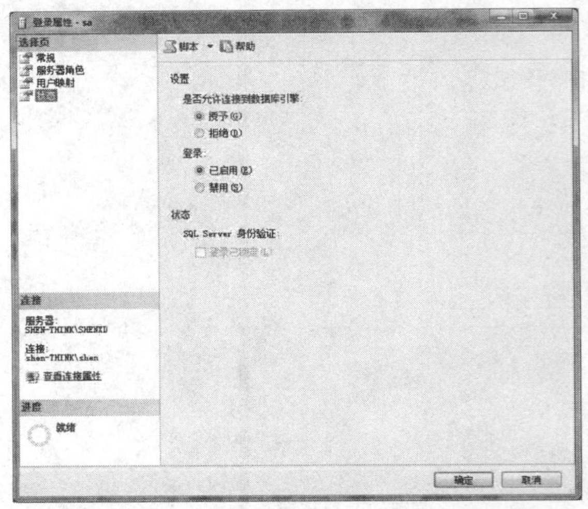

图 11-34　登录属性——状态中设置启用登录

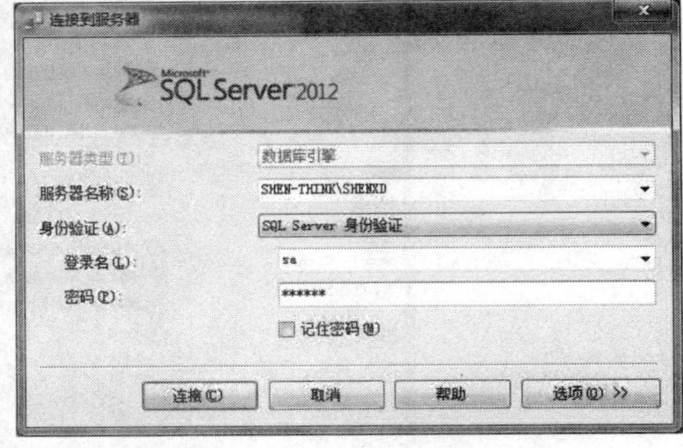

图 11-35　连接到服务器界面

11.2 实验二：关系模式及模型应用

11.2.1 实验目的

（1）学会使用 Sybase 公司的 PowerDesigner 12.5 建模工具绘制概念模型图。

（2）学会使用 Sybase 公司的 PowerDesigner 12.5 建模工具生成物理模型图。

（3）学会使用 Sybase 公司的 PowerDesigner 12.5 建模工具生成 SQL Server 数据库对应的 SQL 脚本。

11.2.2 实验指导及步骤

使用 PowerDesigner 12.5 制作概念模型图。

随着数据库应用系统的广泛使用，各大数据库厂商都和第三方合作开发了智能化的数据库建模工具，如 Sybase 公司的 PowerDesigner 和 RATIONAL 公司的 Rational Rose、Oracle 公司的 CASE*METHOD 等都是属于同一类型的计算机辅助软件工程（CASE）工具。CASE 工具把开发人员从繁重的劳动中解脱出来，大大地提高了数据库应用系统的开发质量。

PowerDesigner 是 Sybase 公司的数据库建模工具，它几乎包括了数据库模型设计的全过程，可以方便地对管理信息系统进行分析设计。利用 PowerDesigner 可以制作数据流程图、概念数据模型、物理数据模型，可以生成多种客户端开发工具的应用程序，可为数据仓库制作结构模型，还可以对团队设计模型进行控制。

PowerDesigner 是唯一结合了使用 UML 的应用程序建模、业务流程建模和传统数据库建模技术几种标准建模技术的建模工具套件，提供了高度集成、基于知识库、可自定义、图形化、直观并易于使用的工具集。作为功能强大的全部集成的建模和设计解决方案，PowerDesigner 可使企业快速、高效并一致地构建自己的信息系统。PowerDesigner 能够提供大量角色功能，从而区分企业内部的不同职责。PowerDesigner 使用中央企业知识库提供高级的协同工作和元数据的管理，十分开放，并且支持所有主流开发平台。

PowerDesigner 支持以下技术。

（1）数据建模：PowerDesigner 支持基于信息工程或 IDEF 1/x 标记的概念层、逻辑层和物理层数据建模。

（2）应用程序建模：PowerDesigner 支持全部 UML 图表并提供高级对象/关系映射以持久实施管理。PowerDesigner 还支持链接到 UML 和数据建模的特定 XML 建模。

（3）业务流程建模：PowerDesigner 支持直观、通俗的业务流程说明和定义图表。

（4）集成建模：PowerDesigner 模型完全集成在一起，使用 PowerDesigner 的链接和同步技术。PowerDesigner 模型将元数据集成到所有模型类型。

（5）对所有主流开发平台的开放支持：支持超过 45 种 RDBMS、主流应用程序开发平台（如 Java J2EE、Microsoft .NET、Web Services 和 PowerBuilder）以及流程执行语言（如 ebXML 和 BPEL4WS）。

（6）可自定义：PowerDesigner 提供完全脚本化的 MDA 支持、UML 框架的高级支持，通过脚本语言提供常规任务自动化，以及通过模板和脚本代码生成器提供完全可自定义的 DDL 或生成代码。

使用 Porver Designer 12.5 绘制概念模型的步骤如下：

（1）启动 PowerDesigner，如图 11-36 所示。

（2）新建概念模型图。概念模型图类似于 E-R 图，只是模型符号略有不同。在打开的窗口中，选择菜单：File→New，出现如图 11-37 所示的“新建”对话框，选择“Conceptual Data Model”，然后单击“确定”按钮，将创建概念模型图。

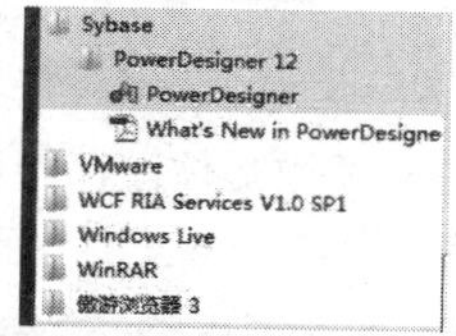

图 11-36　PowerDesigner 启动程序

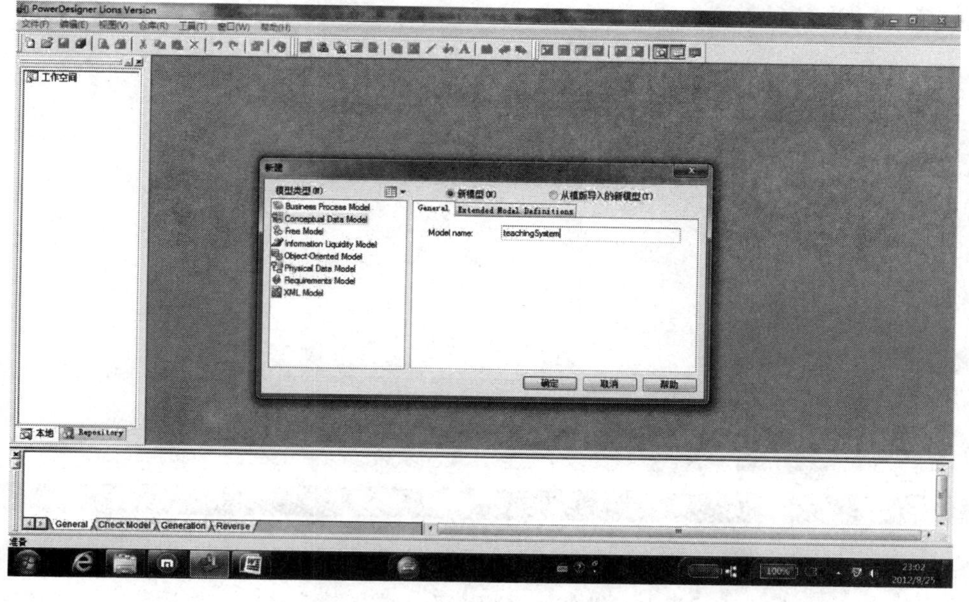

图 11-37　“新建”对话框

单击“确定”按钮后，出现如图 11-38 所示的窗口。左方的浏览窗口用于浏览各种模型图，右方为绘图窗口，可以从绘图工具栏中选择各种模型符号来绘制 E-R 图，下方为输出窗口，显示各种输出结果。

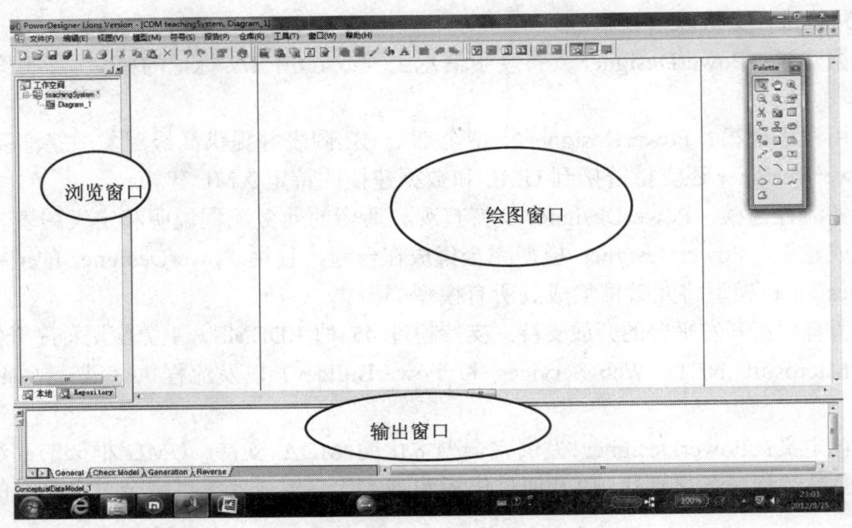

图 11-38 新建概念模型图

（3）添加实体。在绘图工具栏中单击“实体”按钮，鼠标变成图标形状，在设计窗口的适当位置单击，将出现一个实体符号，如图 11-39 所示。

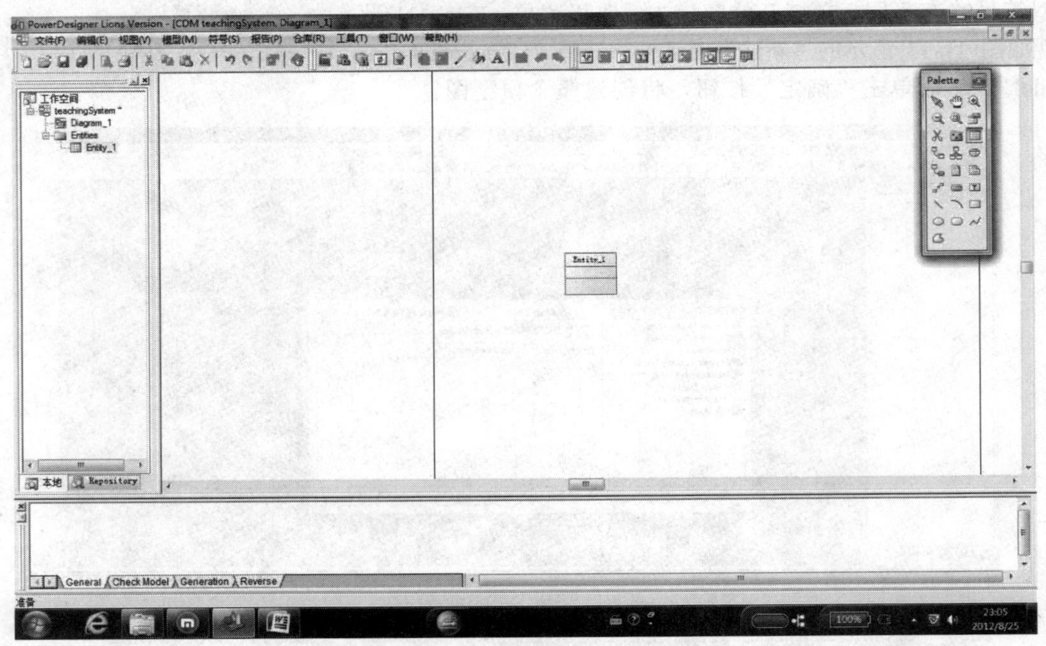

图 11-39 添加实体

在绘图窗口的空白区域，单击右键使得光标变为正常的箭头形状。然后选中该实体并双击，打开如图 11-40 所示的实体属性窗口。

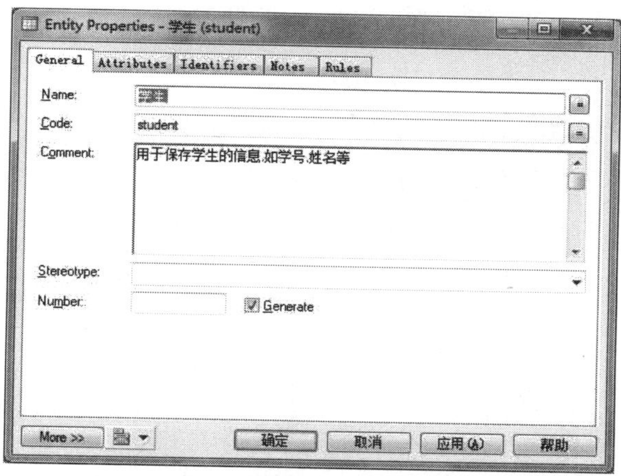

图 11-40　实体属性窗口

其中 General 选项卡中主要选项的含义如下。

Name：实体的名字，一般输入中文。

Code：实体代号，一般输入英文。

Comment：注释，输入对此实体更加详细的说明。

（4）添加属性。不同于标准的 E-R 图中使用椭圆表示属性，在 PowerDesigner 中添加属性只需打开 Attributes 选项卡，如图 11-41 所示。

其中 Attributes 选项卡中各列的含义如下。

Name：属性名，一般使用中文表示。

Code：属性代号，一般用英文表示。

Data Type：数据类型。

Domain：域，表示此属性取值的范围。

M：即 Mandatory，强制属性，表示该属性必填，不能为空。

P：即 Primary Identifier，是否是主标识符，表示实体唯一的标识符。对应于常说的主键。

D：即 Displayed，表示在实体符号中是否显示。

单击 DataType 列中的按钮可以选择数据类型，如图 11-42 所示。

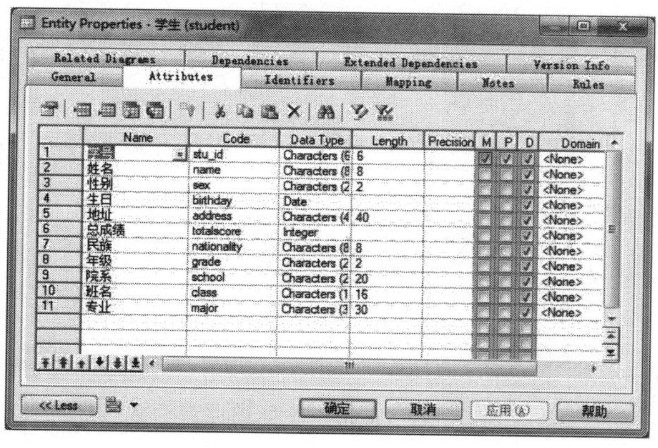

图 11-41　Attributes 选项卡

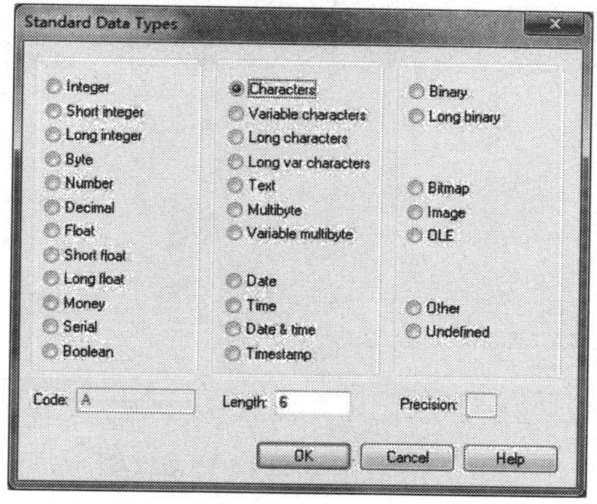

图 11-42　数据库类型对话框

（5）添加实体之间的关系。同理，添加课程实体，并添加相应的属性，如图 11-43 和 11-44 所示。

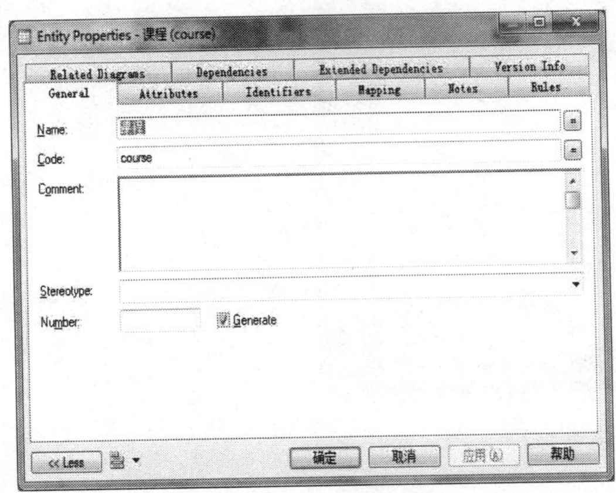

图 11-43　添加常规属性

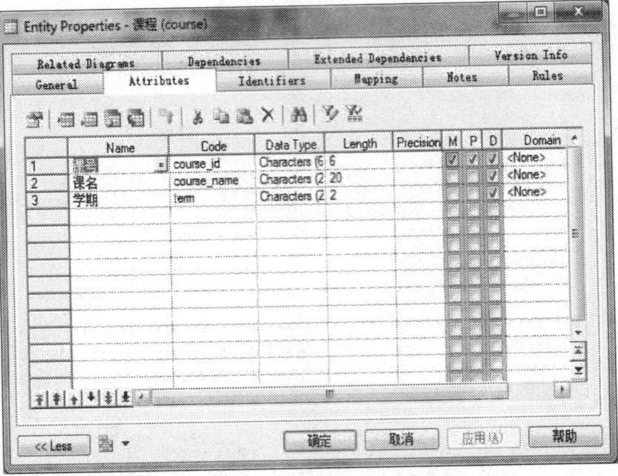

图 11-44　添加实例属性

现在，添加上述两个实体之间的关系。如果两个实体间是多对多的关系，可以用两种方法建立关系，一种是从绘图工具栏选择 Relationship（关系）图标，直接建立多对多的关系；第二种是先添加 association 联系对象，再通过两个实体分别与联系对象通过 Association Link 图标建立关系，可在 association 联系对象上添加额外的属性。

从绘图工具栏中单击 Relationship（关系）按钮。

单击第一个实体“学生”，保持左键按下的同时把光标拖拽到第二个实体“课程”上，然后释放左键，一个默认的关系就建立了，如图 11-45 所示。

选中图 11-45 中定义的关系，双击将打开图 11-46 所示的 Relationship Properties（关系属性）对话框。在 General 选项卡中定义关系的常规属性，修改关系的名称和代号。

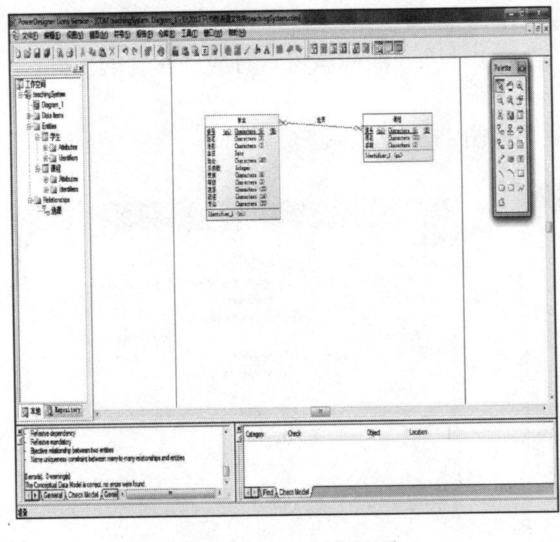

图 11-45　建立关系

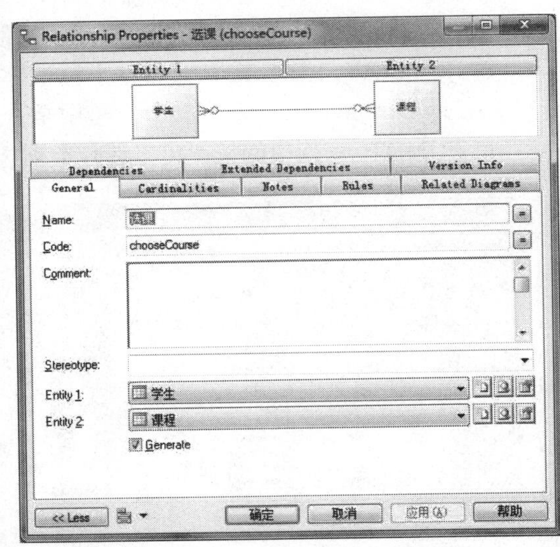

图 11-46　关系属性对话框

两个实体间的影射基数需要在 Details 选项卡中详细定义。假定一个学生可以有多门课程的成绩，即一对多的关系，如图 11-47 所示。

（6）单击“保存”按钮，保存为“学生选课概念模型图”，文件后缀名默认为“*.CDM”。

（7）检查概念模型。选择菜单：Tools→Check Model，出现如图 11-48 所示的检查窗口。单击“确定”按钮后出现检查结果，如图 11-49 所示。如果有错误，将在 Result List 中出现错误列表，用户可以根据这些错误提示进行改正，直到出现“0error(s)”的信息。

图 11-47 映射基数详细定义

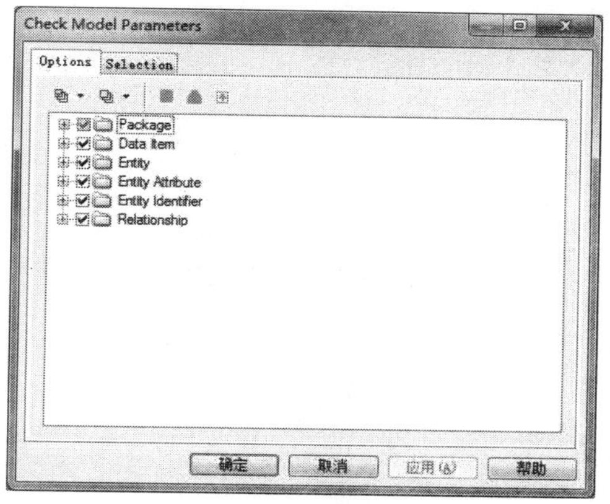

图 11-48 检查概念模型

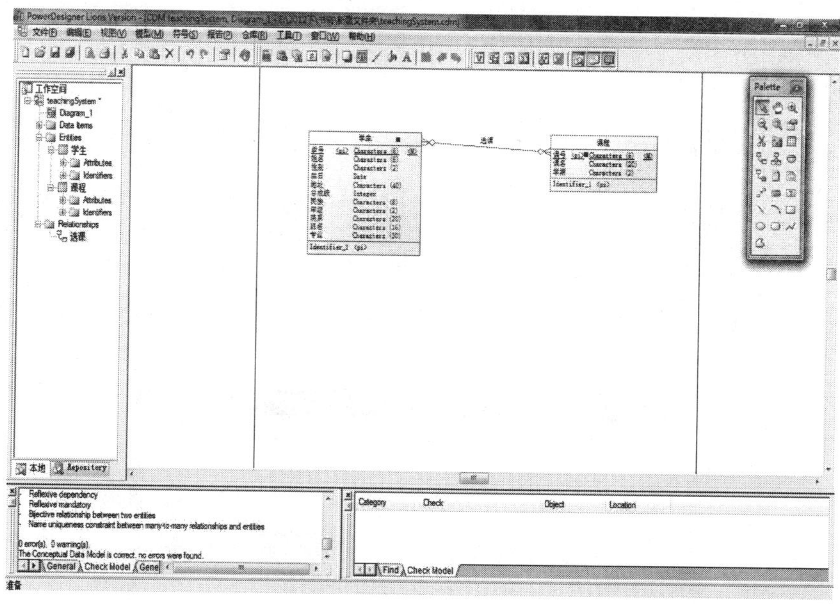

图 11-49 检查结果

（8）生成物理模型图。绘制出概念模型图并经过项目小组和客户讨论决定后，可以进一步选择具体的数据库，生成物理模型图。选择菜单：Tools→Generate Physical Data Model，出现如图 11-50 所示的窗口。单击“确定”按钮，保存为“teachingSystem”，后缀名默认为“*.PDM”，保存后如图 11-51 所示。

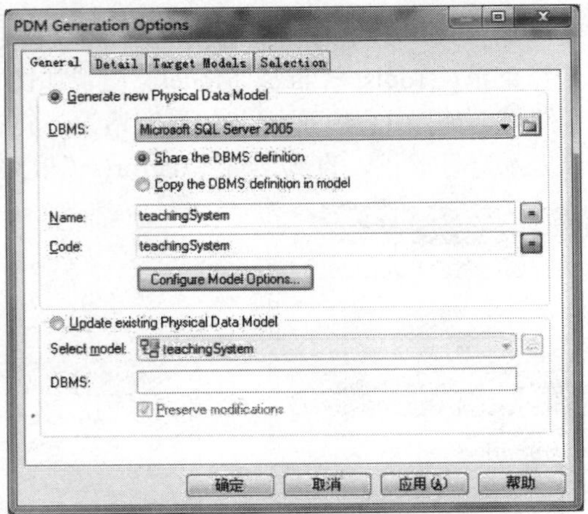

图 11-50　生成物理模型图

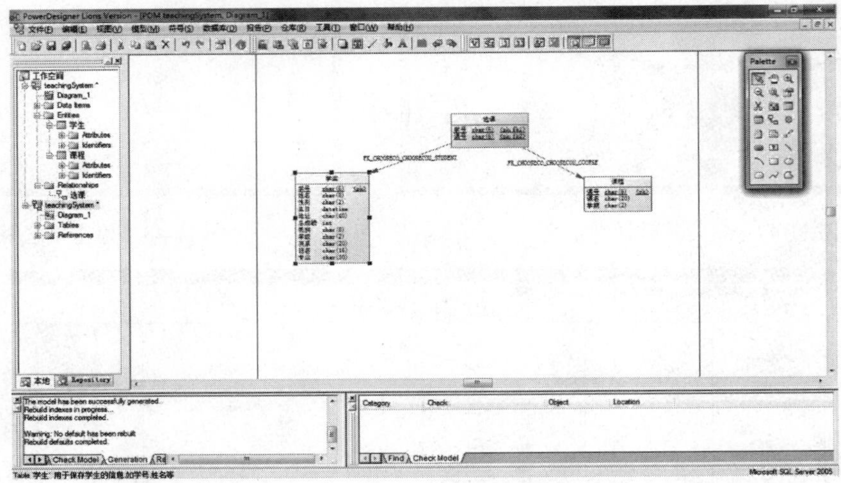

图 11-51　生成物理模型图的视图窗口

（9）生成 SQL 数据库脚本。单击菜单：Database→Generate Database，出现如图 11-52 所示的窗口。

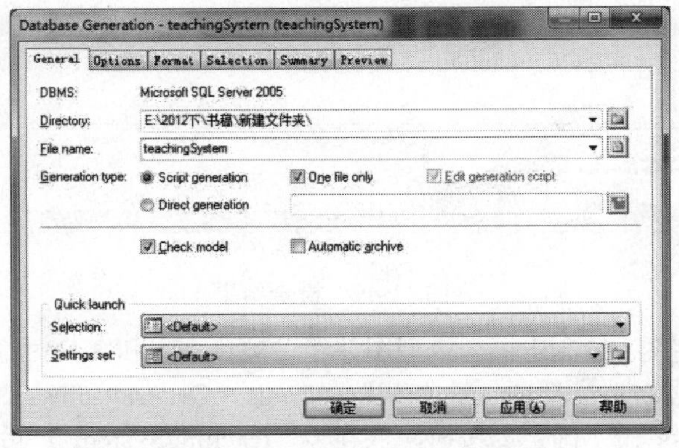

图 11-52　生成 SQL 数据库脚本

输入 SQL 脚本文件名，单击“确定”按钮，将自动生成对应数据库的 SQL 脚本，如图 11-53 所示。

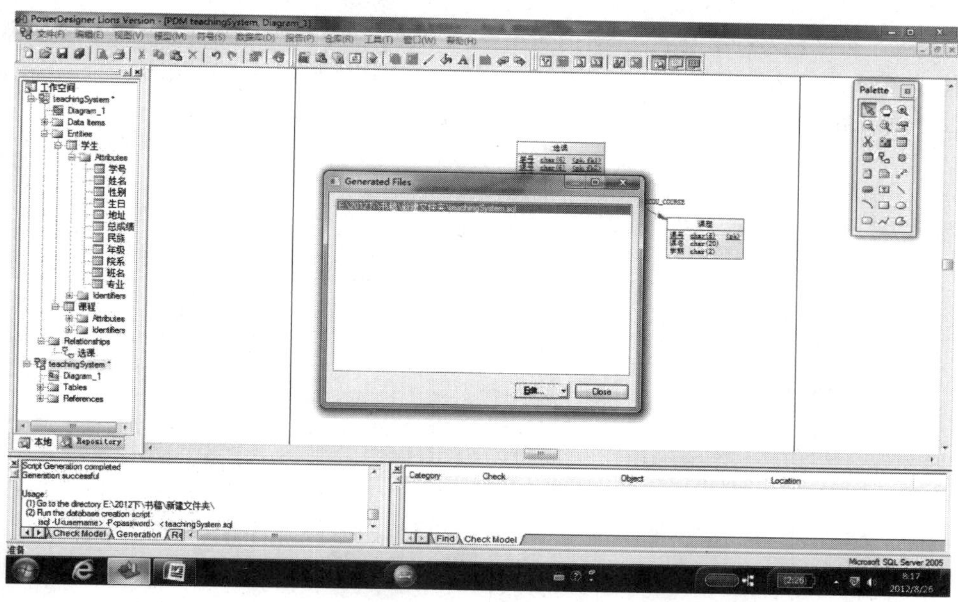

图 11-53 生成的 SQL 数据库脚本

说明：PowerDesigner 生成的 SQL Sever 脚本没有建库语句，只有建表语句。建库语句需要人工添加。

下面验证由 PowerDesigner 生成的 SQL Sever 脚本是否可行。首先建立一个数据库，然后单击“新建查询”按钮，将脚本的语句复制到新建查询窗口中，选择刚才建立的数据库，单击“执行”按钮，结果如图 11-54 所示。

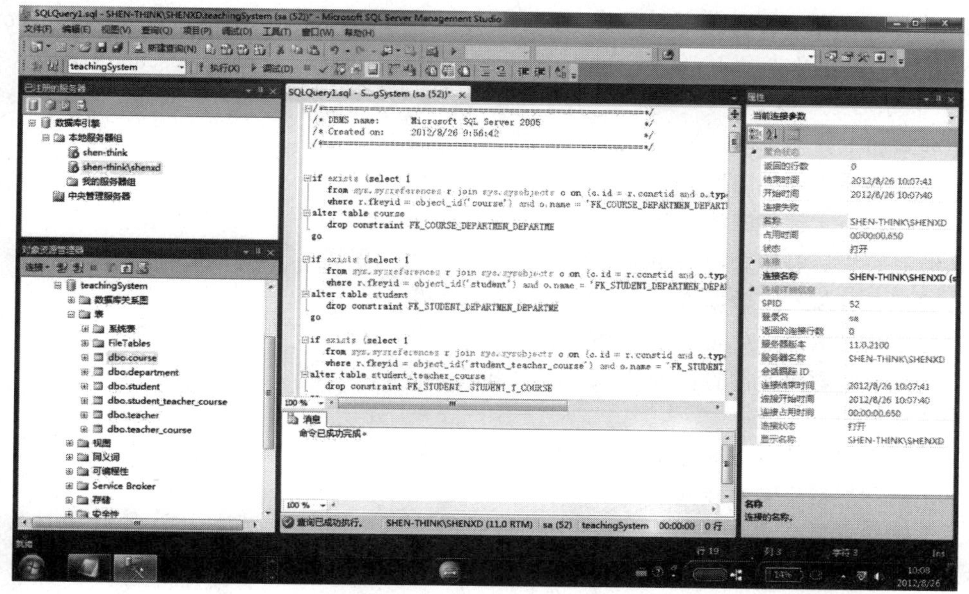

图 11-54 验证 SQL 数据库脚本

11.2.3 实验练习

本实验基于某学校教务系统数据库进行建模操作，该数据库有 6 个数据表，其中 4 个实体表和 2 个关系表，实体表为：学院表（department）、学生表（student）、老师表（teacher）、课程表（course）；关系表为：老师开课表（teacher_course），学生选课表（student_teacher_course）。

通过分析数据表单及业务功能，可得出初步模型图，如图 11-55 所示。

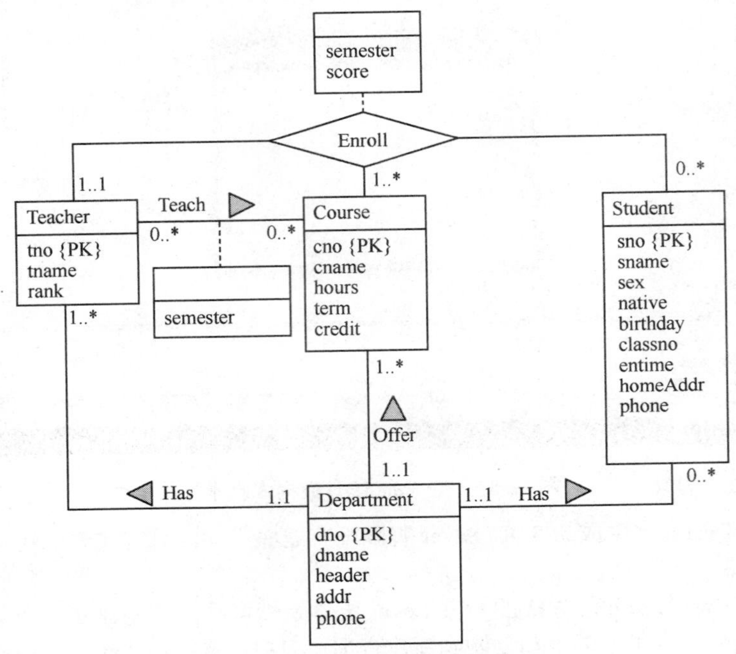

图 11-55 某学校教务系统数据模型图

使用前面讲的方法建立学院（department）、学生（student）、老师（teacher）、课程（course）4 个 Entity 对象以及老师开课（teacher_course）和学生选课（student_teacher_course）两个 association 联系对象 。

具体要求如下：

（1）添加每个实体的属性。

（2）添加各个实体之间的关系。

（3）绘制完毕后对概念模型图进行检查。

（4）选择 SQLServer 数据库生成物理模型图。

（5）生成 SQL Sever 对应的 SQL 脚本。

（6）建立一个数据库，验证 SQL 脚本的正确性。

实验注意事项：

（1）让学生熟悉 PowerDesigner 12.5 建模工具的使用方法。

（2）正确添加每个实体及其属性。

（3）正确建立各个实体之间的关系。

（4）学生应在教师的指导和检查下按时完成上机任务。

11.3 实验三：SQL 常用数据操作

11.3.1 实验目的

（1）理解 SQL 语言概念和特点。
（2）熟悉 SQL 2012 功能。
（3）掌握 SQL 数据类型及应用。
（4）熟悉表的创建与管理。
（5）熟练掌握数据查询方法和数据编辑。

11.3.2 实验内容

（1）创建数据库和修改数据库。
（2）创建数据库表和修改数据库表。
（3）插入数据库记录和修改数据库记录。
（4）数据查询方法。

11.3.3 实验步骤

1．创建数据库和修改数据库

（1）创建一个 teachingSystem 数据库，该数据库的主数据文件逻辑名称为 teachingSystem，物理文件名为 teachingSystem.mdf，初始大小为 10MB，最大尺寸为无限大，增长速度为 10%；数据库的日志文件逻辑名称为 teachingSystem_log，物理文件名为 teachingSystem_log.ldf，初始大小为 1MB，最大尺寸为 5MB，增长速度为 1MB。

注意： *数据文件应该尽量不保存在系统盘中，并应与日志文件保存在不同的磁盘区域。*

建立数据库有两种方法，一种是使用 T-SQL 语句，另一种是通过 SSMS 图形界面来实现，下面就两种方法分别进行操作。

① 使用 T-SQL 语言：单击 SSMS 工具栏中的“新建查询”按钮，打开查询窗口，输入下列 SQL 语句，并在工具栏中单击“执行”按钮，即可建立要求的数据库。

```
CREATE DATABASE teachingSystem
 ON   PRIMARY                    --建立主数据文件
( NAME = 'teachingSystem',        --逻辑文件名
  FILENAME='E:\ teachingSystem.mdf', --物理文件路径和名字
  SIZE=10240KB,                  --初始大小
  MAXSIZE = UNLIMITED,           --最大尺寸为无限大
  FILEGROWTH = 10%)              --增长速度为%
 LOG ON
( NAME='teachingSystem_log',                --建立日志文件
  FILENAME='E:\teachingSystem_log.ldf', --物理文件路径和名字
  SIZE=1024KB,
  MAXSIZE = 5120KB,
```

```
FILEGROWTH = 1024KB
)
```

② 使用SSMS图形界面方法：在“对象资源管理器”窗口中，右击“数据库”文件夹，从弹出的快捷菜单中选择“新建数据库”选项，打开窗口如图11-56所示。

在窗口中根据提示输入该数据库的相关内容，如数据库名称、所有者、文件初始大小、自动增长值和保存路径等。

- 数据库名称：可以使用字母、数字、下画线或短线。例如，teachingSystem。
- 所有者：数据库的所有者可以是任何具有创建数据库权限的登录名。例如，选择其为<默认值>账户，该账户是当前登录到SQL Server上的账户。

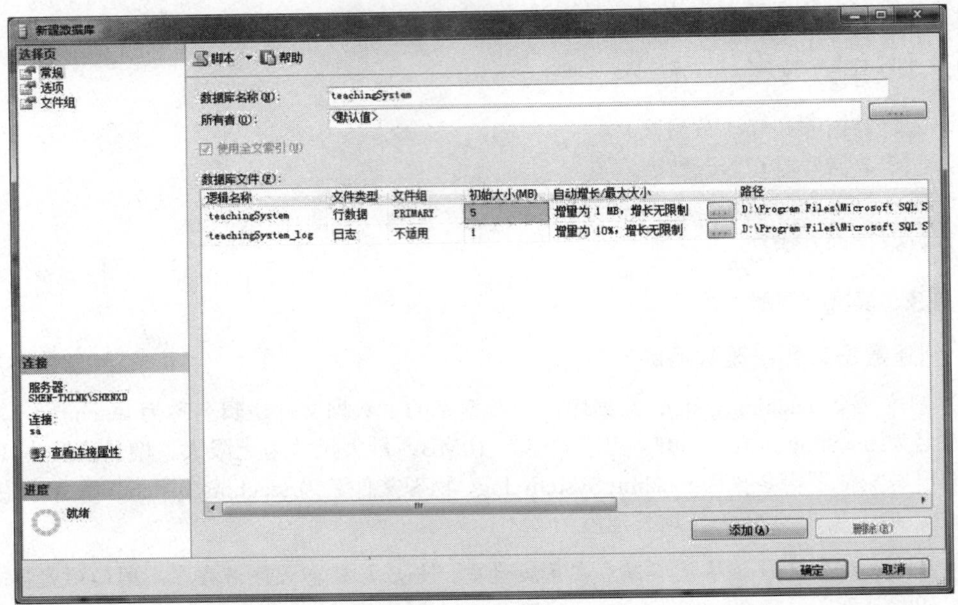

图11-56　新建数据库

- 文件名（窗口右侧没显示出的部分）：用于存储数据库中数据的物理文件的名称。在默认情况下，SQL Server用数据库名称来创建物理文件名。例如，teachingSystem。
- 逻辑名称：引用文件时使用。
- 文件类型：显示文件是数据文件还是日志文件。数据文件用来存放数据，而日志文件用来存放对数据所做操作的记录。
- 文件组：为数据库中的文件指定文件组，主文件组（PRIMARY）或任一辅助文件组（SECONDARY）。所有数据库都必须有一个主文件组。
- 初始大小：数据库的初始大小至少是MODEL数据库的大小。例如，3MB。
- 自动增长/最大大小：显示SQL Server是否能在数据库到达其初始大小极限时自动应对。单击右边带有省略号“...”的命令按钮，打开对话框如图11-57所示。设置是否启动自动增长、文件增长方式、最大文件大小。默认设置为不限制文件增长，其好处是可以不必过分担心数据库的维护，但如果一段“危险”的代码引起了数据的无限循环，硬盘可能会被填满。因此，当一个数据库系统要应用到生产环境中时，应设置“最大文件大小”区中的“限制为（MB）”选项，以防止出现上述的情形。

可以创建次数据文件来分担主数据文件的增长。例如，文件按 10%的比例增长，限制最大文件大小为 10MB，如图 11-57 所示。

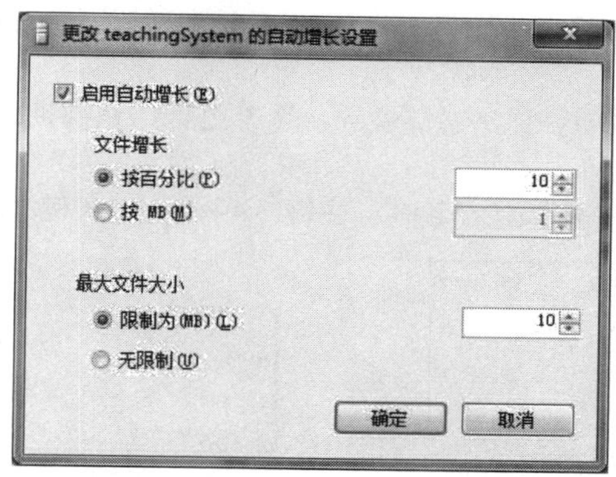

图 11-57　更改自动增长设置

路径：数据库文件存放的物理位置，默认的路径是 C:\Program Files\Microsoft SQL Server\MSSQL.1\MSSQL\Data。单击右边带有省略号“…”的命令按钮，打开一个资源管理器风格的对话框，可以在该对话框中更改数据库文件的位置。

在选项页中，可设置数据库的排序规则，恢复模式，兼容级别及其他一些选项设置。

在文件组页中，可设置或添加数据库文件和文件组的属性，如是否设置为只读、默认值等。

单击“确定”按钮，系统开始创建数据库，创建成功后，当回到 SSMS 中的对象资源管理器时，刷新其中的内容，在“对象资源管理器”的“数据库”结点中就会显示新创建的数据库。

（2）使用 SSMS 查看或修改数据库。右键单击所要修改的数据库，从弹出的快捷菜单中选择“属性”选项，出现的数据库属性设置对话框。此时在修改或查看数据库属性时，属性页比创建数据库时多了两个，即选项页和权限页，可以分别在常规、文件、文件组、选项和权限页中根据要求来查看或修改数据库的相应设置。

（3）使用 T-SQL 语句将两个数据文件添加到 teachingSystem 数据库中。

```
ALTER DATABASE teachingSystem
ADD FILE                    --添加两个数据文件
(NAME=teachingSystem1,
FILENAME='E:\ teachingSystem1.ndf', SIZE = 5MB,
MAXSIZE = 100MB,
FILEGROWTH = 5MB),
(NAME=teachingSystem2,
FILENAME='E:\ teachingSystem2.ndf', SIZE = 3MB,
MAXSIZE = 10MB,
FILEGROWTH = 1MB)
GO
```

（4）删除数据库。在“对象资源管理器”窗口中，在目标数据库上单击鼠标右键，弹出快捷菜单，选择“删除”命令，出现“删除对象”对话框，确认是否为目标数据库，并通过选择复选框决定是否要删除备份，以及关闭已存在的数据库连接。单击“确定”按钮，完成数据库删除操作。

删除数据库的 T-SQL 语句是：DROP DATABASE teachingSystem。

2．创建数据库表和修改数据库表

在 teaching 数据库中，创建包括系部表（department）、课程表（course）、学生表（student）、教师表（teacher）、教师开课表（teacher_course）以及学生选课表（student_teacher_course）的教务管理系统的数据模型如下。

系部表（系部编号，系部名称，系部领导，系部电话，系部地址），主键：系部编号，如图 11-58 所示。

课程表（课程编号，系部编号，课程名称），主键：课程编号；外键：系部编号，如图 11-59 所示。

列名	数据类型	允许 Null 值
🔑 dept_id	char(6)	☐
dept_name	char(20)	☑
dept_head	char(6)	☑
dept_phone	char(12)	☑
dept_addr	char(40)	☑

图 11-58　系部表结构

列名	数据类型	允许 Null 值
🔑 course_id	char(6)	☐
dept_id	char(6)	☐
course_name	char(20)	☑

图 11-59　课程表结构

学生表（学生编号，系部编号，姓名，性别，出生日期，地址，总分，民族，年级，学院，专业），主键：学生编号，外键：系部编号，如图 11-60 所示。

教师表（教师编号，系部编号，教师姓名，职称），主键：教师编号，外键：系部编号，如图 11-61 所示。

列名	数据类型	允许 Null 值
🔑 stu_id	char(6)	☐
dept_id	char(6)	☐
name	char(8)	☑
sex	char(2)	☑
birthday	datetime	☑
address	char(40)	☑
totalscore	int	☑
nationality	char(8)	☑
grade	char(2)	☑
school	char(20)	☑
class	char(16)	☑
major	char(30)	☑
▶		☐

图 11-60　学生表结构

列名	数据类型	允许 Null 值
🔑 teacher_id	char(6)	☐
dept_id	char(6)	☐
teacher_name	char(8)	☑
rank	char(6)	☑

图 11-61　教师表结构

教师开课表（教师编号，课程编号，学期），主键：教师编号，课程编号，外键分别是：教师编号，课程编号，如图 11-62 所示。

学生选课表（学生编号，课程编号，教师编号，学期，成绩），主键：学生编号，课程编号，教师编号，外键：学生编号和课程编号，教师编号，如图 11-63 所示。

列名	数据类型	允许 Null 值
🔑 teacher_id	char(6)	☐
🔑 course_id	char(6)	☐
term_id	char(2)	☑

图 11-62　教师开课表结构

列名	数据类型	允许 Null 值
🔑 course_id	char(6)	☐
🔑 stu_id	char(6)	☐
🔑 teacher_id	char(6)	☐
term	char(2)	☑
score	int	☑

图 11-63　学生选课表结构

（1）创建数据库表。使用 SSMS 图形界面方法：在“对象资源管理器”窗口中，右键单击指定数据库 teachingSystem 的“表”文件夹，从弹出的快捷菜单中选择“新建表”选项，依次输入字段名称和该字段的数据类型，以及允许空或非空的设置，即可创建数据库表，如图 11-64 所示。

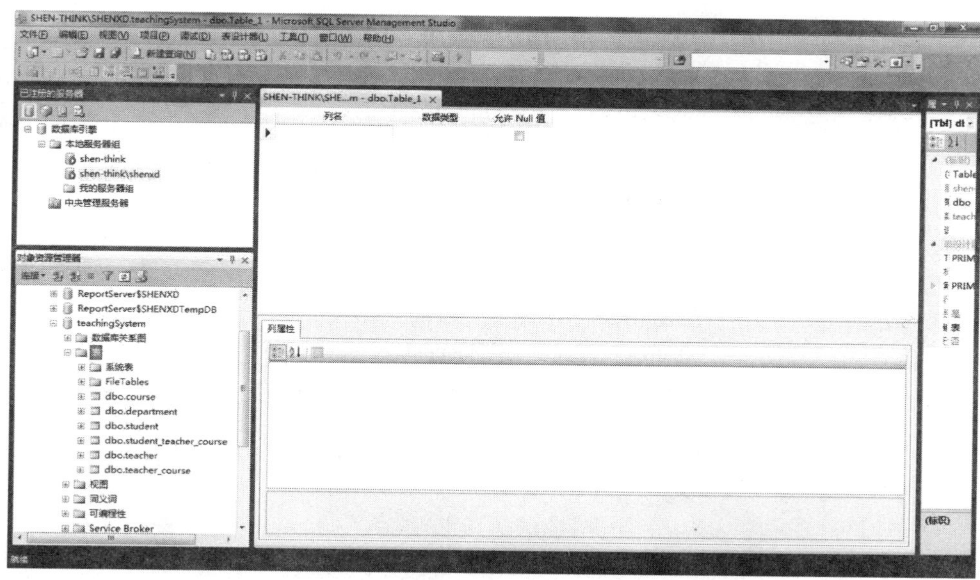

图 11-64 创建数据库表

使用命令行方法：选择 teachingSystem 数据库，在“新建查询”窗口中输入下列 SQL 语句，每输入一条 SQL 命令，单击一下“执行”按钮即可。

```
CREATE TABLE department (
    dept_id             char(6)             not null,
    dept_name           char(20)            null,
    dept_head           char(6)             null,
    dept_phone          char(12)            null,
    dept_addr           char(40)            null,
    CONSTRAINT PK_DEPARTMENT primary key nonclustered (dept_id) /* 主键添加*/
)
GO
CREATE TABLE course (
    course_id           char(6)             not null,
    dept_id             char(6)             not null,
    course_name         char(20)            null,
    CONSTRAINT PK_COURSE primary key nonclustered (course_id)
)
GO
CREATE TABLE student (
    stu_id              char(6)             not null,
    dept_id             char(6)             not null,
    name                char(8)             null,
    sex                 char(2)             null,
    birthday            datetime            null,
    address             char(40)            null,
    totalscore          int                 null,
    nationality         char(8)             null,
```

```
    grade              char(2)            null,
    school             char(20)           null,
    class              char(16)           null,
    major              char(30)           null,
    CONSTRAINT PK_STUDENT primary key nonclustered (stu_id)
)
GO
CREATE TABLE teacher (
    teacher_id         char(6)            not null,
    dept_id            char(6)            not null,
    teacher_name       char(8)            null,
    rank               char(6)            null,
    CONSTRAINT PK_TEACHER primary key nonclustered (teacher_id)
)
GO
CREATE TABLE teacher_course (
    teacher_id         char(6)            not null,
    course_id          char(6)            not null,
    term_id            char(2)            null,
    CONSTRAINT PK_TEACHER_COURSE primary key (teacher_id, course_id)
)
  GO
  CREATE TABLE student_teacher_course (
    course_id          char(6)            not null,
    stu_id             char(6)            not null,
    teacher_id         char(6)            not null,
    term               char(2)            null,
    score              int                null,
    CONSTRAINT PK_STUDENT_TEACHER_COURSE primary key (course_id, stu_id, teacher_id)
)
GO
ALTER TABLE course      /*修改表结构，添加一个外键*/
    ADD CONSTRAINT FK_COURSE_DEPARTMENT foreign key (dept_id)
        REFERENCES department (dept_id)
GO
ALTER TABLE course
    ADD CONSTRAINT FK_COURSE_DEPARTMEN_DEPARTME foreign key (dept_id)
        REFERENCES department (dept_id)
GO
ALTER TABLE student
    ADD CONSTRAINT FK_STUDENT_DEPARTMEN_DEPARTME foreign key (dept_id)
        REFERENCES department (dept_id)
GO
ALTER TABLE student_teacher_course
    ADD CONSTRAINT FK_STUDENT__STUDENT_T_COURSE foreign key (course_id)
```

```
        REFERENCES course (course_id)
GO
ALTER TABLE student_teacher_course
    ADD CONSTRAINT FK_STUDENT__STUDENT_T_STUDENT foreign key (stu_id)
        REFERENCES student (stu_id)
GO
ALTER TABLE student_teacher_course
    ADD CONSTRAINT FK_STUDENT__STUDENT_T_TEACHER foreign key (teacher_id)
        REFERENCES teacher (teacher_id)
GO
ALTER TABLE teacher
    ADD CONSTRAINT FK_TEACHER_DEPARTMEN_DEPARTME foreign key (dept_id)
        REFERENCES department (dept_id)
GO
ALTER TABLE teacher_course
    ADD CONSTRAINT FK_TEACHER__TEACHER_C_TEACHER foreign key (teacher_id)
        REFERENCES teacher (teacher_id)
GO
ALTER TABLE teacher_course
    ADD CONSTRAINT FK_TEACHER__TEACHER_C_COURSE foreign key (course_id)
        REFERENCES course (course_id)
GO
```

（2）修改表：把表 student_teacher_course 中 term 列删除，并将 score 的数据类型改为 float。实验操作步骤：在“新建查询”窗口中输入下列 SQL 语句。

```
USE teachingSystem
GO
ALTER TABLE student_teacher_course
    DROP COLUMN term
GO
ALTER TABLE student_teacher_course
    ALTER COLUMN score float
GO
```

（3）删除表：使用 SSMS 删除表。在“对象资源管理器”窗口中，展开“数据库”结点，再展开所选择的具体数据库结点，展开“表”结点，右键要删除的表，选择“删除”命令或按下“Delete”键。

使用 T-SQL 语句删除表，在数据库 teachingSystem 中建一个表 Test1，然后删除。

```
USE teachingSystem
GO
DROP TABLE Test1
```

说明：在删除表的时候可能会出现“删除对象”对话框，例如删除 department 表。这是因为所删除的表中拥有被其他表设置了外键约束的字段，如果删除了该表，必然对其他表的外键约束造成影响，数据库系统禁止删除被设置了外键的表，如图 11-65 所示。

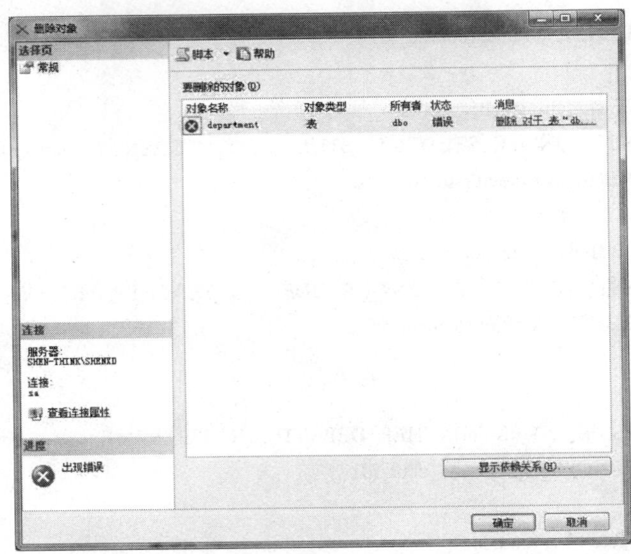

图 11-65 “删除对象”对话框

3．插入数据库记录和修改数据库记录

1）使用 SSMS 和 T-SQL 添加记录

给系部表（department），课程表（course），学生表（student），教师表（teacher），教师开课表（teacher_course），学生选课表（student_teacher_course）添加适当的记录。注意先后次序。先给无外键约束的表进行添加记录，然后再给有外键的表添加，否则无法添加。

使用 SSMS 添加记录：在“对象资源管理器”窗口中，展开“数据库”结点，再展开所选择的具体数据库结点，展开“表”结点，右键要插入记录的表，选择“编辑前 200 行”命令，即可输入记录值和修改记录。

使用 T-SQL 添加记录：如给教务管理系统数据库的表添加适量记录。

```
USE teachingSystem
GO
/*添加课程表记录*/
INSERT course (course_id,dept_id,course_name) VALUES ('100001', '1001 ', '数据库原理')
INSERT course (course_id,dept_id,course_name VALUES (N'100002', N'1001', N'面向对象程序设计')
/*添加系部表记录*/
INSERT department(dept_id, dept_name, dept_head, dept_phone, dept_addr) VALUES ('1001', '电子信息学院', '王老师', '1391001011', '图书馆 7 楼')
INSERT department(dept_id, dept_name, dept_head, dept_phone, dept_addr)VALUES ('1002', '机械学院', '刘老师', '1891020202', '文理大楼 2 楼')
INSERT department(dept_id, dept_name, dept_head, dept_phone, dept_addr)VALUES ('1003', '电气学院', '张老师', '1893774737', '华宁路 2332 号')
/*添加学生表记录*/
INSERT student(stu_id, dept_id, name,sex, birthday, address, totalscore, nationality, grade, school, class, major) VALUES ('1201', N'1001', '高燕', '女', CAST(0x0000806800000000 AS DateTime),'上海', NULL, '汉族', '1 ', '电子信息', '1001', '计算机')
```

```
INSERT student(stu_id, dept_id, name,sex, birthday, address, totalscore, nationality, grade, school, class, major) VALUES ('1202', '1001', '马冰峰', '男', CAST(0x000081F400000000 AS DateTime), '安徽', NULL, '汉族', '1 ', '电子信息', '1001', '计算机')
/*添加老师表记录*/
INSERT teacher (teacher_id, dept_id, teacher_name, rank) VALUES ('30101 ', '1001', '沈学东', '副教授')
INSERT teacher (teacher_id, dept_id, teacher_name, rank) VALUES ('30102 ', '1001', '贾铁军', '教授')
/*添加老师开课表记录*/
INSERT teacher_course (teacher_id, course_id, term_id) VALUES ('30101 ', '100001', '1')
INSERT teacher_course (teacher_id, course_id, term_id) VALUES ('30102 ', '100002', '1')
/*添加学生选课表记录*/
INSERT student_teacher_course (course_id, stu_id, teacher_id, score) VALUES ('100001', '1201 ', '30101 ', 90)
INSERT student_teacher_course (course_id, stu_id, teacher_id, score) VALUES ('100002', '1201', '30102 ', 85)
GO
```

2）编写脚本程序来实现上述数据库及表

操作步骤：在“新建查询”窗口中输入下列 SQL 语句，并另存为 test.sql 文件，单击“执行”按钮即自动运行该脚本程序，实现数据库及相关表和记录的创建。

```
use master
GO
IF exists (select * from sysdatabases where name='teachingSystem')
--判断 teachingSystem 数据库是否存在，如果是，就进行删除
DROP DATABASE teachingSystem
GO
CREATE DATABASE teachingSystem --创建数据库
ON primary
(
    name=' teachingSystem',--主数据文件的逻辑名
    fileName='D:\ teachingSystem.mdf',--主数据文件的物理名
    size=10MB,--初始大小
    filegrowth=10% --增长率
)
LOG ON
(
    name= ‘teachingSystem_log',--日志文件的逻辑名
    fileName='D:\ teachingSystem.ldf',--日志文件的物理名
    size=1MB,
    maxsize=20MB,--最大大小
    filegrowth=10%
)
GO
```

```
USE teachingSystem
GO
IF exists (select * from sysobjects where name='department')--判断是否存在此表
DROP TABLE department
GO
CREATE TABLE department
( ……    --此处省略，同上
)
GO
IF exists (select * from sysobjects where name= 'course')--判断是否存在此表
DROP TABLE course
GO
CREATE TABLE course
( ……    --此处省略，同上
)
GO
--此处省略另外 4 个表的创建代码
INSERT course (course_id,dept_id,course_name) VALUES ('100001', '1001    ', '数据库原理')
...... –省略其他数据的创建
INSERT department(dept_id, dept_name, dept_head, dept_phone, dept_addr) VALUES ('1001    ', '电子信息学院', '王老师', '1391001011', '图书馆 7 楼')
...... –省略其他数据的创建
INSERT student(stu_id, dept_id, name,sex, birthday, address, totalscore, nationality, grade, school, class, major) VALUES ('1201', N'1001', '高燕', '女', CAST(0x0000806800000000 AS DateTime),'上海', NULL, '汉族', '1 ', '电子信息', '1001', '计算机')
...... –省略其他数据的创建
GO
```

4．数据查询方法

下面介绍从数据库中检索出所需要的数据和实现方法，以及如何使用 SQL 的 SELECT 语句的 WHERE 子句进行比较；BETWEEN、LIKE 关键字的查询；使用 ORDER BY 子句对 SELECT 语句检索出来的数据进行排序，并用 GROUP BY、HAVING 子句和函数进行分组汇总。

在 SQL Server Management Studio 中执行 SELECT 查询语句，如图 11-66 所示。

启动“SQL Server Management Studio”，并在“树”窗格中单击“表”结点，数据库中的所有的表对象将显示在内容窗格中。右键单击“对象资源管理器”的“数据库”中的某一表，在快捷菜单中选择“打开表”命令。查询设计器中的四个窗格简单介绍如下。

关系图窗格：用于向选择查询中添加表或视图对象以及选择输出字段，并允许相关联的表连接起来。如果看不到该窗口，则单击工具栏上的“显示/隐藏关系图”按钮。

条件窗格：用于设置显示字段、排序结果、搜索以及分组结果的选项。如果看不到该窗口，则单击工具栏上的“显示/隐藏条件窗格”按钮。

SQL 窗格：用于输入和编辑所有的 SELECT 语句。如果看不到该窗口，则单击工具栏上的“显示/隐藏 SQL 窗格”按钮。

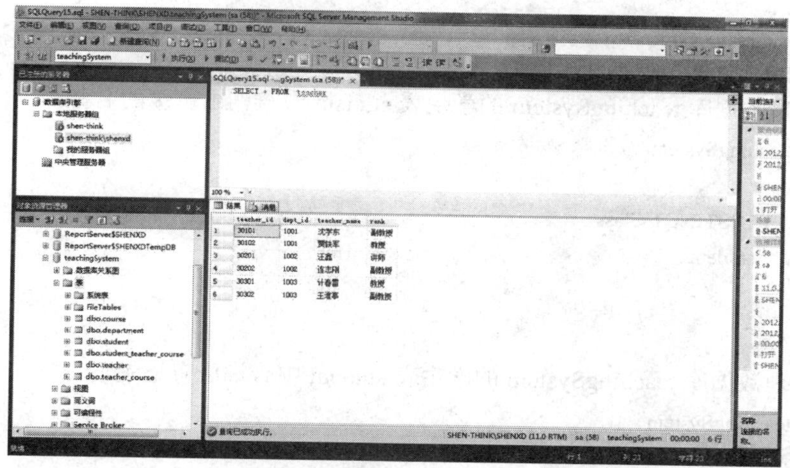

图 11-66 SQL 查询

结果窗格：结果窗格用于显示 SELECT 语句执行的结果，并允许添加、修改以及删除记录。如果看不到该窗口，则单击工具栏上的“显示/隐藏结果窗格”按钮。

1）投影部分列

从教务信息数据库 teachingSystem 的学生表 student 中查询出学生的编号、姓名和地址是“上海”的前三列的记录。

实验操作步骤：在 SQL Server Management Studio 中执行 SELECT 查询语句。

```
USE teachingSystem
GO
SELECT stu_id, name,address   FROM   student
WHERE   address ='上海'
```

查询结果如图 11-67 所示。

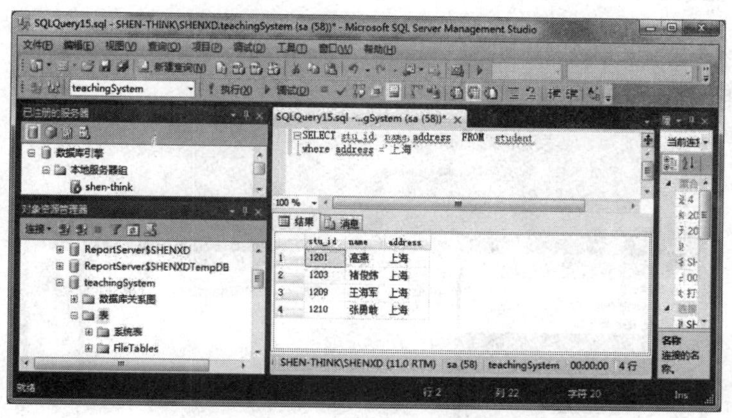

图 11-67 投影部分列查询结果

从教务管理数据库 teachingSystem 的学生表 student 中查询出前 5 条记录。

```
USE   teachingSystem
GO
SELECT TOP 5 *
```

```
FROM student
GO
```

从教务管理数据库 teachingSystem 的学生表 student 中查询出班级的名称。

```
USE teachingSystem
GO
SELECT DISTINCT Class
FROM    student
GO
```

2）投影所有列

从教务管理数据库 teachingSystem 的学生表 student 中查询所有记录。

```
USE teachingSystem
SELECT * FROM student
```

3）字段函数（列函数）运用

从教务管理数据库 teachingSystem 的学生选课表 student_teacher_course 中查询出成绩的最高分、最低价、平均分和总分。

```
USE teachingSystem
GO
SELECT MAX(score) AS  最高分，MIN(score) AS  最低分，AVG(score) AS  平均分，SUM(score) AS  总分
FROM student_teacher_course
GO
```

查询学生选课表中最低分的学生编号和课程编号（提示用子查询结构）。

```
USE teachingSystem
GO
SELECT stu_id    AS  学生编号,course_id    AS  课程编号
FROM    student_teacher_course
WHERE score=(SELECT MIN(score) FROM student_teacher_course)
GO
```

查询结果如图 11-68 所示。

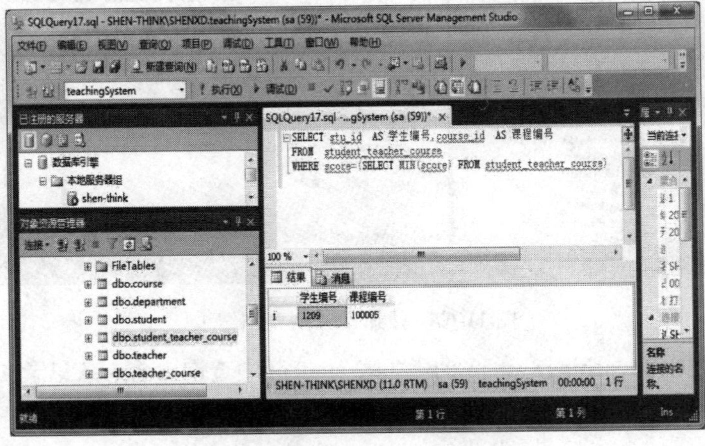

图 11-68　投影所有列查询结果

4）FROM 子句连接查询

从教务管理数据库 teachingSystem 的教师表 teacher 中查询出教师的编号、姓名和系部名称。

```
USE teachingSystem
GO
SELECT   teacher_id,teacher_name,dept_name
FROM teacher ,department
WHERE   teacher.dept_id=department.dept_id
```

或采用表的别名：

```
USE teachingSystem
GO
SELECT teacher_id,teacher_name,dept_name
FROM teacher   X ,department Y
WHERE   Y.dept_id==Y.dept_id
```

查询结果如图 11-69 所示。

5）比较、逻辑判断、模糊匹配查询

查找学生表中年龄不满 20 岁，专业名称带有“机械”两个字的学生信息。

```
USE teachingSystem
GO
SELECT * FROM   student
WHERE not(year(getdate())-year(birthday)+1>20) and   major   LIKE '%机械%'
GO
```

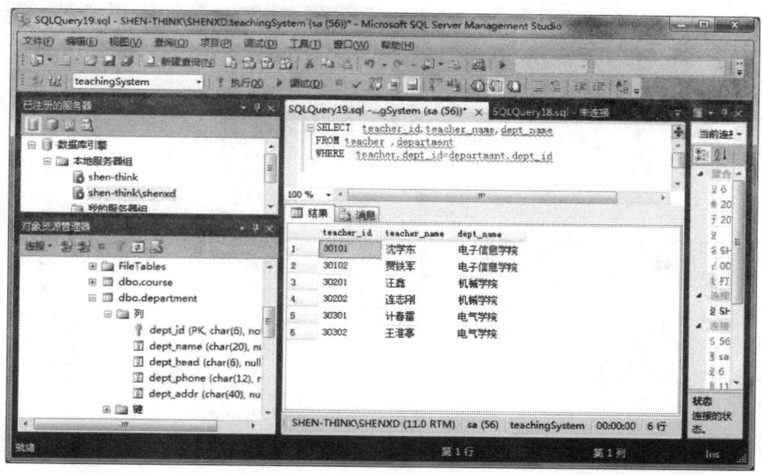

图 11-69　FROM 子句连接查询结果

6）分组查询

查找学生表中每个系部的平均总分大于 550 的系部编号、平均总分。

```
USE teachingSystem
GO
SELECT dept_id, AVG(totalscore) as ‘平均总分’
FROM   student
GROUP BY dept_id
```

```
HAVING AVG(totalscore)>550
GO
```

11.4 实验四：索引及视图操作

11.4.1 实验目的

（1）了解 SQL Server 2012 中索引的定义、类型及其作用。

（2）掌握创建索引、编辑索引以及删除索引的方法。

（3）熟悉视图常用操作、视图创建，修改，删除操作。

（4）熟悉使用视图访问数据。

11.4.2 实验内容及步骤

1．索引操作

本章在学习 SQL Server 2012 索引的基础知识之后，主要练习对索引的使用，如创建索引、编辑索引以及删除索引等。

（1）在 SQL Server 2012 的 teachingSystem 数据库的 Student 表中，选择 stu_id 来创建一个唯一聚集索引，如图 11-70 所示。

操作步骤：使用图形界面进行操作，单击相应表左边的“＋”号展开，右击“索引”结点，打开快捷菜单，选择“新建索引”命令，打开窗口如图 11-71 所示。

图 11-70　新建索引

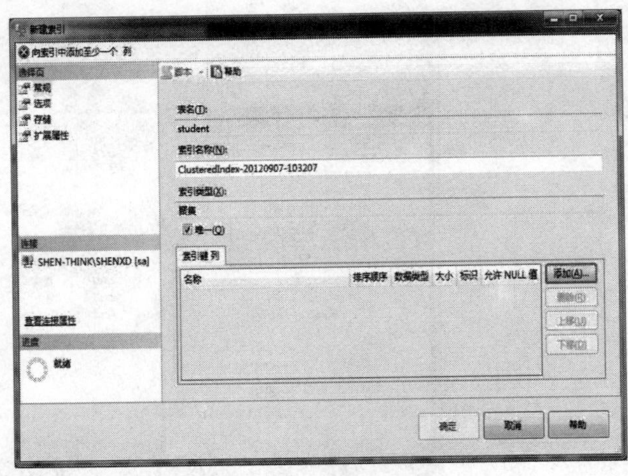

图 11-71　新建索引设置

在“新建索引”窗口中设置要创建索引的名称、类型，单击“添加”索引键列，按钮，打开窗口如图 11-72 所示。

使用 T-SQL 语句建立索引：在新建查询窗口中输入下列语句，并单击“执行”按钮。

```
USE teachingSystem
GO
CREATE UNIQUE CLUSTERED INDEX student_index1 ON student(stu_id ASC)
GO
```

图 11-72 选择要建立索引的字段

（2）使用 SQL Server Management Studio 查询窗口在 student 表中新建一个唯一非聚集索引，命名为 student_index2，使用字段 stu_id。

操作步骤：在查询窗口输入下列 SQL 语句

```
USE teachingSystem
GO
CREATE UNIQUE NONCLUSTERED INDEX student_index2 ON student
(stu_id  ASC)
```

（3）通过新建学院 College 表添加主键约束来使 SQL Server 2012 自动为该表生成一个唯一性的聚集索引。

操作步骤：在 SQL Server Management Studio 查询窗口中输入以下语句。

```
USE teachingSystem
CREATE TABLE College
(
    col_ID smallint primary key,
    col_name char(8),
)
GO
```

（4）使用 SQL Server Management Studio 向导删除 Reader 表中的 student_index2 索引。

操作步骤：

① 启动 SQL Server Management Studio 查询窗口

② 在查询窗口中输入以下 SQL 语句

```
USE teachingSystem
DROP INDEX  student.student_index2
GO
```

2．视图操作

在熟悉了本章 SQL Server 2012 中关系和视图的基础知识之后，主要练习建立、修改和删除视图以及视图的应用等。

（1）使用 SSMS 创建视图。以创建学生表的视图为例。

在“对象资源管理器”中，右键单击 teachingSystem 数据库的“视图”结点或该结点中的任何视图，从快捷菜单中选择“新建视图”，如图 11-73 所示。

在弹出“添加表”对话框中选择所需的表 student 或视图等，再单击“添加”按钮，如图 11-74 所示。

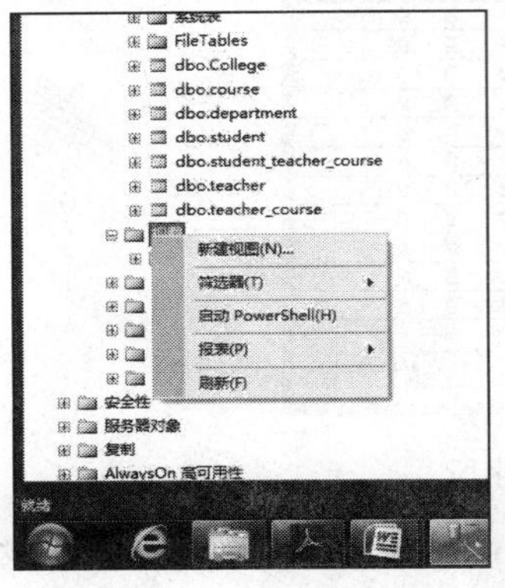

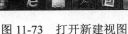

图 11-73　打开新建视图

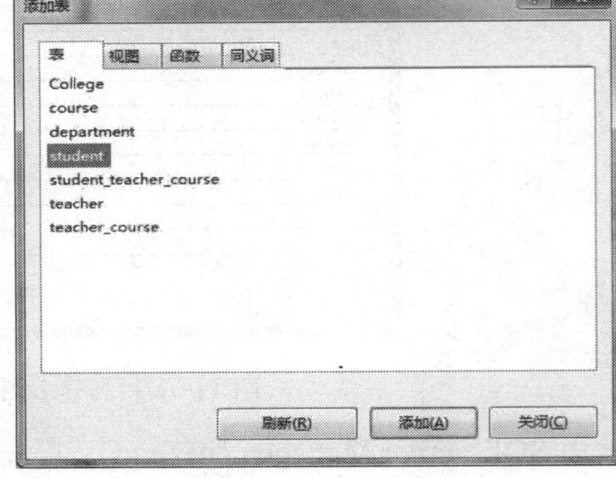

图 11-74　添加表

在视图设计器中选择要投影的列，选择条件等，如图 11-75 所示。

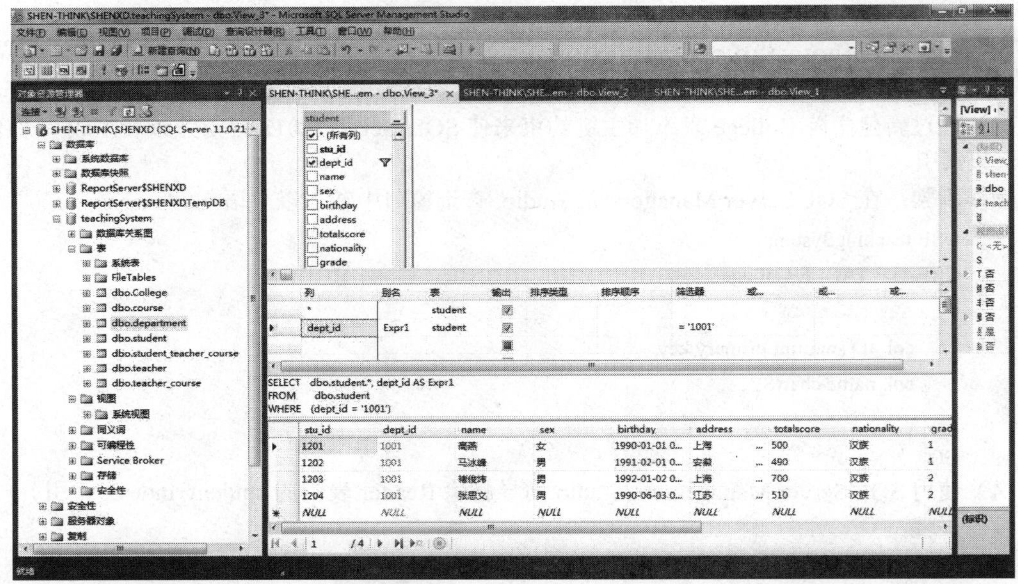

图 11-75　在视图设计器中选择投影列及条件

执行该 SQL 语句，运行正确后保存该视图 View_student1。

（2）使用 T-SQL 语句创建上述视图。

```
CREATE VIEW View_student2
AS   SELECT    *
FROM   dbo.student
WHERE    (dep_id = '1001')
```

（3）定义视图 View_student3，课程成绩大于 85 分的学生学号，姓名，性别，出生日期。

```
CREATE VIEW View_student3
```

```
AS
SELECT student.stu_id,student.name,student.sex， student.birthday
FROM student INNER JOIN
        student_teacher_course ON student.stu_id = student_teacher_course.stu_id
WHERE (student_teacher_course.score > 85)
```

或者

```
CREATE VIEW View_student3
AS
SELECT student.stu_id, student.name, student.sex， student.birthday
FROM   student， student_teacher_course
WHERE student.stu_id = student_teacher_course.stu_id AND (dbo.student_teacher_course.score> 85)
```

（4）创建一个新视图从原来视图 View_student3 中查询 1990 年以后出生的学生信息。

```
CREATE VIEW View_student4
AS
SELECT *
FROM View_student3
WHERE (YEAR(birthday) >= 1990)
```

（5）通过视图对基本表进行插入、修改、删除行的操作，有一定的限制条件。在视图 View_student1 中插入一条新的记录，其各字段的值分别为'1220', N'1001', '陈静', '女', '1993-1-1' , '上海', NULL, '汉族', '1 ', '电子信息', '1001', '计算机'。

```
USE teachingSystem
GO
INSERT INTO View_student1
(stu_id, dept_id, name,sex, birthday, address, totalscore, nationality, grade, school, class, major)
VALUES ('1220', N'1001', '陈静', '女', '1993-1-1' ,'上海', NULL, '汉族', '1 ', '电子信息', '1001', '计算机')
GO
```

修改记录：将视图 View_student1 中的学生姓名为“张思文”的出生日期改为'1988-4-27'。

```
USE teachingSystem
GO
UPDATE View_student1
SET birthday ='1988-4-27'
WHERE name='张思文'
GO
```

（6）删除视图 View_BOOKS

使用 T-SQL 语句

```
DROP VIEW View_student1
GO
```

实验小结

使用 CREATE VIEW 语句建立视图，使用 ALTER VIEW 语句修改视图，使用 DROP VIEW 语句删除视图。如果在一个视图中存在一个计算列，则不允许使用 INSERT 语句，除非在基本表或视图中没有默认值的非空列都被包含在添加新记录行的视图中，才允许使用 INSERT 语句。

11.5 实验五：T-SQL 程序结构

11.5.1 实验目的

（1）掌握 T-SQL 程序结构：会用注释和变量、运算符及表达式、函数，熟悉程序结构的流程控制。

（2）掌握系统内置函数的概念及其应用。

（3）通过定义和使用用户自定义函数，掌握自定义函数的概念及其应用。

11.5.2 实验内容与步骤

1．变量、常用的标准函数与流程控制语句的使用

常用标准函数主要介绍：数学函数、字符串函数、日期/时间函数。

T-SQL 的几个常用语句如下：

- IF…ELSE 语句
- WHILE、BREAK 和 CONTINUE 语句
- RETURN 语句

（1）变量的使用

① 对于 teachingSystem 给出的 student 数据库表结构，定义一个名为 female 的变量，并在 SELECT 语句中使用它查找女学生的编号和姓名。

```
USE teachingSystem
GO
DECLARE @female char(2)
SET @female = '女'
SELECT stu_id, name
FROM student
WHERE sex = @female
```

② 定义一个变量，用于获取号码为 1212 的学生的家庭住址，并将该家庭住址的学生编号和姓名显示出来。

```
DECLARE @maddress char(40)
SELECT @maddress = (SELECT address FROM student
WHERE stu_id = '1212')
SELECT stu_id, name
FROM student
WHERE address = @maddress
```

③ 使用 CASE 语句对 student 表按所在部门（dept_id）进行分类。

```
SELECT stu_ID, Name, Address, dept_id =
CASE dept_id
WHEN 1001 THEN '电子信息学院'
WHEN 1002 THEN '机械学院部'
WHEN 1003 THEN '电气学院'
END
```

```
FROM student
```

（2）IF…ELSE 语句

IF…ELSE 条件控制语句是在执行 T-SQL 语句时强加条件。如果条件满足（布尔表达式返回 TRUE 时），则在 IF 关键字及其条件之后执行 T-SQL 语句。可选的 ELSE 关键字引入备用的 T-SQL 语句，当不满足 IF 条件时（布尔表达式返回 FALSE），就执行这个语句。

若存在学号为“1212”的学生，则显示已存在的信息，否则插入该学生的记录。

要查询学号为“1212”的学生，可以使用 SELECT 语句和 EXISTS 函数完成，

具体实现步骤如下：

在“查询编辑框”窗口中输入以下实现上述功能的 SQL 程序：

```
USE teachingSystem
  GO
  SET QUOTED_IDENTIFIER ON
  GO
  SET ANSI_NULLS ON
  GO
 IF EXISTS(SELECT stu_id FROM student
         WHERE stu_id='1212')
         PRINT '已存在学号为 1212 的学生'
ELSE
INSERT INTO student(stu_id, dept_id, name,sex, birthday, address, totalscore,
nationality, grade, school, class, major) VALUES ('1212', N'1001', '陈静', '女',
'1993-1-1' ,'上海', NULL, '汉族', '1 ', '电子信息', '1001', '计算机')
```

执行上述命令就可实现以上功能，图 11-76 是学生情况表中存在学号为'1212'的学生时的情况，可以从结果窗格中看到输出的信息。

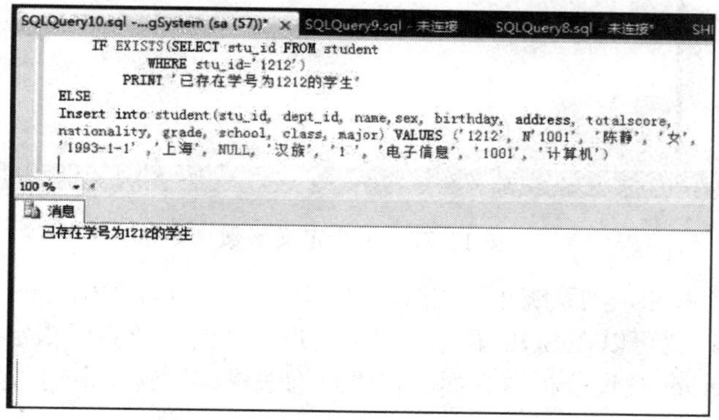

图 11-76　IF ELSE 语句执行结果

（3）WHILE、BREAK 和 CONTINUE 语句

WHILE 语句一般用来设置重复执行 SQL 语句或语句块的条件。只要指定的条件为真，就重复执行 WHILE 中的循环体。可以使用 BREAK 和 CONTINUE 关键字在循环内部设置条件来达到控制 WHILE 循环中语句的执行。

2．用户自定义函数的应用

用户可以使用 CREATE FUNCTION 语句编写自己的函数，以满足特殊需要。用户自定义函数，

可以传递0个或多个参数，并返回一个简单的数值。一般来说，返回的都是数值或字符型的数据。

（1）定义一个自定义函数，实现从出生年月到年龄的计算。自定义函数如下：

```
CREATE FUNCTION Re_Year
(@vardate datetime,@curdate datetime)
RETURNS tinyint
AS
BEGIN
    RETURN datediff(yyyy,@vardate,@curdate)
END
```

具体实现步骤为：进入SSMS，选择要操作的服务器和数据库，单击“可编程性”下的“函数”，选择后单击鼠标右键，在弹出的快捷菜单中选择“新建”菜单并展开后选择“标量值函数”。

在出现的文本窗中输入需创建的用户定义函数，如图11-77所示。

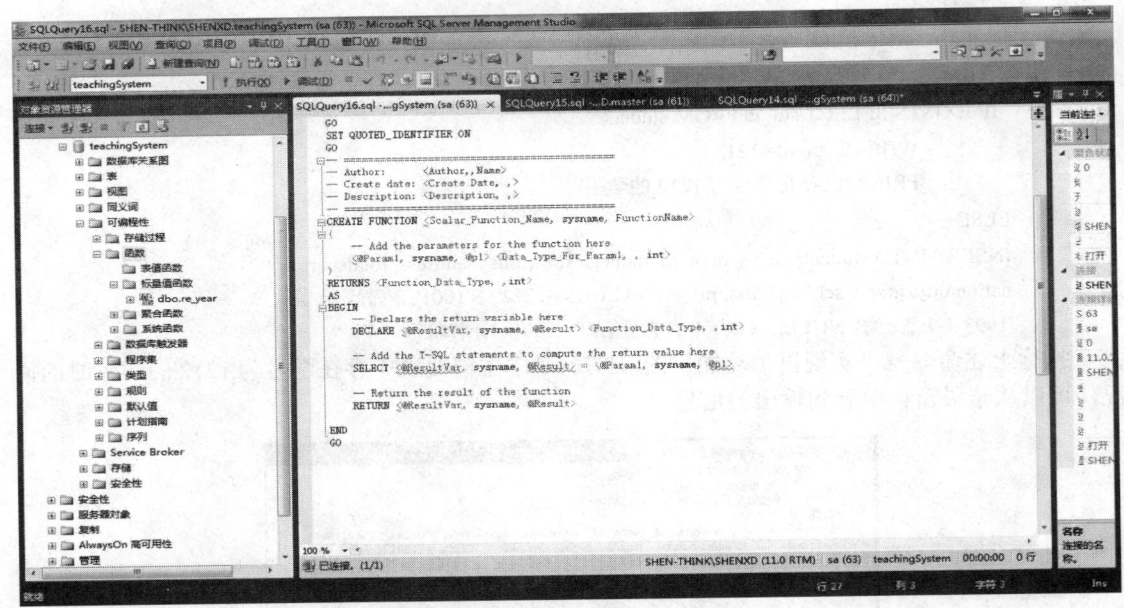

图11-77　用户定义函数

（2）单击“执行”按钮，则系统在该数据库中创建了一个名为“Re_Year”的用户自定义函数。

（3）函数定义后，就可以在SQL语句中调用用户定义的函数完成指定的功能。

（4）进入SQL Server查询分析器界面，在“查询编辑框”窗口中输入如下的SQL语句：

```
---将用户定义函数Re_Year用在查询“student”中，
---直接给出学生情况的年龄。
USE teachingSystem
GO
SELECT stu_id,name,sex,
    dbo.Re_Year(birthday,GETDATE()) As 年龄
FROM student
GO
```

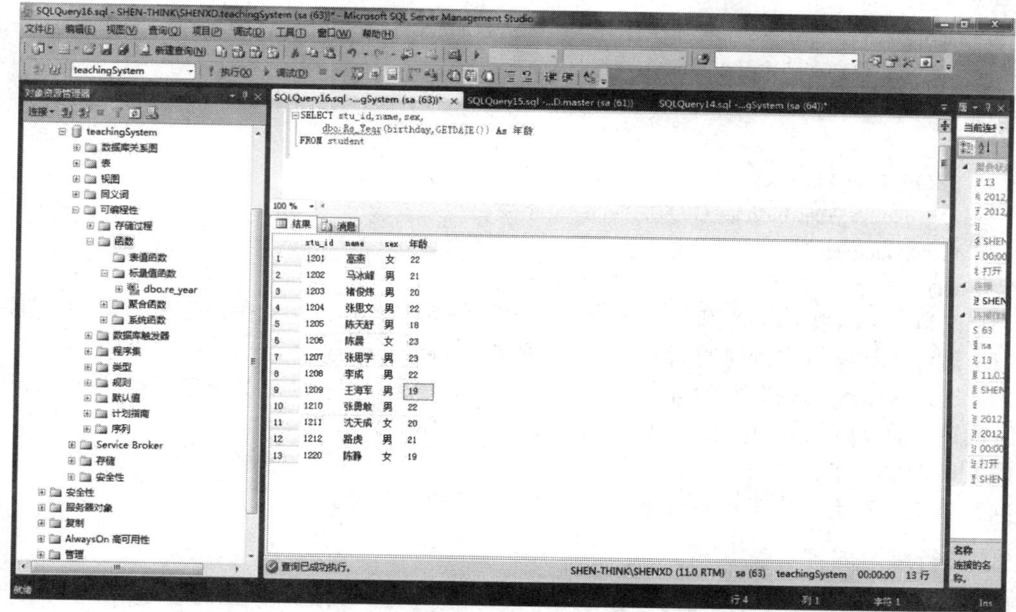

图 11-78 使用用户定义函数

（5）单击工具栏中的“执行”按钮执行上述 SQL 语句。语句执行后，从结果窗格中可以检索到学生情况表中的数据。

从运行结果中可以看出，每个学生通过用户定义函数 Re_Year 求得一个年龄。

上述过程也可以直接用 SQL 命令来完成 Re_Year 自定义函数的建立。

进入 SQL Server 查询分析器界面，在“查询编辑框”窗口中输入如下的 SQL 语句：

```
USE teachingSystem
IF EXISTS(SELECT * FROM dbo.sysobjects WHERE id=Object_id(N'[dbo].[Re_Year]') and xtype in (N'FN',N'IF',N'TF'))
DROP FUNCTION [dbo].[Re_Year]
GO
SET QUOTED_IDENTIFIER OFF
GO
SET ANSI_NULLS OFF
GO
---创建 Re_Year 用户定义函数，该函数是将由所给出的日期（参数）
---计算出该日期与当前时间之间的年数（返回值）
CREATE FUNCTION Re_Year
(@vardate datetime,@curdate datetime)
RETURNS tinyint
AS
BEGIN
    RETURN datediff(yyyy,@vardate,@curdate)
END
GO
SET QUOTED_IDENTIFIER OFF
GO
SET ANSI_NULLS OFF
```

```
GO
---将该用户定义函数用在查询“学生情况表”中，直接给出学生情况的年龄
USE teachingSystem
GO
SELECT stu_id,name,sex,
      dbo.Re_Year(birthday,GETDATE()) As 年龄
FROM student
GO
```

用户的自定义函数不再使用时，可以使用 DROP FUNCTION 语句或在企业管理器中将其删除。

（1）删除上述案例中创建的名为 Re_Year 的用户自定义函数。

（2）进入 SSMS，选择要操作的服务器和数据库，单击“可编程性”下的“函数”，选择“标量值函数”下面要删除的用户自定义函数，这里选择“Re_Year”。

（3）单击鼠标右键，在弹出的快捷菜单中选择“删除”，出现“删除对象”对话框。

（4）单击“确定”按钮，完成指定用户自定义函数的删除。

3. 自行练习内容

（1）如果 student 表中有入校时间在 2006 年以后的学生，则把该学生的学号、姓名和入学时间查询出来，否则输出“没有在 2006 年以后入学的学生”（IF…ELSE 语句）。

（2）如果 student 表中有名叫“张思文”的学生，就把他的名字修改为“张思武”，并输出修改前后的学号，姓名，性别信息，否则输出“没有张思文这个人，所以无法修改啦！”

（3）查询 student 表，只要有年龄小于 20 岁的学生，就将每个学生的出生日期都加 1 个月，如此循环下去，直到所有的学生的年龄都不小于 20 岁（WHILE 循环）。

（4）使用 WHILE 语句求 1～100 的累加和并输出。

（5）定义一个用户自定义的函数 Score_ReChange，将成绩从百分制转化为五级记分制。将该用户定义的函数用在查询每个学生的成绩中，给出五级记分制的成绩。

（6）定义一个用户自定义的函数，完成如下功能：如果学生有不及格的成绩，则在学生情况表的备注列中输入“有不及格的成绩”，否则输入“没有不及格的成绩”。

*11.6 实验六：存储过程及触发器

11.6.1 实验目的

（1）掌握 SQL Server 编程结构。

（2）掌握数据存储过程及触发器使用。

11.6.2 实验内容及步骤

对 teachingSystem 数据库，编写存储过程，完成下面功能。

1. 使用 T-SQL 语句创建存储过程

1）创建不带参数存储过程

（1）创建一个从 student 表查询学号为 1202 学生信息的存储过程 proc_1，其中包括学号、姓名、性别、出生日期、系别等；调用过程 proc_1 查看执行结果。

```
USE teachingSystem
```

```
GO
CREATE PROC proc_1
AS
SELECT stu_id,name, sex,birthday,dept_id
FROM student
WHERE sno='1202'
```

执行：

```
EXEC proc_1
```

（2）在 teachingSystem 数据库中创建存储过程 proc_2，要求实现如下功能：查询学分为 4 的课程学生选课情况列表，其中包括学号、姓名、性别、课程号、学分、系别等。调用过程 proc_2 查看执行结果。

```
USE teachingSystem
GO
CREATE PROC proc_2
AS
SELECT A.stu_id,name,sex,B.course_id,B.credit, B.dept_id
FROM student A,course B, student_teacher_course C
WHERE A.stu_id=C. stu_id and C.course_id=B.course_id and B.credit=4;
```

执行：

```
EXEC proc_2
```

2）创建带参数存储过程

创建一个从 student 表中按学生学号查询学生信息的存储过程 proc_3。其中包括：学号、姓名、性别、出生日期、系别等。查询学号通过执行语句中输入。

```
USE teachingSystem
GO
CREATE PROC proc_3
@sno char(6)
AS
SELECT stu_id,name,sex,birthday,dept_id
FROM student
WHERE stu_id=@sno
```

执行：

```
USE teachingSystem
GO
EXEC proc_3 '1212'
```

3）创建带输出参数存储过程

创建存储过程，比较两个学生的实际总分，若前者高就输出 0，否则输出 1

```
CREATE PROC proc_4
(@ID1 char(6), @ID2 char(6),@result int out )
AS
BEGIN
DECLARE @SR1 int, @SR2 int
SET @SR1=(select totalscore FROM student WHERE stu_id= @ID1)
```

```
SET @SR2=(select totalscore FROM student WHERE stu_id = @ID2)
IF @SR1 > @SR2
    SET @result = 0
ELSE
    SET @result = 1
END
```

执行该存储过程，并查看结果

```
DECLARE @result int
EXEC proc_4 '1201', '1202', @result OUTPUT
SELECT @result
```

2．使用 T-SQL 语句查看、修改和删除存储过程

（1）查看存储过程 proc_2、proc_4 定义：

```
EXEC sp_helptext proc_2
 EXEC sp_helptext proc_4
```

（2）删除存储过程 proc_1：

```
DROP PROC proc_1
```

3．使用 T-SQL 语句实现触发器定义

（1）为表 student_teacher_course 创建一个插入触发器，当向表 student_teacher_course 中插入一条数据时，通过触发器检查记录的 stu_id 值在表 student 中是否存在，若不存在，则取消插入操作，并检查 course_id 在表 course 中是否存在，若不存在也取消插入操作。

```
CREATE   TRIGGER credit_insert on student_teacher_course
  FOR INSERT, UPDATE
  as
IF (SELECT stu_id FROM inserted) NOT IN (SELECT stu_id FROM student)
  BEGIN
ROLLBACK
END
IF (SELECT course_id FROM inserted) NOT IN (SELECT course_id FROM course)
 BEGIN
ROLLBACK
END
```

执行：

```
INSERT INTO student_teacher_course(course_id,teacher_id,stu_id,score)
values('100001','30102','1205',90)
```

（2）为表 student 创建一个删除触发器，当删除表 student 中一个学生的资料时，将表 sc 中相应的成绩数据删除。

```
USE teachingSystem
GO
IF EXISTS(select name from sysobjects where name= 'student_delete'and type='tr')
    DROP TRIGGER student_delete
GO
CREATE TRIGGER student_delete on Student
```

```
FOR DELETE
AS
DECLARE @Sno1 int
SELECT @Sno1=deleted.stu_id from deleted
DELETE from student_teacher_course
WHERE student_teacher_course.stu_id=@Sno1
```

（3）为表 student_teacher_course 学生选课创建一个更新触发器，当更改表 student_teacher_course 的成绩数据时，如果成绩由原来的小于 60 分更改为大于 60 分，则该学生能得到相应学分，如果由原来的大于等于 60 更改为小于等于 60 分，则相应学分改为 0。

```
CREATE TRIGGER credit_update on student_teacher_course
FOR UPDATE
AS
DECLARE @credit0 int
DECLARE @grade0 int
SELECT @grade0=inserted.score from inserted
SELECT @credit0=course.credit from course,inserted
          WHERE course.course_id=inserted.course_id
IF (@grade0>=60)
  BEGIN
    UPDATE student_teacher_course set student_teacher_course.credit=@credit0
     FROM student_teacher_course,inserted
     WHERE student_teacher_course.course_id=inserted.course_id and student_teacher_course.stu_id =inserted.stu_id
   END
ELSE
 BEGIN
 UPDATE student_teacher_course set student_teacher_course.credit=0
     FROM student_teacher_course,inserted
     WHERE student_teacher_course.course_id=inserted.course_id and student_teacher_course.stu_id =inserted.stu_id
END
```

执行：

```
UPDATE student_teacher_course set score=80 where stu_id='1201' and course_id='100001'
```

11.7 实验七：数据库应用系统设计

11.7.1 实验目的

（1）综合应用数据建模工具、SQLServer 2012、.NET、Java 软件开发语言等多门课程的知识，规范、科学地完成一个小型数据库应用系统的设计。

（2）掌握数据库系统的基本概念、原理和技术，掌握 SQL Server 等常用数据库管理系统软件的使用，掌握软件开发工具的使用及软件开发的一般步骤与方法，从而提高其系统分析、软件设计、数据库应用及团队开发的能力。

（3）熟悉 SQL Server 2012 数据库管理系统的应用开发，在 Microsoft Visual Studio 下，通过 VB.net 或 C#语言开发一个 Windows 数据库应用程序（C/S 模式）或开发一个 Web 数据库应用程序（B/S 模式）。

11.7.2 实验内容及步骤

在本实验中，学生可选择自己相对比较熟悉的应用系统业务模型。要求学生通过本实验能较好地巩固数据库的基本概念、基本原理、关系数据库的设计理论、设计方法等主要相关知识点，针对实际问题设计概念模型，并应用现有的软件开发工具完成小型数据库应用系统的设计与实现。

读者可使用 VB.NET 或 C#语言，通过 ADO.NET 技术，自行创建一个数据库应用系统。使用户可以通过 Windows 应用程序向系统数据库中添加、修改和删除数据。系统数据库至少包括基本数据库及部分关系表。大致实验步骤为如下。

（1）进入 VS2010，选用 VB.NET 或 C#语言，创建一个 Windows 应用程序项目或 Web 应用程序项目。

（2）使用 ADO.NET 数据对象模型，以对象 Connetion 对象、Command 对象、DataAdapter 对象等，开发设计某主题内容的 Windows 方式、Web 方式或 Windows 方式与 Web 方式相结合的数据库应用系统。

（3）设计过程及设计方法可参照附录一。

11.7.3 实验参考项目

题目一：学生学籍管理系统

1．实验内容

1）主要的数据表

学生基本情况数据表，学生成绩数据表，课程表等。

2）主要功能模块

（1）实现学生基本情况的录入、修改、删除等基本操作。

（2）对学生基本信息提供灵活的查询方式。

（3）完成一个班级的学期选课功能。

（4）实现学生成绩的录入、修改、删除等基本操作。

（5）能方便地对学生的各学期成绩进行查询。

（6）具有成绩统计、排名等功能。

（7）具有留级、休学等特殊情况的处理功能。

（8）能输出常用的各种报表。

（9）具有数据备份和数据恢复功能。

2．实验要求

（1）学生成绩表的设计，要考虑到不同年级的教学计划的变化情况。

（2）对于新生班级，应该首先进行基本情况录入、选课、然后才能进行成绩录入。

题目二：图书管理系统

1．实验内容

1）主要的数据表

图书基本信息表，借书卡信息表，借阅信息表，图书分类信息表等。

2）主要功能模块

（1）图书基本情况的录入、修改、删除等基本操作。
（2）办理借书卡模块。
（3）实现借书功能。
（4）实现还书功能。
（5）能方便的对图书进行查询。
（6）对超期的情况能自动给出提示信息。
（7）具有数据备份和数据恢复功能。

2．实验要求

图书编号可参考国家统一的图书编码方法，再完成基本功能模块的情况下，尽量使系统能具有通用性。

题目三：银行储蓄系统

1．实验内容

1）主要的数据表

定期存款单，活期存款账，存款类别代码表等。

2）主要功能模块

（1）实现储户开户登记。
（2）办理定期存款账。
（3）办理定期取款手续。
（4）办理活期存款账。
（5）办理活期取款手续。
（6）实现利息计算。
（7）输出明细表。
（8）具有数据备份和数据恢复功能。

2．实验要求

（1）要进行实际调研，系统功能在实现时参照实际的储蓄系统的功能。
（2）同时要考虑银行系统数据的安全与保密工作。

题目四：设备管理系统

1．实验内容

1）主要的数据表

设备明细账表，设备使用单位代码表，国家标准设备分类表等。

2）主要功能模块

（1）实现设备的录入、删除、修改等基本操作。
（2）实现国家标准设备代码的维护。
（3）能够对设备进行方便的检索。
（4）实现设备折旧计算。

（5）能够输出设备分类明细表。
（6）具有数据备份和数据恢复功能。

2．实验要求

具体设备编码参考国家统一编码方法，功能实现也要考虑通用性。

题目五：医院药品进销存系统

1．实验内容：

1）主要的数据表

药品分类代码表，药品库存表，供货商信息表，采购信息表等。

2）主要功能模块

（1）新药品的入库。
（2）过期药品的出库登记、处理记录。
（3）药品库存检索。
（4）供货商信息检索。
（5）药品采购记录管理。
（6）药品用药说明信息管理。
（7）输出相应的数据报表。
（8）具有数据备份和数据恢复功能。

2．实验要求

具体项目内容去医院进行调研，药品编码也应参考国家统一编码方法。

题目六：书店租赁管理系统

1．实验内容

建立书店租赁管理系统，完成会员信息、书籍信息等的查询、添加、修改、删除等操作，并能完成书籍检索的功能。对于借阅信息能按照借阅人、借阅日期等查询。收入信息中应考虑会员交纳会费、临时人员借阅所交纳的租金、因书籍损坏或者过期还书的罚款等信息。

2．实验要求

查阅资料，掌握相关知识，确定开发需求，学习面向对象程序设计语言，设计功能完备，界面友好，考虑数据库的安全性和完整性。

题目七：大学生就业咨询系统

1．实验内容

1）主要的数据表

用人单位基本信息表，专业信息表，地区代码表等。

2）主要功能模块

（1）对用人单位的基本信息进行录入、修改、删除等。
（2）实现毕业生专业信息的维护。
（3）定时发布用人单位的毕业生需求信息。
（4）方便的实现对人才需求信息的检索。

（5）对用人单位的级别能够自动进行变更。
（6）能够对历年的毕业需求信息进行统计、分析。
（7）具有数据备份和数据恢复功能。

2．实验要求

方便毕业生进行就业信息检索，可考虑将就业信息在网上进行发布。

题目八：教务辅助管理系统

1．实验内容

1）主要的数据表

教师基本信息表，课程表，教室资源表等。

2）主要功能模块

（1）对上课教师基本信息进行管理。
（2）对全院开设的课程进行管理。
（3）录入教师基本上课信息。
（4）实现自动排课功能。
（5）简单计算工作量。
（6）能够进行各种数据统计。
（7）能够输出相应的报表。
（8）具有数据备份和数据恢复功能。

2．实验要求

软件功能主要考虑实用，具体功能模块一定要先进行调研。

题目九：工资管理系统

1．实验内容

（1）员工基本信息的管理功能。
（2）单位员工变动、奖惩情况的管理功能。
（3）工资的计算、修改功能。
（4）查询统计功能。
（5）报表打印功能。
（6）具有数据备份和数据恢复功能。

2．实验要求

在提供员工详细的工资资料的同时，尽量使系统能具一定的安全性和通用性。

题目十　人事管理系统

1．实验内容

设计如下主要功能模块。
（1）人事档案管理模块。
（2）人员薪酬管理模块。
（3）人员培训管理模块。
（4）各类报表生成模块。
（5）人员内部调动、离岗管理模块。

（6）人员奖惩情况管理模块。

（7）具有数据备份和数据恢复功能。

2．实验要求

在提供详细人员资料的同时，还为保证资料的保密性特设置访问密码，有效控制进入系统的人员。

11.8 实验八：数据库安全

11.8.1 实验目的

（1）理解 SQL Server 的安全性机制。

（2）明确如何管理和设计 SQL Server 登录信息，实现服务器级的安全控制。

（3）掌握设计和实现数据库级的安全保护机制的方法。

（4）独立设计和实现数据库备份和恢复。

11.8.2 实验内容及步骤

1．数据库的安全机制与控制

SQL Server 2012 安全性管理可分为 3 个等级：操作系统级、SQL Server 级、数据库级。

操作系统级安全性：在用户使用客户计算机通过网络实现 SQL Server 服务器的访问时，用户首先要获得计算机操作系统的使用权。一般来说，在能够实现网络互连的前提下，用户没有必要向运行 SQL Server 服务器的主机进行登录，除非 SQL Server 服务器就运行在本地计算机上。SQL Server 可以直接访问网络端口，所以可以实现对 Windows NT 安全体系以外的服务器及其数据库的访问。

操作系统安全性是操作系统管理员或者网络管理员的任务。由于 SQL Server 采用了集成 Windows NT 网络安全性机制，所以使得操作系统安全性的地位得到提高，但同时也加大了管理数据库系统安全性的灵活性和难度。

SQL Server 级安全性：SQL Server 的服务器级安全性建立在控制服务器登录账号和口令的基础上。SQL Server 采用了标准 SQL Server 登录和集成 Windows NT 登录两种方式。无论是使用哪种登录方式，用户在登录时提供的登录账号和口令，决定了用户能否获得 SQL Server 的访问权，以及在获得访问权以后，用户在访问 SQL Server 时可以拥有的权利。

数据库级安全性：在用户通过 SQL Server 服务器的安全性检验以后，将直接面对不同的数据库入口，这是用户将接受的第三次安全性检验。在建立用户的登录账号信息时，SQL Server 会提示用户选择默认的数据库。以后用户每次连接上服务器后，都会自动转到默认的数据库上。对任何用户来说，master 数据库的门总是打开的，设置登录账号时没有指定默认的数据库，则用户的权限将局限在 master 数据库以内。

在默认的情况下，只有数据库的拥有者才可以访问该数据库的对象，数据库的拥有者可以分配访问权限给别的用户，以便让别的用户也拥有针对该数据库的访问权利，在 SQL Server 中并不是所有的权利都可以转让分配的。

Windows、SQL Server 登录名的建立；Windows 登录名的创建。

使用界面方式创建 Windows 身份模式的登录名：以管理员身份登录到 Windows，选择“开始”，“设置”，打开“控制面板”，双击“用户账户”，进入“用户账户”窗口。单击“新创建一个账户”，在出现的窗口中输入账户名称（如 sxd），选择“计算机管理员”，“创建账户”即可完成新账户的创建。

以管理员身份登录到 SSMS，在“对象资源管理器”中选择“安全性”→右击“登录名”，在快捷菜单中选择“新建登录名”菜单项，在“新建登录名”窗口中单击“添加”按钮添加 Windows 用户 sxd，选择“Windows 身份验证”，单击“确定”按钮完成。

使用命令方式创建 Windows 身份模式的登录名

```
USE master
GO
CREATE LOGIN [shen-Think\sxd]
FROM WINDOWS
```

说明：shen-Think 为计算机名。

SQL Server 登录名。使用界面方式创建登录名，类似上述，在“新建登录名”窗口中输入要创建的登录名（如 sqlsxd），并选择“SQL Server 身份验证”，输入密码和重复密码“123456”，单击“确定”按钮。

以命令方式创建 SQL Server 登录名

```
CREATE LOGIN sqlsxd
WITH PASSWORD = '123456'
```

1）数据库用户

（1）使用界面方式创建 teachingSystem 的数据库用户。

在“对象资源管理器”中选择数据库 teachingSystem 的“安全性”→右击“用户”，在弹出的快捷菜单中选择“新建用户”菜单项，在“数据库用户”窗口中输入要新建的数据库用户名 shenxd，输入使用的登录名 sqlsxd，“默认架构”填写 dbo，单击“确定”按钮，如图 11-79 所示。

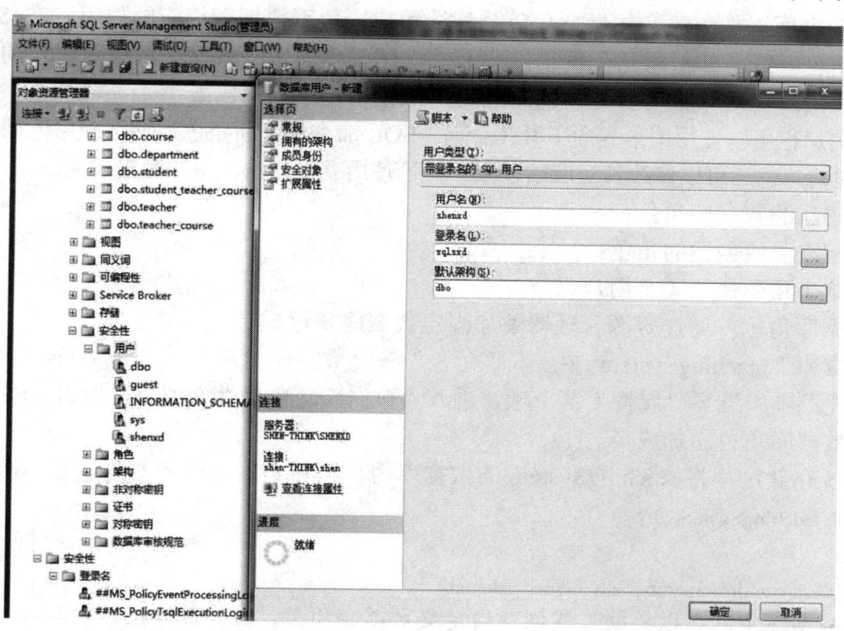

图 11-79　新建数据库用户

（2）以命令方式创建 teachingSystem 的数据库用户。

```
USE teachingSystem
GO
CREATE USER shenxd
FOR LONGIN sqlsxd
WITH DEFAULT_SCHEMA = dbo
```

一般而言，角色是为特定的工作组或者任务分类而设置的，用户可以根据自己所执行的任务成为一个或多个角色的成员。

2）固定服务器角色

在 SQL Server 安装时就创建了在服务器级别上应用的大量预定义的角色，每个角色对应着相应的管理权限。这些固定服务器角色用于授权给 DBA（数据库管理员）拥有某种或某些角色的 DBA 就会获得与相应角色对应的服务器管理权限。通过给用户分配固定服务器角色，可以使用户具有执行管理任务的角色权限。固定服务器角色的维护比单个权限维护更容易些，但是固定服务器角色不能修改。

在 SSMS 中，可按以下步骤为用户分配固定服务器角色，使该用户获取相应的权限。

通过资源管理器添加固定服务器角色成员。以管理员身份登录到 SQL Server，在“对象资源管理器”中选择“安全性”→选择要添加的登录名（如 shenxd），右击选择“属性”，在登录名属性窗口中选择“服务器角色”选项页，选择要添加到的服务器角色，单击“确定”按钮即可。使用系统存储过程将登录名添加到固定服务器角色中：

```
EXEC sp_addsrvrolemember 'shenxd', 'sysadmin'
```

在 SQL Server 安装时，数据库级别上也有一些预定义的角色，在创建每个数据库时都会添加这些角色到新创建的数据库中，每个角色对应着相应的权限。这些数据库角色用于授权给数据库用户，拥有某种或某些角色的用户会获得相应角色对应的权限。

可以为数据库添加角色，然后把角色分配给用户，使用户拥有相应的权限，在 SSMS 中，给用户添加角色（或者叫做将角色授权用户）的操作与将固定服务器角色授予用户的方法类似，通过相应角色的属性对话框可以方便的添加用户，使用户成为角色成员。

另外，用户也可以使用图形界面工具 Transact-SQL 命令创建新角色，使这一角色拥有某个或某些权限；创建的角色还可以修改其对应的权限。无论使用哪种方法，用户都需要完成下列任务：

（1）创建新的数据库角色；

（2）分配权限给创建的角色；

（3）将这个角色授予某个用户。

固定数据库角色。通过资源管理器添加固定数据库角色成员。

在“数据库”teachingSystem 中展开“角色”→“数据库角色”→“db_owner”，右击鼠标，在弹出的快捷菜单中选择“属性”菜单项，进入“数据库角色属性”窗口，单击“添加”按钮可以为该固定数据库角色添加成员。

使用系统存储过程将 teachingSystem 的数据库用户添加到固定服务器角色 db_owner 中

```
USE teachingSystem
GO
EXEC sp_addrolemember 'db_owner', 'shenxd'
```

自定义数据库角色。以界面方式创建自定义数据库角色，并为其添加成员。

以管理员身份登录到 SQL Server，在“对象资源管理器”中展开“数据库”→选择要创建角色的数据库（如 teachingSystem），展开其中的“安全性”→“角色”，右击鼠标，在弹出的快捷菜单中选择“新建”菜单项→在子菜单中选择“新建数据库角色”菜单项，在新建窗口中输入要创建的角色名 myrole，单击“确定”按钮。

在新建的角色 myrole 的属性窗口中，单击“添加”按钮，即可为其添加成员，如图 11-80 所示。

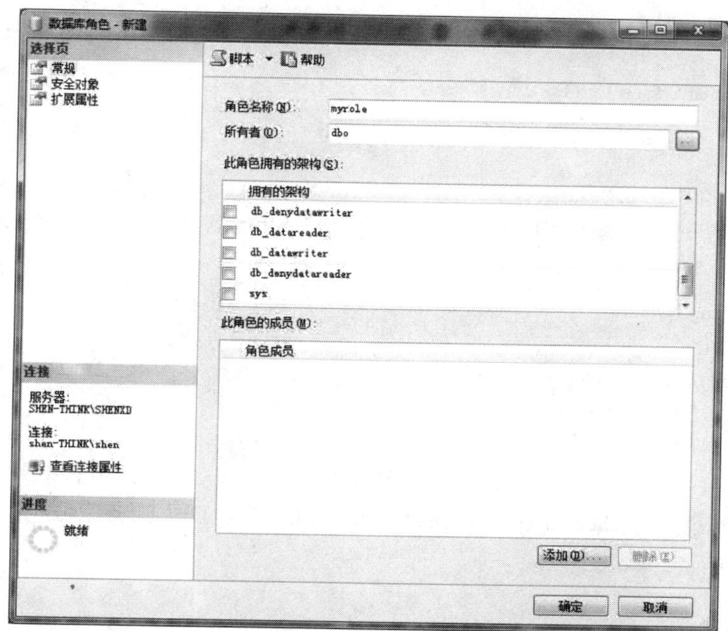

图 11-80　新建数据库角色

以命令方式创建自定义数据库角色。

```
USE teachingSystem
GO
CREATE ROLE myrole
AUTHORIZATION dbo
```

3）授予数据库权限

以界面方式授予数据库 teachingSystem 数据库上的 CREATE TABLE 权限。

以管理员身份登录到 SQL Server，在“对象资源管理器”中展开“数据库”→选择 teachingSystem，右击鼠标，在弹出的快捷菜单中选择“属性”菜单项进入 teachingSystem 的属性窗口，选择“权限”选项页→选择数据库用户 shenxd，在下方的权限列表中选择相应的数据库级别上的权限，完成后单击“确定”按钮。

以界面方式授予数据库用户在表 teacher 上的 SELECT、DELETE 权限。

以管理员身份登录到 SQL Server，在“对象资源管理器”中找到 Employees 表，右击选择“属性”菜单项进入表“teacher”的属性窗口，选择“权限”选项页→单击“添加”按钮添加要授予权限的用户或角色，然后在权限列表中选择要授予的权限。

以命令方式授予数据库 teachingSystem 数据库上的 CREATE TABLE 权限。

```
USE teachingSystem
```

```
GO
GRANT CREATE TABLE
TO shenxd
GO
```

以命令方式授予用户 shenxd 在数据库 teachingSystem 上表 student 的 SELECT、DELETE 权限。

```
USE teachingSystem
GO
GRANT SELECT, DELETE
ON student
TO shenxd
GO
```

拒绝和撤销数据库权限。以命令方式拒绝用户 shenxd 在 teacher 表上的 DELETE 和 UPDATE 权限。

```
USE teachingSystem
GO
DENY UPDATE, DELETE
ON teacher
TO shenxd
GO
```

以命令方式撤销用户 shenxd 在 student 表上的 SELECT、DELETE 权限。

```
USE teachingSystem
GO
REVOKE SELECT, DELETE
ON student
FROM shenxd
GO
```

2．数据库备份与恢复方法

1）利用 SQL Server Management Studio 管理备份设备

在备份一个数据库之前，需要先创建一个备份设备，比如磁带、硬盘等，然后再去复制有备份的数据库、事务日志、文件/文件组。

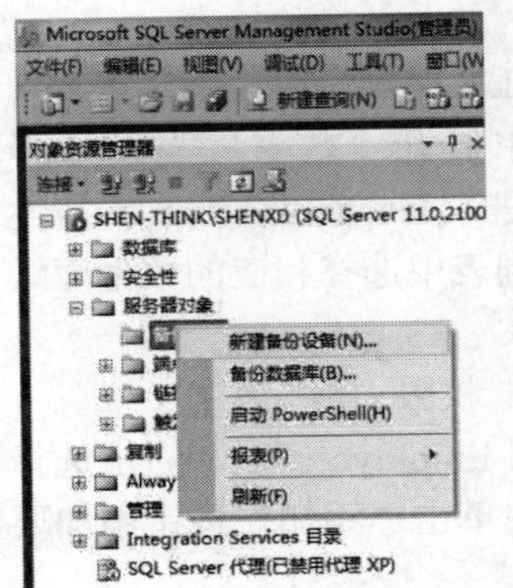

图 11-81　新建一个备份设备

SQL Server 2012 可以将本地主机或者远端主机上的硬盘作为备份设备，数据备份在硬盘是以文件的方式被存储。新建一个备份设备，如图 11-81 所示。

使用备份设备备份数据库，如图 11-82 所示。

查看备份设备，如图 11-83 所示。删除备份设备，如图 11-84 所示。

2）备份数据库

打开 SQL Server Management Studio，右击需要备份的数据库，选择“任务”→“备份”命令，出现备份数据库窗口。在此可以选择要备份的数据库和备份类型，如图 11-85 所示。

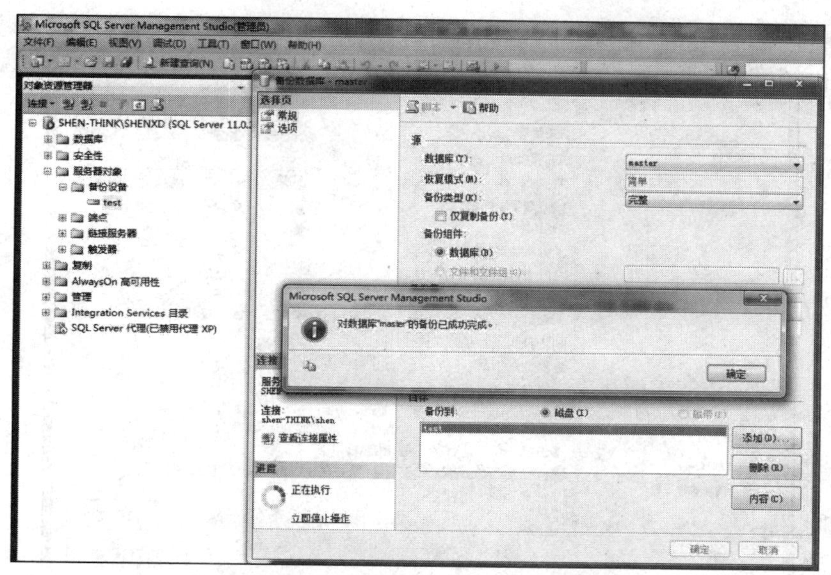

图 11-82　使用备份设备备份数据库

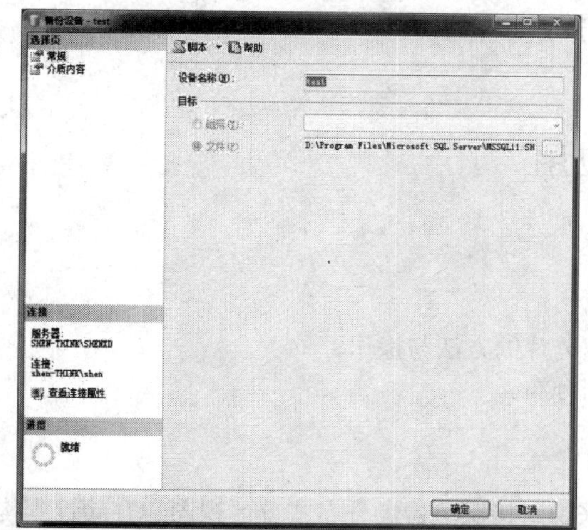

图 11-83　查看备份设备

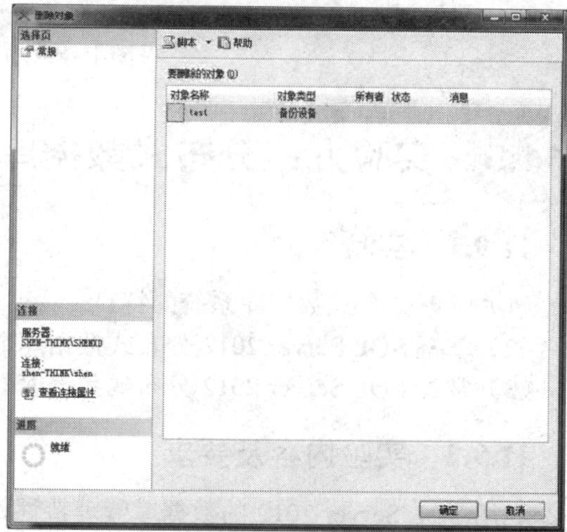

图 11-84　删除备份设备

3）数据库的差异备份

差异数据库备份只记录自上次数据库备份后发生更改的数据。差异数据库备份比数据库备份小而且备份速度快，因此可以经常地备份，经常备份将减少丢失数据的危险。使用差异数据库备份将数据库还原到差异数据库备份完成时那一点。若要恢复到精确的故障点，必须使用事务日志备份。

4）恢复数据库

使用 SQL Server Management Studio 恢复数据库。

实验操作步骤：

启动 SQL Server Management Studio，选择服务器，右击相应的数据库，选择“还原（恢复）”命令，再单击“数据库”，出现恢复数据库窗口。

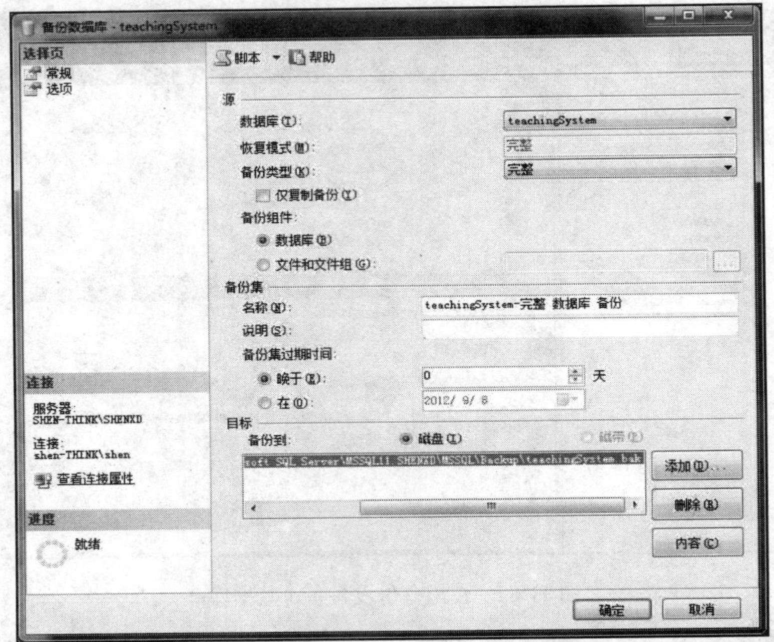

图 11-85　备份数据库窗口

*11.9　实验九：分布式数据库应用

11.9.1　实验目的

（1）了解分布式数据库系统的特点。

（2）掌握 SQL Server 2012 分布式数据库数据分片的方法与操作。

（3）掌握 SQL Server 2012 分布式数据库数据分布。

11.9.2　实验内容及要求

利用 SQL Server 2012 的数据库管理特性，采用链接服务器、分布式分区视图和存储过程构建分布式数据库，以及基于数据库复制技术实现混合式的数据分布。实验实现了分布式数据库的水平分片、垂直分片和混合式数据分布。

MS SQL Server 2012 分布式数据库功能允许用户把多个不同场地的数据库当作一个完整的数据库看待，允许用户透明地查询和操作远程数据库实例的数据，并使应用程序看起来只有一个大型的集中式数据库，用户可以在任何一个场地执行全局应用，具有数据分布透明性和逻辑整体性等特点。

利用 MS SQL Server 2012 的分布式数据库功能设计并实现一个分布式数据库系统，实现透明的查询和操作远程数据库的数据。

（1）第一部分：建表及数据量要求

Student(SID char(4) primary key, SName char(20)　not null,Class char(20) not null)；1000

Course　　(CID char(3)　primary key, CName char(20)　not null)；30

Teacher(TID char(4) primary key, TName char(20) not null , CID char(3) ,Class char(20)　not null)；30

Exam(SID char(4) primary key, CID char(3) primary key, Mark double)； 2000

设一个教师只上一门课，一门课可由多个教师上。

（2）第二部分：数据分布要求有垂直和水平划分

Student 表：根据某种规则，将 Student 表水平分片：S1，S2，S3，分别存放在三个不同的站点 SITE1，SITE2，SITE3。

Teacher 表：根据某种规则，将 Teacher 表垂直分片：T1，T2，分别存放在两个不同的站点 SITE1，SITE2。

Exam 表：根据某种规则，将 Exam 表水平分片：E1，E2，E3，分别存放在三个不同的站点 SITE1，SITE2，SITE3。

Course 表：不划分，分配到 site1。

（3）第三部分：数据查询、插入、删除和更新。要求在任意站点可实现以上功能。

（4）第四部分：系统性能讨论。

讨论采用 DBMS 分布式特性，以及本系统的安全性、可靠性、数据一致性措施和效果。

设计基本思想：

（1）拟采用 MS SQLServer 2012 数据库实现本系统，数据库的分片的透明性在数据库的层次上实现，建立一个全局视图，尽量避免使用各个表的分片。

（2）在 SQLServer 内部水平分片透明主要利用分区视图来实现。分区视图在一个或多个服务器间水平连接一组成员表中的分区数据，使数据看起来就象来自一个表。在实现分区视图之前，必须先水平分区表。原始表被分成若干个较小的成员表。每个成员表包含与原始表相同数量的列，并且每一列具有与原始表中的相应列同样的特性（如数据类型、大小、排序规则）。如果正在创建分布式分区视图，则每个成员表分别位于不同的成员服务器上。

（3）垂直分片的透明性的实现：可以为这些表建立视图，为了保证数据的可更新，再针对此视图建立相关的触发器。

（4）在 SQLServer 内部为了远程服务器的访问可以通过 sp_addlinkedserver 建立连接服务器，然后用 sp_addlinkedsrvlogin 建立此服务器的登录。

11.9.3 实验步骤

（1）首先安装 3 个 SQLServer 2012 服务器，分别命名为 site1,site2,site3,在其上面建立数据库对应为 db1,db2,db3。

（2）在 site1 的 db1 数据库中建立如下个表：

```
CREATE TABLE S1
(
SID            char(4)        not null,
SName          char(20)   not null,
Classroom  char(20)    not null CHECK (Classroom ='计 0201'),
primary key(SID,Classroom)
)
CREATE TABLE Course
(
CID            char(3)     not null,
CName          char(20)    not null,
```

```
Primary key(CID)
)
CREATE TABLE T1
(
TID          char(4)          not null,
TName              char(20)   not null,
primary key(TID)
)
CREATE TABLE E1
(
SID               char(4)          not null,
CID               char(3)          not null,
Mark        float           not null CHECK (Mark <60) ,
primary key(SID,CID,Mark)
)
```

其中 S1 为 Student 的水平分片 1，其中存放‘计 0201’的学生，为了保证使用分区视图时的数据可以更新，将 Classroom 分片的字段设置为主键。

T1 为 Teacher 的垂直分片 1，E1 为 Exam 的水平分片 1，其中存<60 的成绩。

在 site2 的 db2 数据库中建立如下个表：

```
CREATE TABLE S2
(
SID               char(4)          not null,
SName             char(20)    not null,
Classroom  char(20)     not null CHECK (Classroom ='计 0202'),
primary key(SID,Classroom)
)
CREATE TABLE T2
(
TID               char(4)          not null,
CID               char(3)          not null,
Classroom  char(20)    not null,
primary key(TID)
)
CREATE TABLE E2
(
SID               char(4)          not null,
CID               char(3)          not null,
Mark        float       not null CHECK (Mark >=60 and Mark<80) ,
primary key(SID,CID,Mark)
)
```

其中 S2 为 Student 的水平分片 2，其中存放‘计 0202’的学生，为了保证使用分区视图时的数据可以更新，将 Classroom 分片的字段设置为主键。

T2 为 Teacher 的垂直分片 2，E2 为 Exam 的水平分片 2，其中存 60 与 80 之间的成绩。

在 site3 的 db3 数据库中建立如下个表：

```
CREATE TABLE S3
(
SID            char(4)          not null,
SName          char(20)    not null,
Classroom  char(20)    not null CHECK (Classroom ='计 0203'),
primary key(SID,Classroom)
)
CREATE TABLE E3
(
SID            char(4)          not null,
CID            char(3)          not null,
Mark       float            not null CHECK ( Mark>=80) ,
primary key(SID,CID,Mark)
)
```

（3）为每个服务器建立其他服务器的连接。

Site1 中执行：

```
exec sp_addlinkedserver   @server='site2' ,@srvproduct ='SQL SERVER'
EXEC sp_addlinkedsrvlogin 'site2', 'false', null, 'sa', 'jia123'
exec sp_addlinkedserver   @server='site3' ,@srvproduct ='SQL SERVER'
EXEC sp_addlinkedsrvlogin 'site3', 'false', null, 'sa', 'jia123'
```

Site2 中执行：

```
exec sp_addlinkedserver   @server='site1' ,@srvproduct ='SQL SERVER'
EXEC sp_addlinkedsrvlogin 'site1', 'false', null, 'sa', 'jia123'
exec sp_addlinkedserver   @server='site3' ,@srvproduct ='SQL SERVER'
EXEC sp_addlinkedsrvlogin 'site3', 'false', null, 'sa', 'jia123'
```

Site3 中执行：

```
exec sp_addlinkedserver   @server='site1' ,@srvproduct ='SQL SERVER'
EXEC sp_addlinkedsrvlogin 'site1', 'false', null, 'sa', 'jia123'
exec sp_addlinkedserver   @server='site2' ,@srvproduct ='SQL SERVER'
EXEC sp_addlinkedsrvlogin 'site2', 'false', null, 'sa', 'jia123'
```

（4）建立各个分区视图。

Site1 中执行：

```
--建立 Student 视图
create view Student as
      select * from S1
union all
      select * from site2.db2.dbo.S2
union all
      select * from site3.db3.dbo.S3
GO
--建立 Exam 视图
create view Exam as
```

```
    select * from E1
union all
    select * from site2.db2.dbo.E2
union all
    select * from site3.db3.dbo.E3
GO
--建立 Teacher 视图
create view t2 as select * from site2.db2.dbo.t2
GO
create view Teacher as
select t1.TID,t1.Tname ,t2.CID,t2.Classroom from t1,t2
where t1.tid=t2.tid
```

Site2 中执行：

```
--建立 Student 视图
create view Student as
    select * from S2
union all
    select * from site1.db1.dbo.S1
union all
    select * from site3.db3.dbo.S3
GO
--建立 Course 视图
create view Course as
    select * from site1.db1.dbo.Course
GO
--建立 Exam 视图
create view Exam as
    select * from E2
union all
    select * from site1.db1.dbo.E1
union all
    select * from site3.db3.dbo.E3
GO
--建立 Teacher 视图
create view t1 as select * from site1.db1.dbo.t1
GO
create view Teacher as
select t1.TID,t1.Tname ,t2.CID,t2.Classroom from t1,t2
where t1.tid=t2.tid
```

Site3 中执行：

```
create view Student as
```

```
        select * from S3
    union all
        select * from site2.db2.dbo.S2
    union all
        select * from site1.db1.dbo.S1
    GO
    --建立 Course 视图
    create view Course as
        select * from site1.db1.dbo.Course
    GO
    --建立 Exam 视图
    create view Exam as
        select * from E3
    union all
        select * from site2.db2.dbo.E2
    union all
        select * from site1.db1.dbo.E1
    GO
    --建立 Teacher 视图
    create view t1 as select * from site1.db1.dbo.t1
    GO
    create view t2 as select * from site2.db2.dbo.t2
    GO
    create view Teacher as
    select t1.TID,t1.Tname ,t2.CID,t2.Classroom from t1,t2
    where t1.tid=t2.tid
```

（5）在每个数据库中建立 Teacher 的触发器。

```
drop trigger Trig_INS_Teacher
GO
create trigger Trig_INS_Teacher ON Teacher
instead of insert
as
begin
    insert into t1 select tid,tname from inserted
    insert into t2 select tid ,cid ,classroom from inserted
end
GO
drop trigger Trig_DEL_Teacher
GO
create trigger Trig_DEL_Teacher ON Teacher
instead of delete
as
begin
```

```
        delete t1 where t1.tid in(select tid from deleted)
        delete t2 where t2.tid in(select tid from deleted)
end
drop trigger Trig_upd_Teacher
GO
drop trigger Trig_upd_Teacher
GO
create trigger Trig_upd_Teacher ON Teacher
instead of update
as
begin
        delete t1 where t1.tid in(select tid from deleted)
        delete t2 where t2.tid in(select tid from deleted)
        insert into t1 select tid,tname from inserted
        insert into t2 select tid ,cid ,classroom from inserted
end
```

11.10 本章小结

本章主要从数据定义、SQL 语言编程、安全授权、故障恢复和数据库系统维护等方面，设计出针对性和较强的大量实验项目，并给予相应的实验指导，让读者通过对这些实验，切身体验到 SQL Server 2012 数据库管理系统的应用。主要介绍了 SQL Server 2012 的安装及功能介绍，并从数据库中数据定义与操作，关系型数据库的 SQL 定义语言、操纵子语言命令语句和 T-SQL 主要编程技术，SQL Server 2012 的安全体系及安全设置、安全性授权、故障恢复和有关的数据库系统管理技术，以及数据库系统维护等方面内容的可操作性实验。所有实验都是有针对性地为重要的和可操作性的数据库内容，提供了专门的练习和上机实验，同时还为每个设计的实验提供了详细的实验指导。

第 12 章 数据库课程设计指导

12.1 课程设计的目的

“数据库原理及应用课程设计”是实践性教学重要环节之一，是《数据库原理及应用》课程的重要辅助教学课程。通过课程设计，使学生掌握数据库的基本概念，结合实际的操作和设计，巩固课堂教学内容，使学生掌握数据库系统的基本概念、原理和技术，将理论与实际相结合，应用现有的数据建模工具和数据库管理系统软件，规范、科学地完成一个小型数据库的设计与实现，把理论课与实验课所学内容做一综合，并在此基础上强化学生的实践意识、提高其实际动手能力和创新能力。

12.2 课程设计的要求

通过设计一个完整的数据库，使学生掌握数据库设计各阶段的输入、输出、设计环境、目标和方法。熟练掌握两个主要环节——概念结构设计与逻辑结构设计；熟练的使用 SQL 语言实现数据库的建立、应用和维护。集中安排 1～2 周进行课程设计，以小组为单位，一般 2～3 人为一组。教师讲解数据库的设计方法以及布置题目，要求学生根据题目的需求描述，进行实际调研，提出完整的需求分析报告，建立概念模型、物理模型，在物理模型中根据需要添加必要的约束、视图、触发器和存储过程等数据库对象，最后生成创建数据库的脚本，提出物理设计的文档。

具体要求如下：

（1）要充分认识课程设计对培养自己的重要性，认真做好设计前的各项准备工作。

（2）既要虚心接受老师的指导，又要充分发挥主观能动性。结合课题，独立思考，努力钻研，勤于实践，勇于创新。

（3）独立按时完成规定的工作任务，不得弄虚作假，不准抄袭他人内容，否则成绩以不及格计。

（4）课程设计期间，无故缺席按旷课处理；缺席时间达四分之一以上者，其成绩按不及格处理。

（5）在设计过程中，要严格要求自己，树立严肃、严密、严谨的科学态度，必须按时、按质、按量完成课程设计。

（6）小组成员之间，分工明确，但要保持联系畅通，密切合作，培养良好的互相帮助和团队协作精神。

12.3 课程设计选题的原则

课程设计题目以选用学生相对比较熟悉的实际应用业务模型为宜，要求通过本实践性教学环节，能较好地巩固数据库的基本概念、基本原理、关系数据库的设计理论、设计方法等主要相关知识点，针对实际问题设计概念模型，并应用现有的工具完成小型数据库的设计与实现。具体课程设计的选题，请参见 11.7。

12.4 课程设计的一般步骤

课程设计基本分为 5 个步骤。

（1）选题及搜集资料：根据分组，选择课题，在小组内进行分工，进行系统调研（直接与间接调研），掌握组织结构、业务流程及系统情况，搜集资料和数据。

（2）分析与设计：根据搜集的资料，进行功能与数据分析，并进行数据库、系统功能及性能等方面的设计（概念设计、逻辑设计、物理设计）。

（3）程序设计：运用掌握的语言，编写程序，实现所设计的模块功能。

（4）调试与测试：自行调试程序，成员交叉测试程序，并记录测试情况。

（5）验收与评分：指导教师对每个小组的开发的系统，及每个成员开发的模块进行综合验收，结合设计报告，根据课程设计成绩的评定方法，评出成绩。

12.5 课程设计的内容

掌握数据库的设计的每个步骤，以及提交各步骤所需图表和文档。通过使用目前流行的 DBMS，建立所设计的数据库，并在此基础上实现数据库查询、连接等操作和触发器、存储器等对象设计。

（1）需求分析：根据自己的选题，绘制的 DFD、DD 图表以及书写相关的文字说明。

（2）概念结构设计：绘制所选题目详细的 E-R 图。

（3）逻辑结构设计：将 E-R 图转换成等价的关系模式；按需求对关系模式进行规范化；对规范化后的模式进行评价，调整模式，使其满足性能、存储等方面要求；根据局部应用需要设计外模式。

（4）物理结构设计：选定实施环境，存取方法等。

（5）数据实施和维护：用 DBMS 建立数据库结构，加载数据，实现各种查询、链接应用程序，设计库中触发器、存储器等对象，并能对数据库做简单的维护操作。

（6）用 VB、VC、ASP.NET、JSP、Deplhi、PowerBuilder 等设计数据库的操作界面。

（7）设计小结：总结课程设计的过程、体会及建议。

（8）其他：参考文献、致谢等。

课程设计工作进度安排有如下几点。

（1）前期准备：复习课程相关内容，重点是数据库设计部分。

（2）选题明确任务：指导教师下发课程设计任务书；学生确定设计题目、调研、书籍和资料的准备。

（3）分析设计：系统分析和设计，数据库表的建立等，部分文档的撰写。

（4）编码测试及报告撰写：系统的编码和测试，课程设计报告的撰写。

（5）答辩提交报告：课程设计检查和答辩，提交交课程设计报告。

12.6 课程设计报告及标准

1）课程设计报告要求

课程设计报告有 4 个方面的要求：

（1）问题描述。包括此问题的理论和实际两方面。

（2）解决方案。包括 E-R 模型要设计规范、合理，关系模式的设计至少要满足第三范式，数据库的设计要考虑安全性和完整性的要求。

（3）解决方案中所设计的 E-R 模型、关系模式的描述与具体实现的说明。

（4）具体的解决实例。

2）成绩考核方法及标准

（1）课程设计的考核方法

本次课程设计的考核方法：《数据库原理及应用》课程设计采用课程设计报告、课程设计应用系统程序和答辩情况综合评定成绩，其中课程设计报告占 30%，课程设计应用系统程序占 40%，答辩情况 30%。成绩按百分制评定计分。

学生通过答辩实际演示其设计完成的系统功能，并提交个人的设计报告；学生需简要叙述系统设计和开发的设计思路及完成情况，指导教师可根据学生答辩的具体情况随机提出问题，每个同学的最后得分以其设计报告质量和完成系统的工作质量为评判标准。

（2）课程设计考核标准

优秀：完成（或超额完成）任务书规定的全部任务，所承担的课程设计任务难度较大，工作量饱满；设计方案正确，具有独立工作能力及一定的创造性，工作态度认真，设计报告内容充实，主题突出，层次分明，图表清晰，分析透彻，格式规范。

良好：完成任务书规定的任务，所承担的课程设计任务具有一定的难度，工作量较饱满；设计方案正确，具有一定的独立工作能力，对某些问题有见解，工作态度较认真，设计报告的内容完整，观点明确，层次分明，图表清晰，但分析不够深入。

及格：基本能完成任务书规定的任务，所承担的课程设计任务难度和工作量较容易；设计方案基本正确，有一些分析问题能力，工作态度基本认真，设计报告的内容不太完整，图表无原则性错误，条理欠清晰，格式较规范，但分析不深入，设计有缺陷。

不及格：没有完成任务书规定的设计任务，所承担的课程设计任务难度未达到要求，工作量不足；工作态度不认真，设计报告的内容不太完整，条理不清晰，或有明显的抄袭行为。

注意事项：

（1）参加课程设计的学生应端正学习态度，独立完成设计任务，严禁抄袭他人成果或找人代做等行为，一经发现，其成绩按不及格计。

（2）指导教师负责考勤，学生不得迟到、早退或旷课，因事或因病不能参加设计，应按手续事先请假或事后补假。

（3）课程设计报告封面由班长统一领好后发给各位同学。

第3篇

习题与模拟测试

第 13 章 练习与实践习题

13.1 数据库基础知识习题课

13.1.1 练习与实践一

1. 选择题

（1）反映现实世界中实体及实体间联系的信息模型是（　　）。

A．关系模型　　B．实体联系（ER）模型

C．网状模型　　D．层次模型

（2）学生实体（型）与选课实体（型）之间具有的联系是（　　）联系。

A．一对一　　B．一对多

C．多对多　　D．多对一

（3）数据管理技术经历了 4 个发展阶段，其中数据独立性最高的是（　　）阶段。

A．程序管理　　B．文件系统

C．人工管理　　D．数据库系统

（4）应用数据库技术的主要目的是为了（　　）。

A．解决数据保密问题　　B．解决数据完整性问题

C．解决数据共享问题　　D．解决数据管理的问题

（5）在数据库管理系统中，（　　）不是数据库存取的功能模块。

A．事务管理程序模块　　B．数据更新程序模块

C．交互式程序查询模块　　D．查询处理程序模块

2. 填空题

（1）DBMS 按程序实现的功能可分为 4 部分：语言编译处理程序、系统运行控制程序、____________和数据字典。

（2）树状结构中表示实体类型及实体间联系的数据模型称为____________。

（3）关系模型是一种简单的____________结构。

（4）面向对象方法具有抽象性、封装性、____________等特性。

（5）数据库系统外部的体系结构分为集中式、并行式、分布式和____________4 种。

3. 简答题

（1）什么是信息？什么是数据？简述两者之间的联系及其区别。

（2）什么是数据处理？什么是数据管理？两者之间的区别是什么？

（3）什么是 DB？什么是 DBMS？什么是 DBS？简述 3 者之间的联系。

（4）数据管理技术的发展经历了哪几个阶段？简述各个阶段的主要特征。
（5）概述数据库系统的结构及特点？
（6）分布式数据库系统和面向对象数据库系统各有哪些特点？
（7）DBMS 的组成及功能有哪些？
（8）什么是数据模型？数据模型有哪几种？简述几种数据模型之间的联系及其区别。
（9）什么是实体联系（ER）模型？简述实体（型）之间的基本联系类型。
（10）什么是元组、属性和属性名？请举例说明。
（11）什么是数据管理？与数据处理有何区别？
（12）数据库系统与数据库管理系统的区别有哪些？
（13）数据库技术的主要特点有哪些？
（14）数据管理技术经历了哪几个阶段？其特点如何？
（15）分布式数据库的主要特点有哪些？
（16）数据库技术的发展趋势是什么？
（17）数据库系统是如何构成的？
（18）数据库系统的外部系统结构有哪几种类型？
（19）什么是 C/S 系统的一般结构？试画图表示。
（20）什么是数据模式？请举例说明。
（21）什么是数据库系统的三级模式结构？并画图表示。
（22）数据的独立性如何由 DBMS 的二级映像功能实现？
（23）DBMS 的工作模式有哪些？
（24）请概述 DBMS 的主要功能？
（25）DBMS 的模块组成有哪几方面？
（26）什么是数据模型？数据模型的组成要素有哪些？
（27）什么是概念模型？ER 模型的基本构件有哪些？
（28）数据模型的种类和特点是什么？

4．实践题

（1）通过调研了解数据库技术的重要作用，并了解 DBA 应具备的素质和能力。
（2）现有关于班级、学生、课程的信息如下：
描述班级的属性有：班级号、班级所在专业、入校年份、班级人数、班长的学号；
描述学生的属性有：学号、姓名、职称、年龄；
描述课程的属性有：课程号、课程名、学分。

假设每个班有若干个学生，每个学生只能属于一个班，学生可选修多门课程，每个学生选修的每门课程有一个成绩记录。试根据语义，画出其 E-R 模型。

（3）上题中再加入实体集教师和学会，其中：
描述教师的属性有：教师号、户名、职称、专业；
描述学会的属性有：学会名称、成立时间、负责人户名、会费。

假设每门课用多位教师讲授，每位教师可讲授多门课程；每个学生可加入多个学会。试根据语义，画出班级、学生、课程、教师和学会间的 E-R 模型。

13.1.2 练习与实践二

1．选择题

（1）下面关于关系性质的说法，错误的是（　　）。

A．表中的一行称为一个元组

B．表中任意两列不能相同

C．表中的一列称为一个属性

D．表中任意两行可能相同

（2）关系数据模型是目前最重要的一种数据模型，它的三个要素分别是（　　）。

A．实体完整性、参照完整性、用户自定义完整性

B．数据结构、关系操作、完整性约束

C．数据增加、数据修改、数据查询

D．外模式、模式、内模式

（3）关系模型中，一个关键码（　　）。

A．可由多个任意属性组成

B．至多由一个属性组成

C．可由一个或多个其值能唯一标识该关系模式中任何元组的属性组成

D．以上都不是

（4）关系代数中的连接操作是由（　　）。

A．选择和投影操作组合而成

B．选择和笛卡儿积操作组合而成

C．投影、选择、笛卡儿积操作组合而成

D．投影和笛卡儿积操作组合而成

（5）实体完整性是指关系中（　　）。

A．不允许有空行

B．主关键字不允许取空值

C．属性值外关键字取空值

D．允许外关键字取空值

2．填空题

（1）关系的完整性约束条件包括三大类：____________、____________和____________。

（2）关系数据库中基于数学上的两类运算是____________和____________。

（3）关系代数中，从两个关系中找出相同元组的运算称为____________运算。

（4）若实体间联系是 1 : N，则在 N 端实体类型转换的关系模式中加入 1 端实体类型的____________和____________。

（5）关系模型是目前最常用也是最重要的一种数据模型。采用该模型作为数据的组织方式的数据库系统称为____________。

3．简答题

（1）关系代数使用的运算符有哪些？

（2）试述参照完整性规则。

（3）E-R 模型向关系模型转换的规则是什么？

（4）什么是查询优化？

（5）自然连接与等值连接有什么区别？

（6）什么是关系模式？其形式化表示是什么？

（7）关系应该具有哪些性质？

（8）E-R 模型如何向关系模型转换？

（9）关系模型中有哪三类完整性约束？

（10）关系为什么应该满足实体完整性规则和参照完整性规则？

（11）举例说明用户定义的完整性规则。

（12）做交、并、差运算的两个关系必须满足什么条件？

（13）除运算的结果表示什么含义？

（14）自然连接与等值连接有什么区别？

*（15）什么是关系演算？

*（16）在关系演算公式中，各种运算符的优先级次序是什么？

*（17）域关系演算和元组关系演算有什么区别和联系？

*（18）为什么要进行查询优化？

*（19）什么是等价变换规则？

*（20）举例说明关系表达式的优化过程。

4．计算题

设有如下表所示的关系 R、S、T，计算 $R \cup T$、$\sigma_{C<A}(R)$、$\pi_{F,E}(S)$、$R \bowtie S$、$R \div S$。

R:

A	B	C
3	6	7
2	5	7
7	2	3
7	6	7
4	4	3

S:

A	E	F
3	4	5
7	2	3

T:

A	B	C
1	5	3
3	6	7

5．实践题

在图书-借阅数据库中有 3 个关系，其关系模式如下所示：

书籍（书号，书名，类别，价格，出版社）；

读者（编号，姓名，性别，年龄，住址，类别）；

借阅（书号，编号，借阅时间，归还时间）。

（1）创建图书-借阅数据库及 3 个基本表，并在基本表中输入合理数据。在书籍表中，书号是主键；在读者表中，编号是主键；在借阅表中，书号和编号共同构成了主键，书号、编号分别为借阅表的外键。

（2）在读者表中性别只能是“男”或“女”。

（3）用关系代数实现下列查询。

① 求借阅了编号为“B001”书籍的读者的姓名。

② 求既借阅了“B001”书籍又借阅了“B002”书籍的读者的编号。

③ 求女读者借阅书籍的信息。

13.2 数据库操作习题

13.2.1 练习与实践三

1．选择题

（1）SQL 语言是（　　）语言。

A．关系数据库　　B．网状数据库

C．层次数据库　　D．非数据库

（2）SQL Server 2012 具有 7 个新特性：高可用性、高安全性、（　　）、集成服务智能化、支持大数据多维分析、报表服务快捷性、开发便捷性等。

A．数据定义　　B．数据库管理

C．数据管理新特性　　D．其他

（3）SQL 语言中，实现数据查询的语句是（　　）语言。

A．SELECT　　B．INSERT

C．UPDATE　　D．DELETE

（4）数据库创建完毕后，在此数据库中可以存放（　　）业务相近的数据表。

A．0 个　　B．仅一个

C．任意个　　D．多个

（5）SQL 语言中，实现数据删除的语句是（　　）。

A．SELECT　　B．INSERT

C．UPDATE　　D．DELETE

（6）SQL 语言具有两种使用方式，分别是交互式 SQL 和（　　）。

A．编译式 SQL　　B．分离式 SQL

C．嵌入式 SQL　　D．解释式 SQL

（7）SELECT 语句执行的结果是（　　）。

A．数据项　　B．元组

C．表　　D．视图

2．填空题

（1）SQL 全称是____________。

（2）在 SQL 语句中，定义数据库的语句是____________。

（3）在 SQL 语句中，建立表结构的语句是____________。

（4）在 SQL 语句中，修改表结构的语句是____________。

（5）SELECT 语句中，表示条件表达式用____________子句，分组用____________子句，排序用____________子句。

（6）视图是一个虚表，是从____________或其他视图导出的表，用户可以通过视图使用数据库中基于____________的数据。

（7）SQL 用 INSERT 语句来插入数据。INSERT 语句有两种形式：____________和____________。

3. 简答题

（1）名词解释：什么是基本表？什么是存储文件？
（2）简述 SQL Server 2012 的新特点。
（3）概述 SQL Server 2012 的体系结构和组成。
（4）概述数据查询的 SQL 语句的语法格式及用法。
（5）在什么情况下不允许对数据库进行删除操作？
（6）在什么情况下不允许对数据表进行更新操作？
（7）什么是 SQL Server 的概念？SQL Server 最初由谁研发的？
（8）SQL Server 2012 的主要优点有哪些？
（9）SQL Server 2012 的主要特点是什么？
（10）SQL Server 2012 的新功能有哪些？
（11）SQL Server 2012 版本有哪几种？功能对比如何？
（12）怎样理解数据库的体系结构？
（13）数据库文件类型有哪些？
（14）SQL Server 数据库和系统数据库分为哪几种？
（15）SQL Server 中常用的一些数据类型有哪些？
（16）字符数据类型主要有哪些？
（17）数值数据类型具体主要有哪些？
（18）安装 SQL Server 2012 的主要步骤有哪些？
（19）怎样配置和登录 SQL Server 2012？
（20）SSMS 主界面主要包括哪几个操作区域？
（21）数据库的定义、打开和删除操作所对应的 SQL 语句分别是什么？
（22）用 SQL 语句怎样进行数据表的定义？
（23）举例说明如何修改、删除一个基本表。
（24）SELECT 语句的语法格式和含义是什么？
（25）SQL 提供了哪些聚合函数？怎样进行应用？
（26）举出一个多表查询的实例？
（27）如何将查询结果插入到基本表中？
（28）SQL 中数据修改包括哪些操作语句？
（29）举例说明如何使用 DELETE 语句删除一个记录？

4. 实践题

设职工-工会数据库具有三个基本表：
职工（职工号，姓名，年龄，性别）；
工会（编号，名称，负责人职工号，活动地点）；
参加（职工号，编号，参加日期）。

其中职工表的主键是职工号，工会表的主键是编号，参加表的主键是职工号和编号。试用 SQL 语句完成下列操作：

（1）定义职工表，职工号、姓名、性别为字符型，年龄为整型，职工号为主键；
（2）查询负责人职工号是“001”的会员的编号和名称；
（3）查询姓张的女职工的信息；
（4）将职工表中李四的年龄增加 1；

（5）查询年龄在 20 岁到 30 岁之间职工的职工号、姓名和年龄，并将年龄加上 1 输出；
（6）查询参加工会编号为“T1”的职工号。

13.2.2 练习与实践四

1．选择题

（1）在数据库中，索引是（　　）值排序的逻辑指针清单。
A．字段　　B．列
C．属性　　D．数据
（2）在实际上，SQL 检索有两种方法：对表逐行扫描查询和（　　）。
A．搜索　　B．查看
C．索引　　D．其他
（3）索引主要按照索引记录的结构和存放位置分为：聚集索引和（　　）索引。
A．唯一　　B．全文
C．筛选　　D．非聚集
（4）在 SQL 语言中，删除索引的语句为（　　）。
A．DELETE　　B．DELETE INDEX <索引名>
C．DROP　　D．DROP INDEX <索引名>
（5）视图创建完毕后，数据字典中存放的是（　　）。
A．关系代数表达式　　B．查询结果
C．视图定义　　D．所引用的基本表的定义
（6）利用 SQL 语句进行视图修改操作使用的语句为（　　）。
A．EDIT VIEW <视图名>　　B．ALTER <视图名>
C．ALTER VIEW <视图名>　　D．其他

2．填空题

（1）在数据库中，索引就是 ＿＿＿＿＿＿和 ＿＿＿＿＿＿的列表，是加快检索表中数据的方法。

（2）利用 SQL 语句中的＿＿＿＿＿＿命令可创建索引。

（3）查看数据库“BookDateBase”中“Books”表的索引信息时可使用＿＿＿＿＿＿语句。

（4）视图是一个虚表，是从＿＿＿＿＿＿或其他视图导出的表，用户可以通过视图使用数据库中基于＿＿＿＿＿＿的数据。

（5）视图共有 4 种类型。除了用户定义的标准视图以外，SQL Server 12 还提供了＿＿＿＿＿＿、＿＿＿＿＿＿、系统视图等特殊类型的视图。

（6）视图的建立和＿＿＿＿＿＿不影响基表。但是，对视图内容的 ＿＿＿＿＿＿直接影响基表。当视图来自多个基表时，不允许通过视图＿＿＿＿＿＿数据。

3．简答题

（1）什么是索引？聚集索引和非聚集索引各有什么特点？
（2）创建索引有什么优、缺点？
（3）哪些列上适合创建索引？哪些列上不适合创建索引？
（4）创建索引时须考虑哪些事项？
（5）如何创建升序和降序索引？

（6）FILLFACTOR 的物理含义是什么？将一个只读表的 FILLFACTOR 设为合适的值有什么好处？

（7）什么是视图？使用视图的优点和缺点是什么？

（8）能从视图上创建视图吗？如何使视图的定义不可见？

（9）将创建视图的基础表从数据库中删除，视图也会一并删除吗？

（10）能在视图上创建索引吗？在视图上创建索引有哪些优点？

（11）能否从使用聚合函数创建的视图上删除数据行？为什么？

（12）更改视图名称会导致什么问题？

（13）修改视图中的数据会受到哪些限制？

4．实践题

（1）选一应用案例的数据表，构建索引并进行快速查询。

（2）对应用案例，构建一视图并进行查看和修改。

13.2.3 练习与实践五

1．选择题

（1）SQL Server 提供的单行注释语句是使用（　　）开始的一行。

A．/ *　　　　B．@@

C．--　　　　D．//

（2）对于多行注释，必须使用注释字符对（　　）开始注释，使用结束注释字符对（　　）结束注释。

A．//　　　　B．/* */

C．--　　　　D．// //

（3）SQL Sever 中，全局变量以什么符号开头（　　）。

A．@　　　　B．**

C．@@　　　　D．&&

（4）下列标识符可以作为局部变量使用的是（　　）。

A．[@Myvar]　　　　B．My var

C．@My var　　　　D．@Myvar

（5）用以去掉字符串尾部空格的函数是（　　）。

A．LTRIM　　　　B．RTRIM

C．RIGHT　　　　D．SUBSTRING

（6）下列 T-SQL 语句中有语法错误的是（　　）。

A．DECLARE@Myvar INT

B．SELECT * FROM AAA

C．CREATE TABLE AAA

D．DELETE * FROM AAA

2．填空题

（1）SQL Server 中的编程语言是____________语言，它是一种非过程化的高级语言，其基本成分是____________。

（2）运算符是一种符号，用于指定要在一个或多个表达式中执行的操作，SQL Server 2012 中经常使用__________、__________、__________、__________、__________、__________和一元运算符。

（3）T-SQL 提供的控制结构有：__________、__________、__________、__________、__________和__________。

（4）在 SQL Server 中，其变量共分为两种：一种是__________，另一种是__________。

（5）包含在引号（“”）或方括号（[ ]）内的标识符称为__________。

（6）函数 LEFT(' abcdef', 2)的结果是__________。

（7）在 T-SQL 中，每个程序块的开始标记关键字是__________，其结束标记关键字是__________。

（8）一般可以使用__________命令来标识 T-SQL 批处理的结束。

3．简答题

（1）从功能上划分，T-SQL 语言分为哪 5 类？

（2）NULL 代表什么含义？将其与其他值进行比较会产生什么结果？若数值型列中存在 NULL，则会产生什么结果？

（3）使用 T-SQL 语句向表中插入数据应注意什么？

（4）在 SELECT 语句中 DISTINCT、ORDER BY、GROUP BY 和 HAVING 子句的功能各是什么？

（5）在一个 SELECT 语句中，当 WHERE 子句、GROUP BY 子句和 HAVING 子句同时出现在一个查询中时，SQL 的执行顺序如何？

（6）什么是局部变量？什么是全局变量？如何标识它们？

（7）什么是批处理？使用批处理有何限制？

（8）在默认情况下，SQL 脚本文件的后缀是什么？SQL 脚本执行的结果有哪几种形式？

（9）T-SQL 的概念及特点是什么？

（10）T-SQL 类型和执行方式有哪些？

（11）标识符有哪几种？使用规则是什么？

（12）什么是批处理及其规则？指定其方法有哪些？

（13）什么是脚本？主要有哪些用途？

（14）什么是事务？其特征有哪些？

（15）什么是常量和变量？两种变量的种类及特点如何？

（16）常用函数种类及特点有哪些？

（17）一般的表达式种类及特点有哪些？

（18）BEGIN...END 语句有何功能，语法格式是什么？

（19）选择结构有哪几种？语法格式是什么？

（20）循环结构的功能是什么？语法格式怎么用？

*（21）SQL Server 2012 对 T-SQL 有哪些大幅增强？

*（22）这些新的增强有何意义？

（23）SQL 语言提供了哪两种使用方式？

（24）什么是嵌入式 SQL？

（25）嵌入式 SQL 的语法有哪些规定？

4．实践应用题

阅读以下程序，写出运行结果或答案。

（1）执行以下程序段后，写出屏幕显示的运行结果。

【程序清单】

```
DECLARE @ x int
SET @x=12
WHILE  .T.
BEGIN
  SET @x=@x+1
    IF@x=ROUND（@x/4，0）*5
      PRINT @x
    ELSE
      CONTINUE
    IF @x>10
        BREAK
END
```

（2）假设有一个名为 AAA 的数据库，包括 Students（学号 char(8)，姓名 varchar(8)，年龄 int，专业 varchar(20)，入学日期 DateTime）和 Score（学号 char(8)，课程名 varchar (10)，成绩 numeric（5，2））两张表。试简述下列程序段的功能并写出结果。

①【程序清单】

```
SELECT year（入学日期）AS 入学年份，count( *) AS 人数
 FROM Students
 GROUP BY year（入学日期）
```

②【程序清单】

```
DECLARE @MyNo CHAR（8）
  SET @MyNo='20030001'
  IF（SELECT 专业 FROM Students   WHERE 学号=@ MyNo）='计算机软件',
    BEGIN
    SELECT AVG () AS
    FROM   Score
    WHERE 学号 =@MyNo
END
ELSE
PRINT '学号为'+@ MyNo+'的学生不存在或不属于软件专业'
GO
```

（3）编写一个程序，输出所有学生的学号和平均分，并以平均分递增排序。

（4）编写一个程序，判断 school 数据库中是否存在 student 表。

（5）编写一个程序，查询所有同学参加考试的课程的信息。

（6）编写一个程序，查询所有成绩高于该课程平均分的记录，且按课程号有序排列。

*（7）创建一个自定义函数 maxscore，用于计算给定课程号的最高分，并用相关数据进行测试。

13.2.4 练习与实践六

1．选择题

（1）下列（　　）不是由于关系模式设计不当所引起的问题？

A．数据冗余　　　　B．插入异常

C．删除异常　　　　D．丢失修改

（2）下列关于部分函数依赖的叙述中，（　　）是正确的？

A．若 $X \to Y$，且存在属性集 Z，$Z \cap Y \neq \phi$，$X \to Z$，则称 Y 对 X 部分函数依赖

B．若 $X \to Y$，且存在属性集 Z，$Z \cap Y = \phi$，$X \to Z$，则称 Y 对 X 部分函数依赖

C．若 $X \to Y$，且存在 X 的真子集 X'，$X' \to Y$，则称 Y 对 X 部分函数依赖

D．若 $X \to Y$，且对于 X 任何真子集 X'，都有 $X' \to Y$，则称 Y 对 X 部分函数依赖

（3）消除了部分函数依赖的的关系模式，必定是（　　）。

A．1NF　　　　B．2NF

C．3NF　　　　D．BCNF

（4）设有关系模式 W（C，P，S，G，T，R），其中各属性的含义是 C 货物，P 企业，S 客户，G 数量，T 时间，R 商店，根据定义有如下函数依赖集：

$F\{C \to G,（S，C）\to G,（T，R）\to C,（T，P）\to R,（T，S）\to R\}$

关系模式 W 的一个关键字是（　　）

A．(S,C)　　　　B．(T,R)

C．(T,P)　　　　D．(T,S,P)

（5）关系规范化中的删除操作异常是指（　　），插入操作异常是指（　　）。

A．不该删除的数据被删除　　　　B．不该插入的数据被插入

C．应该删除的数据未被删除　　　　D．应该插入的数据未被插入

（6）规范化理论是关系数据库进行逻辑设计的理论依据。根据这个理论，关系数据库中的关系必须满足：其每一属性都是（　　）。

A．互不相关的　　　　B．不可分解的

C．长度可变的　　　　D．互相关联的

（7）关系模式中，满足 2NF 的模式的（　　）。

A．必定是 3NF　　　　B．必定是 1NF

C．可能是 1NF　　　　D．必定是 BCNF

2．填空题

（1）关系模式规范化过程中，若要求分解保持函数依赖，则分解后的模式一定可以达到 3NF，但不一定能达到____________。

（2）设有关系模式 R（B，C，M，T，A，G），根据语义有如下函数依赖集：$F=\{B \to C,（M，T）\to B,（M，C）\to T,（M，A）\to T,（A，B）\to G\}$。则关系模式 R 的候选键是____________。

（3）对数据模型的规范化，主要是解决插入异常、____________和数据冗余过大的问题。

（4）设 $X \to Y$ 是关系模式 R 的一个函数依赖，且 Y 不是 X 的子集，则称 $X \to Y$ 是____________。

（5）在同一个关系中，若存在非平凡函数依赖 $X \to Y$，$Y \to Z$，而 $Y \nrightarrow X$，则称 Z________X。

（6）若一个关系 R 中的所有非主属性都完全函数依赖于每个候选关键字，则称关系 R 属于____________，记作____________。

（7）一个关系模式为 $Y(X1,X2,X3,X4)$，假定该关系存在如下函数依赖：$X1 \to X2$，$X1 \to X3$，$X3 \to X4$，则该关系属于____________，因为存在着____________。

3．简答题

（1）试建立关于系、客户、班级、社团等信息的一个关系数据库，一个系有若干个专业，每

个专业每年只招一个班，每个班有若干个客户，一个系的客户住在同一宿舍区， 每个客户可以参加若干个社团，每个社团有若干客户。

描述客户的属性有：编号、客户名称、出生年月、系名、班级号、宿舍区。

描述班级的属性有：班级号、专业名、系名、人数、入校年份。

描述系的属性有：系名、系号、系办公地点、人数。

描述社团的属性有：社团名、成立年份、地点、人数、客户参加某社团的年份。

请给出关系模式，写出每个关系模式的最小函数依赖集，指出是否存在传递函数依赖。对于函数依赖左部是多属性的情况，讨论函数依赖是完全函数依赖还是部分函数依赖。指出各关系的候选键、外部键，有没有全键存在？

（2）对函数依赖 $X\to Y$ 的定义加以扩充，X 和 Y 可以为空属性集，用ϕ表示，则 $X\to\phi$，$\phi\to Y$，$\phi\to\phi$的含义是什么？

（3）设 R=$ABCD$,R 上的函数依赖集 $F=\{A\to B, B\to C, A\to D, D\to C\}$，$R$ 的一个分解 $\rho=\{AB,AC,AD\}$，求：(1)F 在 ρ 的每个模式上的投影。(2)ρ 相对于 F 是无损联接分解吗？(3)ρ 保持依赖吗？

（4）设 R=$ABCD$,R 上的 $F=\{A\to B, B\to C, D\to B\}$，将 R 分解成 BCNF 模式集。

1）若首先将 R 分解成$\{ACD,BD\}$，试求 F 在这两个模式上的投影。

2）ACD 和 BD 是 $BCNF$ 吗?若不是，请进一步分解。

（5）设关系模式 R(C#,P#,$AMOUNT$,$ENAME$,$ADDR$)，其属性分别表示客户编号、购买商品的编号，数量、制造企业地址等意义。若规定，每个客户每学一件商品只有一个数量；每件商品只有一个企业购买；每个企业只有一个地址（此处不允许企业同名同姓）。

1）试写出关系模式 R 基本的函数依赖和候选键。

2）试将 R 分解成 2NF 模式集，并说明理由。

3）试将 R 分解成 3NF 模式集，并说明理由。

（6）现有某个应用，涉及到两个实体集，相关的属性为：

实体集 R(A#, A1, A2, A3)，其中 A#为键；

实体集 S(B#, B1, B2)，其中 B#为键。

从实体集 R 到 S 存在多对一的联系，联系属性是 D1。

1）设计相应的关系数据模型。

2）若将上述应用的数据库设计为一个关系模式，如下：

RS(A#, A1, A2, A3, B#, B1, B2, D1)

指出该关系模式的键。

3）假设上述关系模式 RS 上的全部函数依赖为：$A1\to A3$。

指出上述模式 RS 最高满足第几范式?（在 1NF～BCNF 之内）为什么?

4．实践题

设关系模式 R(C#,CNAME,AGE,SEX,P#,AMOUNT,ENAME,ADDR)，其属性分别表示客户编号、购买商品的编号，数量、制造企业地址等意义。若规定，每个客户每购买一件商品只有一个数量；每件商品只有一个企业购买；每个企业只有一个地址（此处不允许企业同名）。

对 R 进行分解，上机实现一个数据库模式使之满足 3NF。

13.2.5 练习与实践七

1．选择题

（1）关于触发器叙述正确的是（　　）。

A．触发器是自动执行的，并可以在一定条件下触发
B．触发器不可以同步数据库的相关表进行级联更改
C．SQL Server 不支持 DDL 触发器
D．触发器不属于存储过程

（2）关于存储过程叙述正确的是（　　）。
A．存储过程独立于表，它存放在客户端，供客户使用
B．存储过程只是一些 T-SQL 语句的集合，不能看作 SQL Server 的对象
C．存储过程可以使用控制流语句和变量，大大增强了 SQL 的功能
D．存储过程在调用时会自动编译，因此使用方便

（3）关于创建存储过程，下列说法中（　　）是错误的？
A．设计每个存储过程以完成单项任务
B．对所有存储过程使用不同的连接设置
C．尽可能减少临时存储过程的使用
D．用相应的架构名称限定存储过程所引用的对象名称

2．简答题

（1）什么是存储过程？用途是什么？
（2）存储过程的优点和种类有哪些？
（3）建立及查看存储过程的语句是什么？
（4）如何修改存储过程？
（5）对存储过程如何更名？如何删除？
（6）什么是触发器？用途是什么？
（7）如何建立触发器？
（8）触发器的工作方式有哪些？

13.3　数据库开发应用习题

13.3.1　练习与实践八

1．选择题

（1）下列对数据库应用系统设计的说法中正确的是（　　）。
A．必须先完成数据库的设计，才能开始对数据处理的设计
B．应用系统用户不必参与设计过程
C．应用程序员可以不必参与数据库的概念结构设计
D．以上都不对

（2）在需求分析阶段，常用（　　）描述用户单位的业务流程。
A．数据流图　　B．E-R 图
C．程序流图　　D．判定表

（3）下列对 E-R 图设计的说法中错误的是（　　）。
A．设计局部 E-R 图时，能作为属性处理的客观事物应尽量作为属性处理
B．局部 E-R 图中的属性均应为原子属性，即不能再细分为子属性的组合
C．对局部 E-R 图集成时既可以一次实现全部集成，也可以两两集成，逐步进行

D．集成后所得的 E-R 图中可能存在冗余数据和冗余联系，应予以全部清除

（4）下列属于逻辑结构设计阶段任务的是（　　）。

A．生成数据字典　　B．集成局部 E-R 图

C．将 E-R 图转换为一组关系模式　　D．确定数据存取方法

（5）将一个一对多联系型转换为一个独立关系模式时，应取（　　）为关键字。

A．一端实体型的关键属性　　B．多端实体型的关键属性

C．两个实体型的关键属性的组合　　D．联系型的全体属性

（6）将一个 *M* 对 *N*（*M*>*N*）的联系型转换成关系模式时，应（　　）。

A．转换为一个独立的关系模式　　B．与 *M* 端实体型所对应的关系模式合并

C．与 *N* 端实体型对应的关系模式合并　　D．以上都可以

（7）在从 E-R 图到关系模式的转化过程中，下列说法错误的是（　　）。

A．一个一对一的联系型可以转换为一个独立的关系模式

B．一个涉及三个以上实体的多元联系也可以转换为一个独立的关系模式

C．对关系模型优化时有些模式可能要进一步分解，有些模式可能要合并

D．关系模式的规范化程度越高，查询的效率就越高

（8）对数据库的物理设计优劣评价的重点是（　　）。

A．时空效率　　B．动态和静态性能

C．用户界面的友好性　　D．成本和效益

（9）下列不属于数据库物理结构设计阶段任务的是（　　）。

A．确定选用的 DBMS　　B．确定数据的存放位置

C．确定数据的存取方法　　D．初步确定系统配置

（10）确定数据的存储结构和存取方法时，下列策略中（　　）不利于提高查询效率。

A．使用索引

B．建立聚簇

C．将表和索引存储在同一磁盘上

D．将存取频率高的数据与存取频率低的数据存储在不同磁盘上

2．填空题

（1）在设计分 E-R 图时，由于各个子系统分别面向不同的应用，所以各个分 E-R 图之间难免存在冲突，这些冲突主要包括____________、____________和____________3 类。

（2）数据字典中的____________是不可再分的数据单位。

（3）若在两个局部 E-R 图中都有实体“零件”的“重量”属性，而所用重量单位分别为公斤和克，则称这两个 E-R 图存在____________冲突。

（4）设有 E-R 图如图所示，其中实体“学生”的关键属性是“学号”，实体“课程”的关键属性是“课程编码”，设将其中联系“选修”转换为关系模式 *R*，则 *R* 的关键字应为属性集____________。

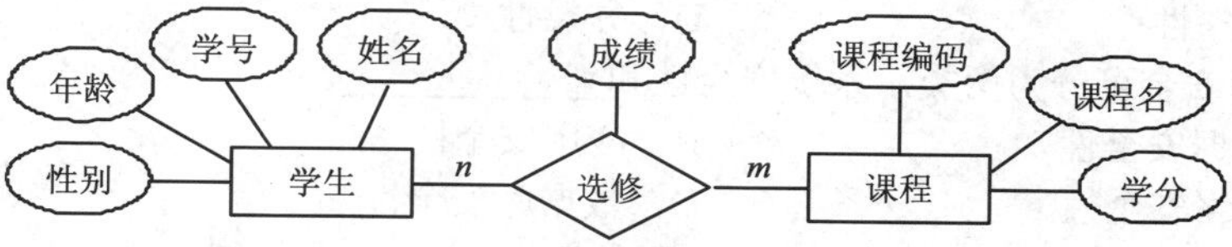

（5）确定数据库的物理结构主要包括 3 方面内容，即：____________、____________和____________。

（6）将关系 *R* 中在属性 *A* 上具有相同值的元组集中存放在连续的物理块上，称为对关系 *R*

基于属性 *A* 进行____________。

（7）数据库设计的重要特点之一要把____________设计和____________设计密切结合起来，并以____________为核心而展开。

（8）数据库设计一般分为如下 6 个阶段：需求分析、____________、____________、数据库物理设计、数据库实施、数据库运行与维护。

（9）概念设计的结果是得到一个与____________无关的模型。

（10）在数据库设计中，____________是系统各类数据的描述的集合。

3．简答题

（1）数据库设计分为哪几个设计阶段？

（2）用户需求调研的内容是什么？如何描述、分析用户需求？

（3）在概念设计中，如何构造实体？

（4）E-R 图如何向关系模型转换？

（5）在逻辑设计阶段，为什么要进行规范化处理？

（6）数据库维护的主要工作是什么？

4．实践题

根据数据库设计的 6 个步骤进行数据库应用系统的开发，主要从 6 个方面进行，即需求分析、概念结构设计、逻辑结构设计、物理结构设计、数据库实施、数据库运行维护，还要包括主要参考文献、系统设计的体会、用户的系统使用说明书、附录（系统的主控源程序代码）等，分析以下用户需求结合上述要求进行开发设计。

运用关系型数据库管理系统，实现本院图书馆管理信息系统。具体要求如下：

——图书、资料的登记、注销和查询。

——借书证管理，包括申请、注销借书证，查询借书证持有人等。

——借还图书、资料的登记、超期处理，超期拒借等。

——图书、资料查询，借、还图书和资料情况查询。

13.3.2 练习与实践九

1．选择题

（1）一个网络信息系统最重要的资源是____________。

A．计算机硬件　　B．网络设备

C．数据库　　D．数据库管理系统

（2）不应拒绝授权用户对数据库的正常操作，同时保证系统的运行效率并提供用户友好的人机交互体现指的是数据库系统的____________。

A．保密性　　B．可用性

C．完整性　　D．并发性

（3）数据库安全可分为两类：系统安全性和____________。

A．数据安全性　　B．应用安全性

C．网络安全性　　D．数据库安全性

（4）下面哪一项不属于 SQL 数据库的存取控制：____________。

A．用户鉴别　　B．用户的表空间设置和定额

C．用户资源限制和环境文件　　D．特权

（5）____________是防止合法用户使用数据库时向数据库中加入不符合语义的数据。

A．安全性　　B．完整性

C．并发性　　D．可用性

（6）下面不是由并发操作带来的数据现象是____________。

A．丢失更新　　B．读“脏”数据（脏读）

C．违反数据约束　　D．不可重复读

（7）下载数据库数据文件，然后攻击者就可以打开这个数据文件得到内部的用户和账号及其他有用的信息，这种攻击称为____________。

A．对 SQL 的突破　　B．突破 Script 的限制

C．数据库的利用　　D．对本地数据库的攻击

（8）只备份上次备份以后有变化的数据，这样的数据备份类型是____________。

A．增量备份　　B．差分备份

C．完全备份　　D．按需备份

（9）由非预期的、不正常的程序结束所造成的故障是____________。

A．系统故障　　B．网络故障

C．事务故障　　D．介质故障

（10）权限管理属于下面哪种安全性策略：____________。

A．系统安全性策略　　B．用户安全性策略

C．数据库管理者安全性策略　　D．应用程序开发者的安全性策略

2．填空题

（1）数据库的安全的核心和关键是____________。

（2）数据库系统安全包含两方面含义，即____________和____________。

（3）数据库系统的完整性主要包括____________和____________。

（4）数据库安全可分为两类：____________和____________。

（5）____________是指在对象级控制数据库的存取和使用的机制。

（6）数据安全性是指____________。

（7）____________是数据库保护的两个不同的方面。

（8）计算机系统中的数据备份通常是指将存储在____________等存储介质上的数据，在计算机以外的地方另行保管。

（9）____________是指数据库管理员定期地将整个数据库复制到磁带或另一个磁盘上保存起来的过程。这些备用的数据文本称为____________。

（10）数据备份的类型按备份的数据量来分，有____________。

（11）数据恢复操作通常有 3 种类型：____________。

（12）数据库安全策略主要有____________、____________、和____________。

3．简答题

（1）数据库系统的安全含义是什么？有哪几方面的含义？

（2）数据库的数据保护包括哪几方面的内容？各自有什么含义？

（3）什么叫数据库的并发控制？是为了解决哪些问题而引入的机制？

（4）数据库安全防范的常用方法有哪些？

（5）什么叫数据的备份和恢复？

（6）为何要进行数据加密？如何进行审计？

（7）什么是数据库的安全及数据安全？
（8）威胁数据库安全的要素有哪些？
（9）数据库安全的层次和结构如何？
（10）数据库安全的关键技术有哪些？
（11）数据库的安全策略和机制是什么？
（12）什么是数据库的权限管理？
（13）如何进行安全访问控制管理？
（14）用户与角色管理方法有哪些？
（15）什么是数据的完整性？数据完整性构成有哪些？
（16）如何进行数据完整性实施？
（17）完整性规则和默认值操作有哪些？
（18）什么是并发操作？什么是并发控制？
（19）常用的封锁技术有哪些？
（20）怎样进行并发操作的调度？
（21）什么是数据的备份？如何进行数据备份？
（22）数据恢复类型和模式有哪些？
（23）如何进行数据恢复？

4．实践题

（1）使用 SQL Server 2012 的 SSMS 或 SQL 备份/恢复语句在本地主机上进行数据库备份和恢复操作，写出操作过程。
（2）使用命令语句对本地主机的一个数据库进行备份和恢复操作。
（3）利用 SQL Server 2012 进行登录控制及权限管理的具体方法。
（4）练习利用 SQL Server 自身的功能实现数据库加密和审计。

*13.3.3　练习与实践十

1．选择题

（1）下列（　　）不属于 DDBS 的分类。
　A．同构同质型 DDBS　　B．同构异质型 DDBS
　C．异构型 DDBS　　D．多媒体数据库
（2）DBMS 是指（　　）。
　A．数据库　　B．数据库管理系统
　C．数据库系统　　D．数据库应用系统
（3）数据库的英文缩写是（　　）。
　A．DB　　B．DBMS
　C．DBS　　D．DBAS
（4）下列哪项不属于数据仓库的特点（　　）。
　A．数据仓库的面向主题性　　B．数据仓库的集成性
　C．数据仓库的时变性　　D．数据仓库的独立性
（5）下列哪项不属于数据库新技术（　　）。
　A．分步式数据库　　B．主动数据库
　C．多媒体数据库　　D．数据视图

2．填空题

（1）分布式数据库系统是由若干个站集合而成。这些站又称为____________。

（2）数据库技术和人工智能技术相结合产生了____________。它是相对传统数据库的____________而言的，能根据应用系统的当前状况，主动适时地作出反应，执行某些操作。

（3）多媒体数据模型主要采用____________、____________的方式和____________的方式。

（4）数据仓库是一个____________、____________、____________、____________的数据集合，是支持管理部门的决策过程。

（5）数据库技术最初产生于 20 世纪 60 年代中期，根据数据模型的发展，可以划分为三个阶段：第一代的____________；第二代的____________；第三代的____________。

3．简答题

（1）分步式数据库的特点是什么？

（2）什么是多媒体数据库？

（3）什么是主动数据库？

（4）简述数据仓库的特点、数据挖掘的任务及 OLAP 系统的分类。

（5）简述数据库新技术的发展趋势。

4．实践题

试用本章介绍的一种数据库新技术，说明实现学校图书管理系统的方法。

第 14 章

复习及模拟测试题

为了更好地帮助各位进行数据库知识及技术方面的综合应用和复习，进一步提高分析问题和解决问题的能力，以及检验和了解个人自主学习情况，下面准备了十套“复习及模拟测试考题”，并在书后附有部分答案供参考。更多的“复习及模拟测试题”的内容及网络测试，可以浏览 http://jiatj.sdju.edu.cn/exam/。

14.1 复习及模拟测试 1

XX 大学 201__–201__学年第__学期

《数据库原理及应用》课程期末试卷 1 2012.12

开课学院：__________，专业：__________，考试形式：闭、开卷，所需时间__90__分钟

考生姓名：__________学号：____________ 班级 ____________ 任课教师 ________

题序	一	二	三	四	五	六	七	总 分
得分								
评卷人								

一、填空题（共 20 分，每空格 1 分）

1. 数据库管理技术的发展是与计算机技术及其应用的发展联系在一起的，它经历了 3 个阶段：__________阶段、__________阶段和__________阶段。

2. __________是数据库中全体数据的逻辑结构和特征的描述，反映的是数据的结构及其联系。它的一个具体值称为其的一个__________，反映的是数据库某一时刻的状态。

3. 在数据库的三级模式体系结构中，模式与内模式之间的映像实现了数据库的__________独立性，模式与外模式之间的映像实现了数据库的__________独立性。

4. 数据字典包括的主要内容有__________、__________、__________、__________和__________。

5. 能唯一标识实体的属性集称为__________。

6. 数据模型通常包括__________、__________和__________3 个要素。

7. SQL 全称是__________。

8. 并发控制的主要方法是采用了__________机制，其类型有__________和__________两种。

二、选择题（共 30 分，每小题 2 分）

1. 数据库系统的核心是__________。

   A. 数据库　　B. 数据库管理系统　　C. 数据模型　　D. 软件工具

2．下面说法正确的是 ____________。

A．数据库中只存在数据项之间的联系

B．数据库中数据项之间和记录之间都存在联系

C．数据库的数据项之间无联系而记录之间存在联系

D．数据库的数据项之间和记录之间都不存在联系

3．信息的三种世界是指现实世界、信息世界和____________世界。

A．计算机 B．虚拟 C．物理 D．理想

4．全局 E-R 模型的设计，需要消除属性冲突、命名冲突和____________。

A．结构冲突 B．联系冲突

C．类型冲突 D．实体冲突

5．同一个关系模型的任两个元组值____________。

A．不能全同 B．可全同 C．必须全同 D．以上都不是

6．SQL 语言是____________语言。

A．层次数据库 B．网络数据库

C．关系数据库 D．非数据库

7．以下有关空值的叙述中不正确的是____________。

A．用=NULL 查询指定列为空值的记录

B．包含空值的表达式其计算结果为空值

C．聚集函数通常忽略空值

D．对允许空值的列排序时，包含空值的记录总是排在最前面

8．下列命题中正确的是____________。

A．若 R 属于 2NF 则 R 属于 3NF B．若 R 属于 1NF 则 R 一定不属于 BCNF

C．若 R 属于 3NF 则 R 属于 BCNF D．若 R 属于 BCNF 则 R 属于 3NF

9．数据库管理系统通常提供授权功能来控制不同用户访问数据的权限，这主要是为了实现数据库的____________。

A．可靠性 B．一致性 C．完整性 D．安全性

10．写一个修改到数据库中与写一个表示这个修改的运行记录到日志文件中是两个不同的操作，对这两个操作的顺序应该是____________。

A．前者先做 B．后者先做

C．由程序员在程序中安排 D．由系统决定

11．关系代数的四个组合操作是____________。

A．连接、交、自然连接、除法 B．投影、连接、选取、除法

C．自然连接、选取、投影、除法 D．自然连接、选取、连接、投影

12．SQL 语言的 GRANT 和 REVOKE 语句主要用来维护数据库的____________。

A．安全性 B．一致性 C．完整性 D．可靠性

13．以下有关视图查询的叙述中正确的是____________。

A．首先查询出视图所包含的数据，再对视图进行查询

B．直接对数据库存储的视图数据进行查询

C．将对视图的查询转换为对相关基本表的查询

D．不能对基本表和视图进行操作

14．设计性能较优的关系模式主要的理论依据是____________。

A．关系规范化理论 B．关系运算理论

C．关系代数理论　　D．数理逻辑

15．若事务 T 对数据 R 已加 X 锁，则其他对数据 R__________。

A．可以加 S 锁不能加 X 锁　　B．不能加 S 锁可以加 X 锁

C．可以加 S 锁也可以加 X 锁　　D．不能加任何锁

三、计算题（每题 3 分，共 6 分）

设有如图所示的关系 R 和 S，计算：

R:

A	B	C
a	b	c
b	a	f
c	b	c

S:

A	B	C
b	a	f
d	a	c

（1）$R-S$

（2）$\pi_{A,B}(S)$

四、计算题（8 分）

设有关系 R，S 如下图，求 $R \underset{R.学号=S.学号}{\bowtie} S$

R:

学号	姓名	年龄
001	张三	18
002	李四	20

S:

学号	课程名	成绩
001	数据库	68
002	数据库	80
002	英语	89

五、计算题（8 分）

设关系 R，S 分别如下，求 $R \div S$ 的结果。

R:

A	B	C
a1	b1	c2
a2	b3	c7
a3	b4	c6
a1	b2	c3
a4	b6	c6
a2	b2	c3
a1	b2	c1

S:

B	C	D
b1	c2	d1
b2	c1	d1
b2	c3	d2

六、操作应用（每题 3 分，共 18 分）

设学生关系表 student，表中有 4 个字段：学号（字符型），姓名（字符型），年龄（整型），所在系（字符型）；选课关系表有 3 个字段：学号，课程号，成绩。用 SQL 语言完成下列功能：

（1）建立学生关系表。

（2）查询所有计算机系同学的姓名及其选修的课程号和成绩。

（3）求 C1 课程成绩高于张三学生的学号和成绩。

（4）添加一个学生记录，学生的姓名为李江，学号为 001，所在系为计算机系。

（5）删除李丽同学的记录。

（6）求其他系中比计算机系某一学生年龄小的学生信息。

七、推导证明（10 分）

设关系模式 R(ABCD)，F 是 R 上成立的 FD 集，F={ CD->B, B->A }。

1．说明 R 不是 3NF 模式的理由。

2．试把 R 分解成 3NF 模式集。

14.2 复习及模拟测试 2

XX 大学 201__–201__学年第__学期

《数据库原理及应用》课程期末试卷 2　2012.12

开课学院：__________，专业：__________，考试形式：闭、开卷，所需时间 90 分钟

考生姓名：__________学号：__________ 班级 __________ 任课教师 __________

题序	一	二	三	四	五	总 分
得分						
评卷人						

一、填空题（共 20 分，每空格 1 分）

1．数据库中的数据按一定的__________组织、描述和储存，具有较小的__________、较高的数据独立性和易扩展性，并可为一定范围内的各种用户共享。

2．数据库系统是由__________、__________、__________、__________和数据库管理员 5 部分组成。

3．在数据库的三级模式体系结构中，外模式与模式之间的映像，实现了数据库的__________独立性，而模式与内模式之间的映像，实现了数据库的__________独立性。

4．E-R 模型是对现实世界的一种抽象，它的主要成分是__________、__________和__________。

5．关系数据库的标准语言是__________，该语言的功能主要包括__________、__________、__________。

6．若事务 T 对数据对象 A 加了 S 锁，则其他事务只能对数据 A 再加__________，不能加__________，直到事务 T 释放 A 上的锁。

7．数据库应用系统的设计应该具有对数据进行收集、存储、加工、抽取和传播等功能，即包括数据设计和处理设计，而__________是系统设计的基础和核心。

8．在 ORDER BY 子句的选择项中，DESC 代表____________输出；省略 DESC 时，代表____________输出。

二、选择题（共 30 分，每小题 2 分）

1．数据库系统的三级模式结构中，定义索引的组织方式属于____________。

A．概念模式　　B．外模式
C．逻辑模式　　D．内模式

2．DB，DBMS，DBS 三者之间的关系是____________。

A．DB 包括 DBMS 和 DBS　　B．DBS 包括 DBMS 和 DB
C．DBMS 包括 DB 和 DBS　　D．DBS 与 DBMS 和 DB 无关

3．数据库的概念模型独立于____________。

A．具体的机器和 DBMS　　B．E-R 图
C．信息世界　　D．现实世界

4．视图创建完毕后，数据字典中存放的是____________。

A．查询语句　　B．查询结果
C．视图定义　　D．所引用的基本表的定义

5．一个关系数据库文件中的各元组____________。

A．前后顺序不能任意颠倒，一定要按照输入的顺序排列
B．前后顺序可以任意颠倒，不影响库中的数据关系
C．前后顺序可以任意颠倒，但若列的顺序不同，统计处理结果就可能不同
D．前后顺序不能任意颠倒，一定要按照关键字段值的顺序排列

6．SQL 语言中，实现数据检索的语句是____________。

A．SELECT　　B．INSERT　　C．UPDATE　　D．DELETE

7．SQL 中，与“NOT IN”等价的是____________。

A．=SOME　　B．<>SOME　　C．=ALL　　D．<>ALL

8．在一个 BCNF 关系模式中，所有的非主属性对码都是____________。

A．部分函数依赖　　B．平凡函数依赖　　C．传递函数依赖　　D．完全函数依赖

9．二维表的主属性可以包含____________属性。

A．0 个　　B．1 个　　C．1 个或多个　　D．多个

10．数据完整性约束条件主要指____________。

A．用户操作权限的约束　　B．用户口令校对
C．值的约束和结构的约束　　D．并发控制的约束

11．在数据管理技术的发展过程中，经历了人工管理阶段、文件系统阶段和数据库系统阶段。在这几个阶段中，数据独立性最高的是____________阶段。

A．数据库系统　　B．文件系统
C．人工管理　　D．数据项管理

12．数据库系统中，负责物理结构与逻辑结构的定义和修改的人员是____________。

A．数据库管理员　　B．专业用户
C．应用程序员　　D．最终用户

13．对关系模型叙述错误的是____________。

A．建立在严格的数学理论、集合论和谓词演算公式的基础之上
B．微机 DBMS 绝大部分采取关系数据模型

C．用二维表表示关系模型是其一大特点

D．不具有连接操作的 DBMS 也可以是关系数据库系统

14．从 E-R 模型向关系模型转换时，一个 $m:n$ 的联系转换为关系模式时，该关系模式的码由____________组成

A．m 端实体关系码的属性组成

B．n 端实体关系码的属性组成

C．m 端实体关系码和 n 端实体关系码的属性组合

D．重新选择属性

15．事务的隔离性是指____________。

A．事务中包括的所有操作要么都做，要么都不做

B．事务一旦提交，对数据库的改变是永久的

C．一个事务内部的操作及使用的数据对并发的其他事务是隔离的

D．事务必须是使数据库从一个一致性状态变到另一个一致性状态

三、计算题（共 22 分）

设有如图所示的关系 R、S、T，计算：

R:

A	*B*	*C*
3	6	7
2	5	7
7	2	3
7	6	7
4	4	3

S:

A	*E*	*F*
3	4	5
7	2	3

T:

A	*B*	*C*
1	5	3
3	6	7

（1）$R \cup T$（3 分）

（2）$\sigma_{C<A}(R)$ （3 分）

（3）$\pi_{F,E}(S)$（3 分）

（4）$R \bowtie S$（6 分）

（5）$R \div S$（7 分）

四、应用题（每题 3 分，共 18 分）

设有一个工程零件数据库，包括以下 4 个基本表：

供应商（供应商代码，姓名，所在城市，联系电话）；

工程（工程代码，工程名，负责人，预算）；

零件（零件代码，零件名，规格，产地，颜色）；

供应零件（供应商代码，工程代码，零件代码，数量）。

试用 SQL 语句完成如下操作。

（1）创建表供应商，表中有 4 个字段：供应商代码（字符型），性别（字符型），所在城市（字符型），联系电话（字符型）。

（2）求供应工程 J1 中零件 P1 的供应商姓名。

（3）求供应工程 J1 零件为红色的供应商代码。

（4）求供应商代码及其供应的工程数。

（5）求既为工程 J1 供应零件，又为工程 J2 供应零件的供应商代码。

（6）在表工程中添加一个记录，工程代码为 0001，工程名为拖拉机制造，负责人为李平，预算为 70000 元。

五、推导证明（10 分）

设关系模式 R(ABC)，F 是 R 上成立的 FD 集，F={ A->B, B->C }。

1．说明 R 不是 3NF 模式的理由。

2．试把 R 分解成 3NF 模式集。

14.3 复习及模拟测试 3

XX 大学 201__–201__学年第__学期

《数据库原理及应用》课程期末试卷 3　2012.12

开课学院：__________，专业：__________，考试形式：闭、开卷，所需时间____90____分钟

考生姓名：__________学号：__________ 班级 __________ 任课教师 __________

题序	一	二	三	四	五	六	总 分
得分							
评卷人							

一、填空题（共 20 分，每空格 1 分）

1．数据库管理系统是位于用户与__________之间的一个数据管理软件，它主要包括__________功能、__________功能、数据库的运行管理和数据库的建立与维护功能等。

2．数据库管理系统必须提供的数据控制和保护功能包括__________、__________、__________、__________和事务支持。

3．SQL 语言的数据定义功能包括__________、__________和__________。

4．若事务在运行过程中，由于种种原因，使事务未运行到正常终止之前就被撤销，这种情况就称为__________。

5．在数据库设计中，对数据库的概念、逻辑和物理结构和改变称为__________。其中，改变概念或物理结构又称__________，改变物理结构称为__________。

6．数据模型通常包括__________、__________和__________3 个要素。

7．E-R 模型是对现实世界的一种抽象，它的主要成分是__________、__________和__________。

二、选择题（共 30 分，每小题 2 分）

1．数据存储结构的改变对应用程序的影响，称为数据库的__________。

A．数据的物理独立性　　B．数据的逻辑独立性

C．物理结构的独立性　　D．逻辑结构的独立性

2．下面关于数据库系统的正确叙述是__________。

A．数据库系统减少了数据冗余

B．数据库系统避免了数据冗余

C．数据库系统中数据的一致性指数据类型一致

D．数据库系统比文件系统能管理更多的数据

3．一个供应商可供应多种零件，而一种零件可由多个供应商供应，则实体供应商与零件之间的联系是____________。

A．一对一　　B．一对多

C．多对一　　D．多对多

4．在数据库设计中，当合并局部 E-R 图时，学生在某一局部应用中被当作实体，而在另一局部应用中被当作属性，那么我们称这种现象为____________冲突。

A．属性　　B．命名

C．联系　　D．结构

5．在关系代数的传统集合运算中，假定有关系 R 和 S，运算结果为 W。如果 W 中的元组属于 R，并且属于 S，则 W 为____________运算的结果。

A．笛卡儿积　　B．并　　C．差　　D．交

6．已知学生表 Student、课程表 Course 和学生选课表 SC。它们的结构如下：

Student(Sno，Sname，Ssex，Sage，Sdept)

Course(Cno，Cname)

SC(Sno，Cno，Grade)

其中：Sno 为学号，Sname 为姓名，Ssex 为性别，Sage 为年龄，Sdept 为系别，Cno 为课程号，Cname 为课程名，GradeE 为成绩。

查找选修”COMPUTER”课程的女学生姓名，将涉及到关系：____________。

A．Student　　B．SC，Course

C．Student，SC　　D．Student，Course，SC

7．SQL 语言具有两种使用方式，分别是交互式 SQL 和____________。

A．提示式 SQL　　B．多用户 SQL

C．嵌入式 SQL　　D．解释式 SQL

8．由于关系模式设计不当引起的更新异常是____________。

A．两个事物同时对一数据项进行更新而造成数据不一致

B．由于关系的不同元组中数据冗余，更新时未能同时更新所有元组造成的数据不一致

C．未经授权的用户对数据进行了更新

D．对数据的更新因为违反完整性的约束条件而遭到拒绝

9．授权编译系统和合法性检查机制一起组成了____________子系统。

A．安全性　　B．完整性　　C．并发控制　　D．恢复

10．下面____________不会破坏正在运行的数据库。

A．磁盘损坏　　B．磁盘的磁头碰撞

C．突然停电　　D．瞬时的强磁场干扰

11．WHERE 的条件表达式中，可以匹配单个字符的是____________。

A．*　　B．%　　C．-　　D．?

12．以下有关索引的叙述中正确的是____________。

A．索引越多，更新速度越快

B．索引需要用户引用

C．并置索引中列的个数不受限制

D．索引可以用来提供多种存取路径

13．消除了部分函数依赖的 lNF 的关系模式，必定是____________。

A．1NF　　B．2NF　　C．3NF　　D．BCNF

14．后援副本的用途是＿＿＿＿＿＿。
A．安全性保障 B．一致性控制 C．故障后的恢复 D．数据的转储

15．使某个事物永远处于等待状态，而得不到执行的现象称为＿＿＿＿＿＿。
A．死锁 B．活锁
C．串行调度 D．不可串行调度

三、应用题（10 分）

将下图转化为关系数据模型，并在主键下加下画线。

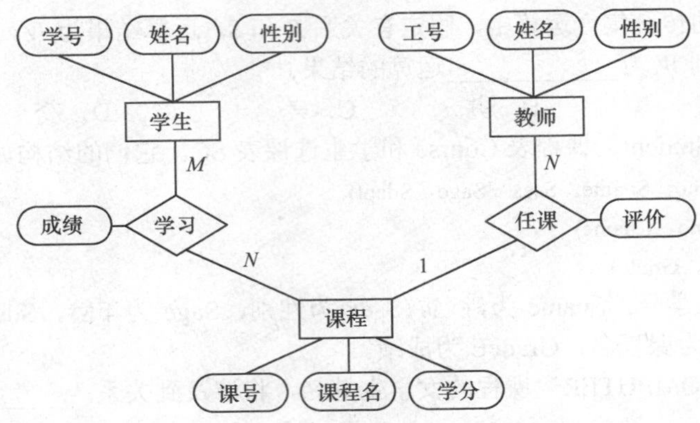

四、计算题（10 分）

设关系 R，S 分别如下，求 $R \div S$ 的结果。

S:

课程号	课程名
201	英语
202	数据库
203	数据结构
204	操作系统

R:

学号	课程号	成绩
0001	201	89
0002	201	77
0002	202	89
0001	203	89
0003	204	76
0001	202	89
0002	204	56
0002	203	34
0003	201	78
0001	204	89

五、操作题（每题 4 分，共 20 分）

对下列关系模式分别用关系代数和 SQL 实现下列查询：

学生（学号，姓名，性别，年龄，所在系）
课程（课程号，课程名，先修课）
选课（学号，课程号，成绩）

（1）查询学号为 95001 的学生的所有信息。
（2）查询选修了课号为 001 课程的学生的姓名。
（3）查询至少选修了课号为 001 和 003 课程的学生的学号。

（4）求课号为 001 课程成绩高于张三学生的学号和成绩（仅用 SQL 实现）。

（5）求选修了课号为 001 课程，但没有选修课号为 002 课程学生的学号。

六、推导证明（10 分）

设关系模式 R（ABCD），函数依赖集 $F=\{A\rightarrow C, C\rightarrow A, B\rightarrow AC, D\rightarrow AC, BD\rightarrow A\}$求出 R 的候选码，将 R 分解为第三范式。

14.4 复习及模拟测试 4

XX 大学 201__–201__学年第__学期

《数据库原理及应用》课程期末试卷 4 2012.12

开课学院：__________，专业：__________，考试形式：闭、开卷，所需时间__90__分钟

考生姓名：__________学号：__________ 班级 __________ 任课教师 __________

题序	一	二	三	四	五	六	总 分
得分							
评卷人							

一、填空题（共 20 分，每空格 1 分）

1. 数据库系统（DBS）是指在计算机系统中引入数据库后的系统构成。一般由__________、__________、__________、__________、__________和__________构成。

2. 视图是一个虚表，它是从__________中导出的表。在数据库中，只存放视图的__________，不存放视图的__________。

3. 存取权限包括两个方面的内容，一个是__________，另一个是__________。

4. 在设计分 E-R 图时，由于各个子系统分别有不同的应用，而且往往是由不同的设计人员设计的。所以，各个分 E-R 图之间难免有不一致的地方，这些冲突主要有：__________、__________和__________3 类。

5. 数据库系统分为__________、__________和__________三级模式结构。

6. 数据模型通常包括__________、__________和__________3 个要素。

二、选择题（共 30 分，每小题 2 分）

1. 在数据库中，产生数据不一致的根本原因是__________。
   A. 数据存储量太大　　B. 没有严格保护数据
   C. 未对数据进行完整性控制　　D. 数据冗余

2. 数据库中数据的共享指的是__________。
   A. 同一个应用中的多个程序共享一个数据集合
   B. 多个用户、同一种语言共享数据
   C. 多个用户共享一个数据文件
   D. 多种应用、多种语言、多个用户相互覆盖地使用数据集合

3. 实体是信息世界中的术语，与之对应的数据库术语为__________。
   A. 文件　　B. 数据库
   C. 字段　　D. 记录

4. E-R 模型的三要素是__________。

A．实体、属性、实体集　　B．实体、键、联系
C．实体、属性、联系　　D．实体、域、候选键

5．关系模式的任何属性________。
A．不可再分　　B．可再分
C．命名在该关系模式中可以不唯一　　D．以上都不是

6．SQL 语言具有________的功能。
A．关系规范化、数据操纵、数据控制
B．数据定义、数据操纵、数据控制
C．数据定义、关系规范化、数据控制
D．数据定义、关系规范化、数据操纵

7．SQL 语言是________。
A．过程化语言　　B．非过程化语言
C．格式化语言　　D．导航式语言

8．________是 DBMS 的基本单位，它是用户定义的一组逻辑一致的程序序列。
A．程序　　B．命令　　C．事务　　D．文件

9．下面哪个会破坏正在运行的数据库________。
A．中央处理器故障　　B．操作系统故障
C．突然停电　　D．瞬时的强磁场干扰

三、计算题（10 分）

已知 A,B 两个关系如下表所示，求 $A\cup B$，$A-B$，$\pi_{X,Z}(B)$。

A:

X	Y	Z
X1	3	T1
X2	5	T4
X3	2	T3

B:

X	Y	Z
X1	3	T4
X2	2	T3
X3	2	T3

四、计算题（10 分）

设关系 R，S 分别如下，求 $R\div S$ 的结果。

R:

工程号	零件号	数量
a1	b1	58
a2	b1	43
a3	b4	678
a1	b2	65
a4	b6	65
a2	b2	43
a1	b2	58

S:

零件号	零件名	颜色
b1	螺母	红色
b2	螺钉	蓝色

五、操作题（每题 4 分，共 20 分）

对下列关系模式分别用关系代数和 SQL 实现下列查询：

学生（学号，姓名，性别，年龄，所在系）

课程（课程号，课程名，先修课）

选课（学号，课程号，成绩）

（1）查询课程号为 001 的课程的所有信息。

（2）查询没有选修课号为 001 课程的学生学号。

（3）查询选修了全部课程的学生的学号和姓名（仅用关系代数实现）。

（4）查询课程号及选修了该课程的人数（仅用 SQL 实现）。

（5）求选修了课号为 001 课程，但没有选修课号为 002 课程学生的学号。

六、推导证明（10 分）

设有关系 R 和函数依赖 F：

$R(W, X, Y, Z)$，$F = \{X \to Z, WX \to Y\}$。

试求下列问题：

（1）关系 R 属于第几范式？

（2）如果关系 R 不属于 BCNF，请将关系 R 逐步分解为 BCNF。

14.5 复习及模拟测试 5

XX 大学 201__–201__学年第__学期

《数据库原理及应用》课程期末试卷 5　2012.12

开课学院：__________，专业：__________，考试形式：闭、开卷，所需时间 90 分钟

考生姓名：__________ 学号：__________ 班级 __________ 任课教师 __________

题序	一	二	三	四	五	六	总 分
得分							
评卷人							

一、填空题（共 20 分，每空格 1 分）

1．模型是__________世界特征的模拟和抽象。__________是数据库系统的核心和基础。

2．关系模型的基本结构是__________，又称为__________；关系模型中数据之间的联系是通过__________实现的。

3．SELECT 语句中，表示条件表达式用 WHERE 子句，分组用__________子句，排序用__________子句。

4．事务具有 4 个特性：__________、__________、__________和__________。

5．数据流图是从__________和__________两个方面表示数据处理系统工作过程的一种图示方法。

6．数据库系统中发生的故障大致可以分为__________、__________、__________、__________和用户操作错误 5 类。

7．数据模型通常包括__________、__________和__________3 个要素。

二、选择题（共 30 分，每小题 2 分）

1．数据库管理系统能实现对数据的查询、插入、修改和删障等操作，这种功能称为____________。

A．数据定义功能　B．数据管理功能　C．数据操纵功能　D．数据控制功能

2．存储在计算机存储介质上的结构化的数据集合英文名称是____________。

A．DD　B．DBS　C．DB　D．DBMS

3．按照传统的数据模型分类，数据库系统可以分为 3 种类型：____________。

A．大型、中型和小型　B．西文、中文和兼容

C．层次、网状和关系　D．数据、图形和多媒体

4．所谓概念模型就是____________。

A．客观存在的事物及其相互联系

B．将信息世界中的信息数据化

C．实体模型在计算机中的数据化表示

D．现实世界到机器世界的一个中间层次，即信息世界

5．设属性 A 是关系 R 的主属性，则属性 A 不能为空值，这是____________。

A．实体完整性规则　B．参照完整性规则

C．用户自定义完整性　D．域完整性规则

6．SQL 语言中，实现删除基本表的语句是____________。

A．DROP TABLE　B．DEL TAB

C．DELETE TABLE　D．不允许删除基本表

7．SELECT 语句执行的结果是____________。

A．数据项　B．元组　C．表　D．视图

8．关于 3NF 的关系模式，以下说法正确的是____________。

A．某个非主属性不传递依赖于码

B．某个非主属性不部分依赖于码

C．每个非主属性都不传递依赖于码

D．每个非主属性都不部分依赖于码

9．事务的原子性是指____________。

A．事务中包括的所有操作要么都做，要么都不做

B．事务一旦提交，对数据库的改变是永久的

C．一个事务内部的操作及使用的数据对并发的其他事务是隔离的

D．事务必须是使数据库从一个一致性状态变到另一个一致性状态

10．下面____________不是数据库系统必须提供的数据控制功能。

A．完整性　B．可移植性

C．安全性　D．并发控制

11．若有 3 个用户 $U1$，$U2$，$U3$，关系 R，则下列不符合 SQL 的权限授予和回收的语句是____________。

A．grant select on R to U1　B．revoke update on R to U3

C．grant delete on R to U1,U2,U3　D．revoke insert on R from U2

12．索引的作用之一是____________。

A．节省存储空间　B．便于管理

C．加快查询速度　　D．建立各数据表之间的联系

13．规范化过程主要为克服数据库逻辑结构中的插入异常，删除异常以及________的缺陷。

A．数据的不一致性　　B．结构不合理

C．冗余度大　　D．数据丢失

14．事务的一致性是指__________。

A．事务中包括的所有操作要么都做，要么都不做

B．事务一旦提交，对数据库的改变是永久的

C．一个事务内部的操作及使用的数据对并发的其他事务是隔离的

D．事务必须是使数据库从一个一致性状态变到另一个一致性状态

15．恢复机制的关键问题是建立冗余数据，最常用的技术是__________。

A．数据镜像　　B．数据转储

C．登录日志文件　　D．B+C

三、计算题（每题 3 分，共 9 分）

设有如图所示的关系 *R* 和 *S*，计算：

S:

A	*B*	*C*
b	a	f
d	a	c

R:

A	*B*	*C*
a	b	c
b	a	f
c	b	c

（1）$R \cap S$

（2）$R \times S$

（3）$\sigma_{C=A}(R)$

四、计算题（11 分）

已知两个关系 *R* 和 *S* 如下表所示，求 R 和 S 的自然连接。

S:

课程号	课程名
201	英语
202	数据库
203	数据结构
204	操作系统

R:

学号	课程号	成绩
0001	201	89
0002	201	77
0002	202	89
0003	203	89

五、操作题（每题 4 分，共 20 分）

对下列关系模式分别用关系代数和 SQL 实现下列查询。

学生（学号，姓名，性别，年龄，所在系）

课程（课程号，课程名，先修课）

选课（学号，课程号，成绩）

（1）求选修了课程号为“C2”课程的学生的姓名。

（2）求既选修了“C2”课程又选修了“C3”课程的学生的学号。

（3）求选修了全部课程的学生学号（只要求用关系代数实现）。

（4）创建学生表，学号、姓名、性别、所在系为字符型，年龄为整型（只要求用 SQL 实现）。

（5）求选修课程超过三门的学生学号（只要求用 SQL 实现）。

六、推导证明（10 分）

设有关系 STUDENT(S#,SNAME,SDEPT,MNAME,CNAME,GRADE)，S#,CNAME 为候选码，设关系中有如下函数依赖：

S#,CNAME→SNAME,SDEPT,MNAME

S#→SNAME,SDEPT,MNAME

S#,CNAME→GRADE

SDEPT→MNAME

试求下列问题：

（1）关系 STUDENT 属于第几范式？

（2）如果关系 STUDENT 不属于 BCNF，请将关系 STUDENT 逐步分解为 BCNF。

14.6 复习及模拟测试 6

XX 大学 201__–201__学年第__学期

《数据库原理及应用》课程期末试卷 6　2012.12

开课学院：__________，专业：__________，考试形式：闭、开卷，所需时间 __90__ 分钟

考生姓名：__________学号：__________ 班级 __________ 任课教师 __________

题序	一	二	三	四	五	总 分
得分						
评卷人						

一、填空题（共 20 分，每空格 1 分）

1．数据库系统设计分为 6 个阶段分别为__________、__________、__________、__________、__________和__________。

2．数据库系统中最常使用的数据模型是__________、__________和__________。

3．关系模型的 3 种数据完整性约束为：__________、__________和__________。

4．数据模型通常包括__________、__________和__________3 个要素。

5．关系代数语言可以分为 3 类关系：__________、关系演算语言、__________。

6．数据库的保护功能主要包括确保数据的__________、__________、并发控制和__________4 方面的内容。

二、选择题（共 30 分，每小题 2 分）

1．数据库管理系统的缩写是__________。

A．DB　　B．DBA　　C．DBMS　　D．MIS

2．下面哪些是 DBA 的职责__________。

A．管理数据库资源　　B．收集和确定有关用户的需求

C．为用户提供资料和培训方面的帮助　　D．前面三个都是

3．关系数据模型__________。

A．只能表示实体间的 1 : 1 联系　　B．只能表示实体间的 1 : *n* 联系

C．只能表示实体间的 *m* : *n* 联系　　D．可以表示实体间的上述三种联系

4．概念设计的结果是____________。

A．一个与 DBMS 相关的概念模式　　B．一个与 DBMS 不相关的概念模式

C．数据库系统的公用视图　　D．数据库系统的数据词典

5．设关系 R 与 S 具有相同的目，且相对应的属性的值取自同一个域，则 $R-(R-S)$ 等于____________。

A．$R\cup S$　　B．$R\cap S$　　C．$R*S$　　D．$R-S$

6．下列 SQL 语句中，修改表结构的是____________。

A．ALTER　　B．CREATE

C．UPDATE　　D．INSERT

7．当用 ALTER TABLE 语句修改基本表时，如果要删除其中的某个完整性约束条件，用该使用____________。

A．MODIFY　　B．DROP　　C．ADD　　D．DELETE

8．若关系模式 R（A，B）属于 3NF，下列说法中正确的是____________。

A．它一定消除了插入和删除异常

B．仍存在一定的插入和删除异常

C．一定属于 BCNF

D．A 和 C 都正确

9．事务是数据库进行的基本工作单位．如果一个事务执行成功，则全部更新提交；如果一个事务执行失败，则已做过的更新枝恢复原状，好像整个事务从未有过这些更新，这样保持了数据库处于____________状态。

A．安全性　　B．一致性　　C．完整性　　D．可靠性

10．若两个事物 $T1$ 和 $T2$ 读入同一数据并进行修改，$T2$ 提交的结果破坏了 $T1$ 提交的结果，导致 $T1$ 的修改被 $T2$ 覆盖掉了，这种情况属于____________。

A．丢失修改　　B．读“脏”数据

C．不可重复读　　D．产生“幽灵”数据

11．数据库管理系统（DBMS）是 ____________。

A．数学软件　　B．应用软件　　C．计算机辅助设计软件　　D．系统软件

12．下面____________不是数据库技术的主要特点。

A．数据的结构化　　B．数据的冗余度小

C．较高的数据独立性　　D．程序的标准化

13．采用二维表格结构表达实体类型及实体间联系的数据模型是____________。

A．层次模型　　B．网状模型

C．关系模型　　D．实体联系模型

14．下面哪个符合 E-R 图表示规则____________。

A．

属性名（矩形）　　实体名（椭圆）　　联系名（菱形）

B．

实体名（矩形）　　属性名（椭圆）　　联系名（菱形）

C．

联系名（矩形）　　实体名（椭圆）　　属性名（菱形）

D.

实体名　　联系名　　属性名

15．若有 R（A，B，C，D），S（B，C，D），则 R⋈S 构成结果集为 ＿＿＿＿＿＿元关系。

A．4　　B．3　　C．7　　D．6

三、操作题（共 19 分）

设关系 R，S 分别如下，计算：

S:

课程号	课程名
201	英语
202	数据库
203	数据结构
204	操作系统

R:

职工号	课程号
J01	201
J02	204
J03	203
J04	202
J05	201

T:

学号	课程号	成绩
0001	201	89
0002	201	77
0002	202	89
0001	203	89
0003	204	76
0001	202	89
0002	204	56
0002	203	34
0003	201	78
0001	204	89

（1）$\pi_{学号,成绩}(T)$（3 分）；

（2）$T \div S$（8 分）；

（3）$R \bowtie S$（8 分）。

四、操作题（每题 3 分，共 21 分）

对下列关系模式用 SQL 实现下列操作：

学生（学号，姓名，性别，年龄，所在系）

课程（课程号，课程名，先修课）

选课（学号，课程号，成绩）

（1）向课程表中加入学时字段，学时为整型。

（2）求选修课程号为 202 课程的学生姓名及其成绩。

（3）求没有选修了课号 201 课程的学生姓名。

（4）求选修了高等数学的学生学号和姓名。

（5）建立视图 view1 用以查询成绩不及格的学生姓名、性别、所在系和成绩。

（6）求课程号为 202 课程的间接先修课（先修课的先修课）的课程号。

（7）求选修课程超过三门的学生学号。

五、推导证明（10 分）

设关系模式 R(ABCD)，F 是 R 上成立的 FD 集，F={ CD->B, B->A }。

1．说明 R 不是 3NF 模式的理由。

2．试把 R 分解成 3NF 模式集。

14.7 复习及模拟测试 7

XX 大学 201__–201__学年第__学期

《数据库原理及应用》课程期末试卷 7　2012.12

开课学院：__________，专业：__________，考试形式：闭、开卷，所需时间__90__分钟

考生姓名：__________学号：__________ 班级 __________ 任课教师 __________

题序	一	二	三	四	五	六	总 分
得分							
评卷人							

一、填空题（共 20 分，每空格 1 分）

1．数据库系统是由__________、__________、__________、__________和数据库管理员 5 部分组成。

2．数据库的保护功能主要包括确保数据的__________、__________、__________和__________4 方面的内容。

3．在 SQL 中，用__________子句消除重复出现的元组。

4．在 SQL 语言中，为了数据库的安全性，设置了对数据的存取进行控制的语句，对用户授权使用__________语句，收回所授的权限使用__________语句。

5．关系代数语言可以分为 3 类：__________、__________和__________。

6．数据库设计分六个阶段进行，这六个阶段是__________、__________、__________、__________、__________和__________。

二、选择题（共 30 分，每小题 2 分）

1．__________是存储在计算机内的有结构的数据集合。

A．网络系统　　B．数据库系统　　C．操作系统　　D．数据库

2．数据库系统的三级模式结构指__________。

A．外模式、模式、子模型　　B．子模型、模式、概念模式

C．模式、内模式、存储模式　　D．外模式、模式、内模式

3．在数据库设计中用关系模型表示实体和实体之间的联系，关系模型的结构是__________。

A．层次结构　　B．二维表结构　　C．网状结构　　D．封装结构

4．在数据库设计中，E-R 模型是进行__________的一个主要工具。

A．需求分析　　B．概念设计　　C．逻辑设计　　D．物理设计

5．在关系代数中，可以用选择和笛卡儿积表示的运算是__________。

A．投影　　B．联接　　C．交　　D．除法

6．下列 SQL 语句中，创建表结构的是__________。

A．ALTER　　B．CREATE

C．UPDATE　　D．INSERT

7．在关系数据库系统中，为了简化用户的查询操作，而又不增加数据的存储空间，常用的方法是创建__________。

A．另一个表　　B．游标　　C．视图　　D．索引

8．关于 BCNF 的关系模式，以下说法正确的是________。

A．消除了属性间的部分函数依赖和传递函数依赖

B．只消除了主属性对键的部分函数依赖和传递函数依赖

C．只消除了非主属性对键的部分函数依赖和传递函数依赖

D．不是哪个关系模式都可以规范化到 BCNF

9．并发操作会带来哪些数据不一致性________。

A．丢失修改、不可重复读、脏读、死锁

B．不可重复读、脏读、死锁

C．丢失修改、脏读、死锁

D．丢失修改、不可重复读、脏读

10．事物的可串行化调度是为了保证数据库的________特性。

A．完整性　　B．一致性　　C．安全性　　D．参考完整性

11．数据库系统的数据独立性是指________。

A．不会因为数据的变化而影响应用程序

B．不会因为系统数据存储结构与数据逻辑结构的变化而影响应用程序

C．不会因为存储策略的变化而影响存储结构

D．不会因为某些存储结构的变化而影响其他的存储结构

12．下面________阶段没有专门的软件对数据进行管理。

A．人工管理阶段　　B．文件系统阶段

C．数据库阶段　　D．A 和 B 都是

13．当关系有多个侯选码时，则选定一个作为主键，但若主键全为全码时应包含________。

A．单个属性　　B．两个属性

C．多个属性　　D．全部属性

14．数据流图是在数据库________阶段完成的。

A．需求分析　　B．概念设计　　C．逻辑设计　　D．物理设计

15．笛卡儿积是________进行运算。

A．向关系的垂直方向

B．向关系的水平方向

C．既向关系的水平方向也向关系的垂直方向

D．先向关系的垂直方向，然后再向关系的水平方向

三、计算题（每题 3 分，共 6 分）

设有如下所示的关系 R 和 S，计算：

（1）$R \times S$

（2）$\pi_{姓名,性别}(R)$

R:

职工号	姓名	性别
001	李平	女
002	张三	男
003	丁和	男

S:

职工号	部门号	工资
001	123	800
003	121	890

四、计算题（16 分）

已知两个关系 R 和 S 如下表所示，求 $R \underset{R.成绩>S.平均成绩}{\bowtie} S$，$R \div S$。

R:

学号	课程名	成绩
201	英语	90
202	数据库	78
202	数据结构	60
201	操作系统	95
202	英语	90
201	数据库	78

S:

学号	年龄	平均成绩
201	18	89
202	20	77

五、操作题（每题 3 分，共 18 分）

设职工—社团数据库有三个基本表：

职工（职工号，姓名，年龄，性别）；

社团（编号，名称，负责人职工号，活动地点）；

参加（职工号，编号，参加日期）。

其中职工表的主键是职工号，社团表的主键是编号，参加表的主键是职工号和编号。试用SQL 语句表达下列操作：

（1）定义职工表，职工号、姓名、性别为字符型，年龄为整型，职工号为主键。

（2）建立如下视图：

社团负责人（编号，名称，负责人职工号，负责人姓名，负责人性别）。

（3）查询参加唱歌队或者篮球队的职工号和姓名。

（4）查询没有参加任何社团的职工名单。

（5）将职工表中张三的年龄增加 1。

（6）求职工的最大年龄。

六、推导证明（10 分）

设有关系 R 和函数依赖 F：

R（W，X，Y，Z），$F=\{X \to Z, WX \to Y\}$。

试求下列问题：

（1）关系 R 属于第几范式？

（2）如果关系 R 不属于 BCNF，请将关系 R 逐步分解为 BCNF。

14.8 复习及模拟测试 8

XX 大学 201__–201__学年第__学期

《数据库原理及应用》课程期末试卷 8　2012.12

开课学院：__________，专业：__________，考试形式：闭、开卷，所需时间 <u>90</u> 分钟

考生姓名：__________学号：__________ 班级 __________ 任课教师 __________

题序	一	二	三	四	五	总 分
得分						
评卷人						

一、填空题（共 20 分，每空格 1 分）

1．数据模型通常包括____________、____________和____________3 个要素。

2．数据库系统中最常使用的数据模型是____________、____________和____________。

3．在 SQL 中，用____________命令可以从表中删除行，用____________命令可以从数据库中删除表。

4．对并发操作若不加以控制，可能带来的不一致性有____________、____________和____________。

5．在设计分 E-R 图时，由于各个子系统分别有不同的应用，而且往往是由不同的设计人员设计的。所以，各个分 E-R 图之间难免有不一致的地方，这些冲突主要有：____________、____________和____________3 类。

6．数据库系统设计分为 6 个阶段分别为____________、____________、____________、____________、____________和____________。

二、选择题（共 30 分，每小题 2 分）

1．在数据库的三级模式结构中，描述数据库中全体数据的逻辑结构和特征的是____________。

A．外模式　　B．内模式　　C．存储模式　　D．模式

2．在数据管理技术发展阶段中，文件系统阶段与数据库系统阶段的主要区别之一在于数据库系统____________。

A．数据可共享　　B．数据可长期保存

C．采用一定的数据模型组织数据　　D．有专门的软件对数据进行管理

3．关系模型中，一个码（关键字）是____________。

A．可由多个任意属性组成

B．至多由一个属性组成

C．可由一个或多个其值能唯一标识该关系模式中任何元组的属性组成

D．以上都不是

4．若采用关系数据库来实现应用，则在数据库设计的____________阶段将关系模式进行规范化处理。

A．需求分析　　B．概念设计　　C．逻辑设计　　D．物理设计

5．在关系代数的传统集合运算中，假定有关系 R 和 S，运算结果为 W。如果 W 中的元组属于 R，或者属于 S，则 W 为____________运算的结果。

A．笛卡儿积　　B．并　　C．差　　D．交

6．SQL 是____________的缩写。

A．Standard Query Language　　B．Select Query Language

C．Structured Query Language　　D．以上都不是

7．SQL 语言中，实现投影操作的是____________。

A．SELECT　　B．FROM

C．WHERE　　D．GROUP BY

8．关于 3NF 的关系模式，以下说法正确的是____________。

A．消除了属性间的部分函数依赖和传递函数依赖

B．消除了非主属性对键的传递函数依赖，但仍可能存在非主属性对键的部分函数依赖

C．消除了非主属性对键的部分函数依赖，但仍可能存在非主属性对键的传递函数依赖

D．消除了非主属性对键的部分函数依赖和传递函数依赖

9．解决并发操作带来的数据不一致性问题普遍采用＿＿＿＿＿＿。

A．封锁　　B．恢复　　C．存取控制　　D．协商

10．当发生故障时，根据现场数据内容、日志文件的故障前映像和＿＿＿＿＿＿来恢复系统的状态。

A．库文件　　B．日志文件　　C．检查点文件　　D．后备文件

11．在数据库的三级模式结构中，内模式有＿＿＿＿＿＿。

A．1 个　　B．2 个　　C．3 个　　D．任意多个

12．下面哪些属于数据库系统的组成成员＿＿＿＿＿＿。

A．操作系统　　B．DBMS

C．用户　　D．A 和 B、C 都是

13．组成数据模型的三要素分别指数据结构、数据操作和＿＿＿＿＿＿。

A．数据类型　　B．数据的取值范围

C．数据抽象　　D．数据的约束条件

14．下面＿＿＿＿＿＿不属于概念结构设计时常用的数据抽象方法的是。

A．合并　　B．聚集　　C．概括　　D．分类

15．自然连接是＿＿＿＿＿＿进行运算。

A．向关系的垂直方向

B．向关系的水平方向

C．既向关系的水平方向也向关系的垂直方向

D．先向关系的垂直方向，然后再向关系的水平方向

三、计算题（22 分）

设有如图所示的关系 R、S、T，计算：

R:

A	B	C
a3	b6	c7
a2	b5	c7
a7	b2	c3
a7	b6	c7
a4	b4	c3

S:

A	E	F
a3	e4	f5
a7	e2	f3

T:

A	B	C
a1	b5	c3
a3	b6	c7

（1）$R \cup T$（3 分）

（2）$S \times T$（3 分）

（3）$\pi_{A,E}(S)$（3 分）

（4）$R \bowtie S$（7 分）

（5）$R \div S$（6 分）

四、操作题（每题 3 分，共 18 分）

设工程—零件数据库中有四个基本表：

供应商（供应商代码，姓名，年龄，所在城市，联系电话）；

工程（工程代码，工程名，负责人，预算）；

零件（零件代码，零件名，规格，产地，颜色）；

供应零件（供应商代码，工程代码，零件代码，数量）。

试用 SQL 语句完成下列操作：

（1）找出上海市的供应商的姓名和电话。

（2）查找预算在 50000～100000 元之间的工程的信息，并将结果按预算降序排列。

（3）找出工程 J2 使用的各种零件名称以及数量。

（4）找出上海厂商供应的所有零件代码。

（5）找出没有使用天津产零件的工程代码。

（6）求其他城市的供应商中比上海供应商年龄都小的供应商的信息。

五、推导证明题（10 分）

设关系模式 *R*(ABCD)，*F* 是 *R* 上成立的 FD 集，*F*={ CD->*B*, *B*->*A* }。

1．说明 *R* 不是 3NF 模式的理由。

2．试把 *R* 分解成 3NF 模式集。

14.9 复习及模拟测试 9

XX 大学 201__–201__学年第__学期

《数据库原理及应用》课程期末试卷 9　2012.12

开课学院：__________，专业：__________，考试形式：闭、开卷，所需时间___90___分钟

考生姓名：__________学号：____________ 班级____________ 任课教师__________

题序	一	二	三	四	五	六	总 分
得分							
评卷人							

一、填空题（共 20 分，每空格 1 分）

1．信息的三种世界是指__________、__________和__________。

2．数据库系统的三级抽象模式在数据库系统中都存储于数据库系统的__________中，是__________最基本的内容，数据库管理系统通过__________来管理和访问数据模式。

3．在 SQL 中，用__________命令可以修改表中的数据，用__________命令可以修改表的结构。

4．事务故障、系统故障的恢复是由__________完成的，介质故障的恢复是由__________完成的。

5．在 E-R 图中，矩形框表示__________，菱形框表示__________，椭圆表示__________。

6．事务具有 4 个特性__________、__________、__________和__________。

7．在 ORDER BY 子句的选择项中，DESC 代表__________输出；省略 DESC 时，代表__________输出。

8．在一个关系 R 中，若每个数据项都是不可再分割的，那么 R 一定属于__________。

二、选择题（共 30 分，每小题 2 分）

1．在数据库管理系统中，下面哪个模块不是数据库存取的功能模块__________。

A．事务管理程序模块　　B．数据更新程序模块

C．交互式程序查询模块　　D．查询处理程序模块

2．数据库具有最小冗余度、较高的程序与数据独立性、易于扩充和____________的特点。

A．程序结构化　　B．程序标准化

C．数据模块化　　D．数据结构化

3．候选码中的属性称为____________。

A．非主属性　　B．主属性

C．复合属性　　D．关键属性

4．如何构造出一个合适的关系模型是____________主要解决的问题

A．需求分析　　B．概念设计

C．逻辑设计　　D．物理设计

5．在基本的关系中，下列说法正确的是____________。

A．行列顺序有关

B．属性名允许重名

C．任意两个元组不允许重复

D．列是非同质的

6．SQL 语言的操作对象是____________。

A．只能是一个集合　　B．可以是一个或多个集合

C．不能是集合　　D．可以是集合或非集合

7．SQL 支持建立聚簇索引，这样可以提高查询效率，但并非所有的属性列都适合建立聚簇索引，下面哪个适合建立聚簇索引____________。

A．经常更新的属性列　　B．主属性

C．非主属性　　D．经常查询的属性列

8．能消除传递函数依赖引起的冗余的是____________。

A．4NF　　B．2NF　　C．3NF　　D．BCNF

9．若系统在运行过程中，由于某种原因，造成系统停止运行，致使事务在执行过程中以非控制方式终止，这时内存中的信息丢失，而存储在外存上的数据未受影响，这种情况称为____________。

A．事务故障　　B．系统故障　　C．介质故障　　D．运行故障

10．事务的永久性是指____________。

A．事务中包括的所有操作要么都做，要么都不做

B．事务一旦提交，对数据库的改变是永久的

C．一个事务内部的操作及使用的数据对并发的其他事务是隔离的

D．事务必须是使数据库从一个一致性状态变到另一个一致性状态

11．在分组检索中要去掉不满足条件的元组，应当____________。

A．使用 WHERE 子句

B．使用 HAVING 子句

C．先使用 WHERE 子句，后使用 HAVING 子句

D．先使用 HAVING 子句，后使用 WHERE 子句

12．SQL Server 2000 是____________。

A．网络数据库　　B．服务器

C．操作系统　　D．关系型网络数据库管理系统

13．关系规范化中的删除操作异常是指____________。

A．不该删除的数据被删除　　B．不读插入的数据桩插入

C．应该删除的数据未被删除　　D．应该插入的数据末被插入

14. 多用户的数据库系统的目标之一是使它的每个用户好像面对着一个单用户的数据库一样使用它，为此数据库系统必须进行____________。

A．安全性控制　　B．完整性控制

C．并发控制　　D．可靠性控制

15. 数据库管理系统通常提供授权功能来控制不同用户访问数据的权限，这主要是为了实现数据库的____________。

A．可靠性　B．一致性　C．完整性　D．安全性

三、设有如图所示的关系 R 和 S，计算（每题 3 分，共 9 分）

R:

书号	书名	数量
001	数据结构	100
002	操作系统	156
003	系统结构	78

S:

书号	书名	数量
005	数据库	80
006	多媒体	80
001	数据结构	100
004	编译原理	45

（1）R－S

（2）$\pi_{书号,数量}(R)$

（3）$\sigma_{数量=78}(R)$

四、应用题（13 分）

已知两个关系 *R* 和 *S* 如下表所示，求 $R \bowtie S$，$R \div S$。

R:

A	*B*	*C*
001	上海	红
002	宁波	蓝
002	上海	红
002	昆山	紫
001	宁波	蓝
003	宁波	蓝
001	上海	灰

S:

A	*D*	*E*
001	18	89
002	20	77
003	17	45

五、操作题（每题 3 分，共 18 分）

设学生—学生会数据库有三个基本表：

学生（学号，姓名，年龄，性别）；

学生会（部门编号，部门名称，负责人学号，活动地点）；

参加（学号，部门编号，职务）。

其中学生表的主键是学号，学生会表的主键是部门编号，参加表的主键是学号和部门编号。试用 SQL 语句表达下列操作：

（1）定义参加表，学号、部门编号和职务为字符型，学号和部门编号为主键。

（2）在学生表中插入属性列所在系，为字符型。

（3）查询参加学习部或者体育部的学生的学号和姓名。
（4）查询没有参加任何学生会部门的学生名单。
（5）求学生会部门编号及参加的人数。
（6）求学生的最大年龄。

六、推导证明（10 分）

设关系模式 *R*(ABC)，*F* 是 *R* 上成立的 FD 集，*F*={ *A*->*B*, *B*->*C* }。（10 分）

1．说明 *R* 不是 3NF 模式的理由。

2．试把 *R* 分解成 3NF 模式集。

14.10 复习及模拟测试 10

XX 大学 201__–201__学年第__学期

《数据库原理及应用》课程期末试卷 10　2012.12

开课学院：__________，专业：__________考试形式：闭、开卷，所需时间 __90__ 分钟

考生姓名：__________学号：__________ 班级 __________ 任课教师 __________

题序	一	二	三	四	五	总 分
得分						
评卷人						

一、填空题（共 20 分，每空格 1 分）

1．在信息世界中，客观存在并可相互区别的事物称为__________，它所具有的某一特性称为__________。

2．关系代数运算都是__________级的运算，即它的每个运算分量是一个__________，运算的结果也是__________。

3．在 SQL 中建立表结构中，可以定义关系完整性规则，用__________指定表的主码，用__________指定表的外码和参照表。

4．对并发操作若不加以控制，可能带来的不一致性有__________、__________和__________。

5．对于非规范化的模式，经过__________转变为 1NF，将 1NF 经过__________转变为 2NF，将 2NF 经过__________转为 3NF。

6．数据模型通常包括__________、__________和__________3 个要素。

7．视图是一个虚表，它是从__________中导出的表。在数据库中，只存放视图的__________，不存放视图的__________。

8．封锁对象的大小被称为封锁的__________。

二、选择题（共 30 分，每小题 2 分）

1．物理结构的改变对整体逻辑结构的影响，称为数据库的__________。

A．数据的物理独立性　　B．数据的逻辑独立性

C．物理结构的独立性　　D．逻辑结构的独立性

2．数据库系统中，用__________描述全部数据的整体逻辑结构。

A．外模式　　B．存储模式

C．内模式　　D．概念模式

3．下述哪一条不属于概念模型应具备的性质____________。

A．有丰富的语义表达能力　　B．易于交流和理解

C．易于变动　　D．在计算机中实现的效率高

4．设计数据库时，首先应该设计____________。

A．概念结构　　B．DBMS 结构

C．数据库应用系统结构　　D．数据库的控制结构

5．关系代数的五个基本操作是____________。

A．并、交、差、笛卡儿积、除法　B．并、交、选取、笛卡儿积、除法

C．并、交、选取、投影、除法　D．并、选取、差、笛卡儿积、投影

6．WHERE 的条件表达式中，可以匹配 0 个到多个字符的是____________。

A．*　　B．%　　C．-　　D．?

7．以下有关 ORDER BY 子句的叙述中不正确的是____________。

A．ORDER BY 子句可对多个列进行排序

B．在 SELECT 语句中，ORDER BY 只能在所有其他子句之后，作为最后一个子句出现

C．子查询中也可以使用 ORDER BY 子句

D．在视图中不能使用 ORDER BY 子句

8．关系数据库规范化是为解决关系数据库中____________问题而引入的。

A．插入、删除、更新异常和数据冗余　　B．提高查询速度

C．减少数据操作的复杂性　　D．保证数据的安全性和完整性

9．____________用来记录对数据库中数据进行的每一次更新操作

A．后援副本　　B．日志文件　　C．数据库　　D．缓冲区

10．什么故障类型的恢复需要 DBA 的直接参与____________。

A．事务故障　　B．系统故障　　C．磁盘故障　　D．意外故障

11. SQL 语言是____________语言。

A．层次数据库　　B．网络数据库

C．关系数据库　　D．非数据库

12. 以下有关空值的叙述中不正确的是____________。

A．用=NULL 查询指定列为空值的记录

B．包含空值的表达式其计算结果为空值

C．聚集函数通常忽略空值

D．对允许空值的列排序时，包含空值的记录总是排在最前面

13．下列命题中正确的是____________。

A．若 R 属于 2NF 则 R 属于 3NF　　B．若 R 属于 1NF 则 R 一定不属于 BCNF

C．若 R 属于 3NF 则 R 属于 BCNF　　D．若 R 属于 BCNF 则 R 属于 3NF

14．数据库管理系统通常提供授权功能来控制不同用户访问数据的权限，这主要是为了实现数据库的____________。

A．可靠性　　B．一致性　　C．完整性　　D．安全性

15．写一个修改到数据库中与写一个表示这个修改的运行记录到日志文件中是两个不同的操作，对这两个操作的顺序应该是____________。

A．前者先做　　B．后者先做

C．由程序员在程序中安排　　D．由系统决定

三、设有如图所示的关系 R 和 S，计算 （22 分）

R:

职工号	姓名	课程号
001	张三	J1
003	李丽	J2
002	李平	J3
002	李平	J4

S:

职工号	姓名	课程号
001	张三	J3
004	林平	J3
001	张三	J2
001	张三	J4
002	李平	J2
003	李丽	J1
002	李平	J1

T:

课程号	课程名
J1	数据库
J2	多媒体
J3	数据结构
J4	编译原理

（1）$\pi_{\text{职工号,姓名}}(R)$（3 分）

（2）$\sigma_{\text{职工号='001'}}(R)$（3 分）

（3）$(R\cup S)\div T$（9 分）

（4）$R \bowtie S$（7 分）

四、应用题（每题 3 分，共 18 分）

已知关系：

Student(Sno，Sname，Ssex，Sage，Sclass)

Course(Cno，Cname,Tno)

Score(Sno，Cno，Grade)

Teacher(Tno, Tname, Tsex, Tage, Prof, Tdept)

其中：Sno 为学号，Sname 为姓名，Ssex 为性别，Sage 为年龄，Sclass 为所在班级，Cno 为课程号，Cname 为课程名，Tno 为任课教师编号，Grade 为成绩，Tname 为教师姓名，Tsex 为教师性别，Tage 为教师年龄，Prof 为教师职称，Tdept 为教师所在系别。

根据题意，写出 SQL 语句。

（1）列出 Student 表中每个学生的姓名和班级。

（2）列出至少有 40 名学生的班级。

（3）以年龄从小到大的顺序列出 teacher 表中的全部记录。

（4）列出成绩大于 80 分的学生的 Sno, Cno 和 Grade。

（5）建立视图 view1 用以查询成绩不及格的学生姓名、性别、所在班级和成绩。

（6）求选修了课程号为 C2 课程的学生姓名。

五、推导证明（10 分）

设关系模式 R（ABCD），函数依赖集 $F=\{A\rightarrow C，C\rightarrow A，B\rightarrow AC，D\rightarrow AC，BD\rightarrow A\}$，求出 R 的候选码，将 R 分解为第三范式。

附录A　习题与自测题部分参考答案

第13章　练习与实践习题部分参考答案

13.1　数据库基础知识习题部分

13.1.1　练习与实践一部分答案

1．选择题

（1）B　（2）B　（3）D　（4）C　（5）A

2．填空题

（1）系统建立与维护程序

（2）层次模型

（3）二维表格

（4）继承性

（5）客户-服务器式

3．简答题

（略）

13.1.2　练习与实践二部分答案

1．选择题

（1）D　（2）B　（3）C　（4）B　（5）B

2．填空题

（1）实体完整性，参照完整性，用户定义的完整性

（2）关系代数，关系演算

（3）交

（4）键，联系类型的属性

（5）关系数据库系统

3．简答题

（1）答：

关系代数的运算对象是关系，运算结果也是关系。关系代数所使用的运算符包括4类：集合运算符、专门的关系运算符、算术比较符和逻辑运算符。

① 集合运算符：∪（并运算），—（差运算），∩（交运算），×（广义笛卡儿积）。

② 专门的关系运算符：σ（选择），π（投影），⋈（连接），÷（除）。

③ 比较运算符：＞（大于），⩾（大于等于），＜（小于），⩽（小于等于），=（等于），≠（不等于）。

④ 逻辑运算符：¬（非），∧（与），∨（或）。

（2）答：

参照完整性规则要求若属性（或属性组）F是基本关系R的外键，它与基本关系S的主键Ks相对应（基本关系R和S不一定是不同的关系），则对于R中每个元组在F上的值必须满足：或者取空值（F的每个属性值均为空值），或者等于S中某个元组的主键值。

（3）答：

a．实体类型转换规则：将每个实体类型转换成一个关系模式，实体的属性就是关系的属性，

实体的标识符就是关系的键。

b. 二元联系类型的转换规则：

① 若实体间联系是 1:1，可以在两个实体类型转换成的两个关系模式中任意一个属性中加入另一个关系模式的键和联系类型的属性。

② 若实体间联系是 1:N，则在 N 端实体类型转换的关系模式中加入 1 端实体类型的键和联系类型的属性。

③ 若实体间联系是 M:N，则将联系类型也转换成关系模式，其属性为两端实体类型的键加上联系类型的属性，而键为两端实体键的组合。

（4）答：

对于一个给定的查询，通常会有许多可能的处理策略，也就是可以写出许多等价的关系代数表达式，不同的代数表达式具有不同的执行代价。为了提高效率、减少运行时间，可以在查询语言处理程序执行查询操作之前，先由系统对用户的查询语句进行转换，将其转变成为一串所需要执行时间较少的关系运算，并为这些运算选择较优的存取路径，以便大大地减少执行时间，这就是关系数据库的查询优化。

（5）答：

自然连接与等值连接的区别是：

① 自然连接要求两个关系中进行比较的属性或属性组必须同名和相同值域，而等值连接只要求比较属性有相同的值域。

② 自然连接的结果中，同名的属性只保留一个。

4. 计算题

$R \cup T$

A	B	C
3	6	7
2	5	7
7	2	3
7	6	7
4	4	3
1	5	3

$\sigma_{C<A}(R)$

A	B	C
7	2	3
4	4	3

$\pi_{F,E}(S)$

F	E
5	4
3	2

$R \bowtie S$

R.A	B	C	E	F
3	6	7	4	5
7	2	3	2	3
7	6	7	2	3

$R \div S$

B	C
6	7

5. 实践题

（1） $\pi_{姓名}(\sigma_{书号='B001'}(读者 \bowtie 借阅))$

（2） $\pi_{编号}(\sigma_{书号='B001'}(借阅)) \cap \pi_{编号}(\sigma_{书号='B001'}(借阅))$

（3） $\pi_{编号}(\sigma_{性别='女'}(读者)) \bowtie 借阅$

13.2 数据库操作习题部分

13.2.1 练习与实践三部分答案

1．选择题

（1）A　（2）C　（3）A　（4）D　（5）D　（6）C　（7）C

2．填空题

（1）结构化查询语言

（2）CREATE DATABASE

（3）CREATE TABLE

（4）ALTER TABLE

（5）WHERE　GROUP BY　ORDER BY

（6）基本表　基本表

（7）插入元组　插入查询结果

3．简答题

（1）答：

基本表：是模式的基本内容。它是实际存储在数据库中的表，是独立存在的，不是由其他的表导出的表。一个基本表对应一个实际存在的关系。

存储文件：存储文件的逻辑结构组成了关系数据库的内模式。一个基本表可以跨一个或多个存储文件，一个存储文件也可存放一个或多个基本表。

（2）答：见书 3.2.1

（3）答：见书 3.3.1

4．实践题

（1）CREATE TABLE 职工（职工号 CHAR（4），
姓名 VARCHAR（50），
年龄 INT，
性别 CHAR（2），
PRIMARY KEY（职工号））；

（2）SELECT 职工.职工号，姓名
FROM 职工，社团，参加
WHERE 职工.职工号=参加.职工号 AND 社团.编号=参加.编号 AND 名称 IN（‘歌唱组’,’舞蹈组’）；

（3）SELECT *
FROM 职工
WHERE 姓名 LIKE’张%’

（4）UPDATE 职工
SET 年龄=年龄+1
WHERE 姓名=‘李四‘

（5）查询年龄在 20 到 30 之间的职工的职工号、姓名和年龄，并将年龄加上 1 输出
SELECT 职工号，姓名，年龄+1
FROM 职工
WHERE 年龄 BETWEEN 20 AND 30

（6）查询参加社团编号为 T1 的职工号
参加（职工号，编号，参加日期）

```
SELECT 职工号
FROM 参加
WHERE 编号='T1'
```

13.2.2　练习与实践四部分答案

1．选择题

（1）B　（2）C　（3）D　（4）D　（5）C　（6）C

2．填空题

（1）表中数据，相应存储位置

（2）CREATE INDEX　ON

（3）EXEC　SP_HELPINDEX　Books

（4）基表，基表

（5）索引视图，分区视图

（6）删除，更新（添加、删除和修改），添加和删除

3．简答题

（1）索引是为了加速对表中数据行的检索而创建的一种分散的存储结构。根据索引的顺序与数据表的物理顺序是否相同，可以把索引分成两种类型。

- 聚集索引：数据表的物理顺序和索引表的顺序相同，它根据表中的一列或多列值的组合排列记录。
- 非聚集索引：数据表的物理顺序和索引表的顺序不相同，索引表仅仅包含指向数据表的指针，这些指针本身是有序的，用于在表中快速定位数据。

（2）创建索引的优点如下：

- 加速数据检索。
- 加快表与表之间的连接。
- 在使用 ORDER BY 和 GROUP BY 等子句进行数据检索的时候，可以减少分组和排序的时间。
- 有利于 SQL Server 对查询进行优化。
- 强制实施行的唯一性。

创建索引的缺点如下：

- 创建索引要花费时间和占用存储空间。
- 建立索引可加快数据检索速度，却减慢了数据修改速度。

（3）一般来说，以下的列适合创建索引。

- 主键：通常检索、存取表是通过主键来进行的。因此，应该考虑在主键上建立索引。
- 连接中频繁使用的列：用于连接的列若按顺序存放，则系统可以很快地执行连接。如外键，除用于实现参照完整性外，还经常用于进行表的连接。
- 在某一范围内频繁搜索的列和按排序顺序频繁检索的列。

以下的列不适合创建索引：

- 很少或从来不在查询中引用的列，因为系统很少或从来不根据这个列的值去查找数据行。
- 只有两个或很少几个值的列（如性别，只有两个值“男”或“女”），以这样的列创建索引并不能得到建立索引的好处。
- 以 bit、text、image 数据类型定义的列。
- 数据行数很少的小表一般也没有必要创建索引。

（4）使用 CREATE INDEX 语句创建索引。默认情况下，如果未指定聚集选项，将创建非聚集索引。创建索引时须考虑的事项如下：

- 只有表的所有者可以在同一个表中创建索引。
- 每个表中只能创建一个聚集索引。
- 每个表可以创建的非聚集索引最多为 249 个（包括 PRIMARY KEY 或 UNIQUE 约束创建的任何索引）。
- 包含索引的所有长度固定列的最大大小为 900 字节。例如，不可以在定义为 char（300）、char（300）和 char（301）的三个列上创建单个索引，因为总宽度超过了 900 字节。
- 包含同一索引的列的最大数目为 16。

（5）创建索引时，可以指定每列的数据是按升序还是降序存储。如果不指定，则默认为升序。另外，CREATE TABLE、CREATE INDEX 和 ALTER TABLE 语句的语法在索引中的各列上支持关键字 ASC（升序）和 DESC（降序）。例如：

```
CREATE TABLE ObjTable        --   --   --   --   创建表 ObjTable
(   ObjID int PRIMARY KEY,
    ObjName   char(10),
    ObjWeight   decimal(9,3)
)
CREATE NONCLUSTERED INDEX DescIdx ON --创建索引 DescIdx
        ObjTable(ObjName ASC, ObjWeight DESC)
```

非聚集索引 DescIdx 以 ObjName 列升序、ObjWeight 列降序进行索引。

（6）FILLFACTOR 的物理含义是指定在 SQL Server 创建索引的过程中，各索引页的填满程度。将一个非只读表的 FILLFACTOR 设为合适的值时，当系统向表中插入或更新数据时，SQL Server 不需要花时间拆分该索引页。对于更新频繁的表，系统可以获得更好的更新性能。一个只读表的 FILLFACTOR 应设为 100%。

（7）视图是一个由 SELECT 语句指定，用以检索数据库表中某些行或列数据的语句存储定义。从本质上说，视图其实是一种 SQL 查询。

使用视图的优点如下。

- 查询的简单性：将复杂的查询（如多表的连接查询）定义为视图，保留了用户所关心的数据内容，剔除了那些不必要的冗余数据，使其数据环境更加容易控制，从而达到简化用户浏览和操作的目的。
- 安全保护：数据库管理员可以在限制表用户的基础上进一步限制视图用户，可以为各种不同的用户授予或撤销在视图上的操作权限，这样，视图用户只能查询或修改他们各自所能见到的数据，从而保证数据库中数据的安全。
- 掩盖数据库的复杂性：使用视图可以把数据库的设计和用户的使用屏蔽开来，当基本表发生更改或重新组合时，只需要修改视图的定义即可。用户还能够通过视图获得和数据库中的表一致的数据。

使用视图的缺点如下。

- 性能的降低：SQL Server 必须把对视图的查询转化成对基本表的查询，如果这个视图是由一个复杂的多表查询所定义，即使是对视图的一个简单查询，SQL Server 也把它变成一个复杂的对基础表的连接查询，会产生一定的时间开销。
- 修改的限制：当用户要修改视图的某些行时，SQL Server 必须把它转化为对基本表行的修改。对于简单的视图来说，这是很方便的，但是，对于比较复杂的视图来说，这可能是不可修改的。

（8）可以在视图上创建视图。要使视图的定义不可见，只要在创建视图时使用 WITH ENCRYPTION 关键字加密视图的定义，防止其他用户查看最初的源代码即可。

（9）将创建视图的基础表从数据库中删除，视图并不会被删除。

（10）可以在视图上创建索引。具有以下优点：

- 通过对 CREATE INDEX 和 CREATE VIEW 语句进行简单语法扩展即可实现索引视图。
- 索引视图中的数据随基表数据的更新自动更新，其方式与基表索引键的自动更新方式大体相同，无须使索引视图的内容与基表中的数据同步。
- 无须在查询中指定特殊的提示，SQL Server 优化器就会考虑索引视图。即使查询未在 FROM 子句中直接引用索引视图，优化器也将通过尝试匹配为视图生成的查询计划和为查询生成的计划的某些部分来考虑索引视图。
- 若要将索引视图引入现有的数据库，必须只发出相关的 CREATE VIEW 和 CREATE INDEX 语句。必须对应用程序代码做少许改动才能使 SQL Server 利用视图上的任何索引。

（11）不能从使用聚合函数创建的视图上删除数据行。因为由聚合函数创建的视图上的数据可能来自多行，SQL Server 2005 规定不允许在由聚合函数创建的视图上进行数据的更新或删除。

（12）更改视图名称将导致引用该视图的存储过程、视图及触发器无效，要使这些数据库对象重新有效，就必须对这些数据库对象重新定义。

（13）修改视图中的数据受到的限制如下：

- 无论是视图的创建、修改、删除，还是视图数据的查询、插入、更新、删除，都必须由具有权限的用户进行。
- 对由多个表连接成的视图修改数据时，不能同时影响一个以上的基础表，也不允许删除视图中的数据。
- 对视图上的某些列不能进行修改。这些列是计算值、内置函数和行集合函数。
- 对具有 NOT NULL 的列进行修改时可能会出错。在通过视图修改或插入数据时，必须保证未显示的具有 NOT NULL 属性的列有值，可以是缺省等，否则不能向视图中插入数据行。
- 如果某些列因为规则或者约束的限制而不能接受从视图插入数据的时候，则插入数据操作可能会失败。
- 删除基础表并但不删除视图。建议采用与表明显不同的名称命名视图。

13.2.3 练习与实践五部分答案

1．选择题

（1）C　　（2）B　　（3）C　　（4）D　　（5）B　　（6）D

2．填空题

（1）T-SQL，SQL 语句

（2）赋值运算符、算术运算符、按位运算符、字符串串联运算符、比较运算符、逻辑运算符

（3）IF…ELSE 单分支，CASE 多分支，WHILE 循环结构，GOTO 语句，WAITFOR 语句和 RETURN 语句。

（4）局部变量　全局变量（或普通变量　数据库变量）

（5）界定标识符

（6）‘ab’

（7）BEGIN , END

（8）GO

3．简答题

（1）答：T-SQL 语言分为 5 种类型，即数据定义语言、数据操纵语言、数据控制语言、事务管理语言和附加的语言元素。

（2）答：在数据库中，NULL 是一个特殊值，表示数值未知。NULL 不同于空字符或数字 0，也不同于零长度字符串。比较两个空值或将空值与任何其他数值相比均返回未知，这是因为每个空值均为未知。空值通常表示未知、不可用或以后添加数据。若某个列上的空值属性为 NULL，表示接受空值；空值属性为 NOT NULL，表示拒绝空值。若数值型列中存在 NULL，则在进行数据统计时就会产生不正确的结果。

（3）答：在使用 T-SQL 语句向表中插入数据时要注意以下几点：

① 当向表中所有列都插入新数据时，可以省略列表名，但是必须保证 VALUES 后的各数据项位置同表定义时的顺序一致。

② 要保证表定义时的非空列必须有值，即使这个非空列没有出现在插入语句中，也必须如此。

③ 插入字符型和日期型值时，要加单引号。

④ 没有列出的数据类型应该具有以下属性之一：identity 属性、timestamp 数据类型、具有 NULL 属性或有一个默认值。对于具有 identity 属性的列，其值由系统给出，用户不必往表中插入数据。

（4）答：各子句的功能如下。

DISTINCT：查询唯一结果。

ORDER BY：使查询结果有序显示。

GROUP BY：对查询结果进行分组。

HAVING：筛选分组结果。

（5）答：其执行顺序如下：

① 执行 WHERE 子句，从表中选取行。

② 由 GROUP BY 对选取的行进行分组。

③ 执行聚合函数。

④ 执行 HAVING 子句选取满足条件的分组。

（6）答：局部变量是在一个批处理中被声明、定义、赋值和引用的变量，批处理结束后，该变量也就消失了。全局变量是用来记录 SQL Server 服务器活动状态的变量，它预先被定义，用户只可以使用，不可以重新定义和赋值。

局部变量是用户定义的变量，用 DECLARE 语句声明，在声明时它被初始化为 NULL，用户可用 SET 语句为其赋值，局部变量的使用范围是定义它的批处理、存储过程和触发器。它必须以@开始，遵循 SQL Server 的标识符和对象的命名规范，而且名称不能使用保留字。

全局变量是 SQL Server 系统所提供并赋值的变量。用户不能建立全局变量，也不能使用 SET 语句去修改全局变量的值。全局变量的名称以@@开头。大多数全局变量的值是报告本次 SQL Server 启动后发生的系统活动。

（7）答：批处理是指一个 SQL 语句集，这些语句一起提交并作为一个组来执行。批处理结束的符号是 GO。由于批处理中的多个语句是一起提交给 SQL Server 的，所以可以节省系统开销。

使用批处理时有很多限制。

① 并不是所有的 SQL 语句都可以和其他语句在一起组合成批处理。下述语句就不能组合在

同一个批处理中：

```
CREATE PROCEDURE
CREATE RULE
CREATE DEFAULT
CREATE TRIGGER
CREATE VIEW
```

② 不能在同一个批处理中既绑定又使用规则和缺省。

③ 不能在同一个批处理中既定义又使用 CHECK 约束。

④ 在同一个批处理中不能既删除对象又重建它。

⑤ 用 SET 语句改变的选项在批处理结束时生效。

⑥ 在同一个批处理中不能改变一个表再立即引用其新列。

（8）答：SQL 脚本文件的默认后缀是.sql。SQL 脚本执行的结果有三种形式：文本显示形式、表格显示形式及文件保存形式。

4．实践应用题

阅读以下程序，写出运行结果或编程。

（1）15

（2）解答如下

① 从 Students 表中分组统计出每个年份入学的学生人数。

② 先定义一个名为@MyNo 的局部变量，并给它赋值，若@MyNo 属于计算机软件专业，则显示出平均成绩，否则显示“学号为 *** 的学生不存在或不属于软件专业”，其中“ *** ”是@MyNo 的值。

（3）解：对应的程序如下

```
USE school
GO
SELECT sno AS '学号'，AVG(degree) AS '平均分'
FROM score
GROUP BY sno
ORDER BY AVG(degree)
GO
```

程序执行结果如下。

	学号	平均分
1	109	72
2	101	74.5
3	108	78
4	105	81.5
5	107	85
6	103	89

（4）解：对应的程序如下

```
USE school
GO
IF EXISTS(SELECT * FROM sysobjects WHERE name='student' AND type='U')
    PRINT '存在 student 表'
ELSE
    PRINT '不存在 student 表'
GO
```

（5）解：对应的程序如下

```
USE school
GO
SELECT *
```

```
FROM course
WHERE EXISTS
(SELECT cno FROM score WHERE course.cno=score.cno AND degree IS NOT NULL)
GO
```

程序执行结果如下。

	cno	cname	tno
1	3-105	计算机导论	825
2	3-245	操作系统	804
3	6-166	数字电路	856

（6）解：对应的程序如下

```
USE school
GO
SELECT *
FROM score a
WHERE degree > (SELECT AVG(degree) FROM score b WHERE a.cno=b.cno)
ORDER BY cno
GO
```

程序执行结果如下。

	sno	cno	degree
1	103	3-105	92
2	105	3-105	88
3	107	3-105	91
4	103	3-245	86
5	101	6-166	85

（7）解：对应的程序如下

```
USE school
GO
CREATE FUNCTION maxscore(@no char(5))          --建立函数 maxscore
  RETURNS @st TABLE                            --返回表@st。下面定义其表结构
  (
     sno char(5),
     cno char (5),
     maxs float
  )
AS
  BEGIN
     INSERT @st(sno,cno,maxs)                  --向@st 中插入满足条件的记录
        SELECT sno,cno,degree
        FROM score
        WHERE cno=@no AND degree=(SELECT MAX(degree)
                      FROM score WHERE cno=@no)
     RETURN
  END
GO
SELECT * FROM maxscore('3-105')
GO
```

程序执行结果如下。

	sno	cno	maxs
1	103	3-105	92

13.2.4 练习与实践六部分答案

1．选择题

（1）D （2）C （3）B （4）D （5）D （6）B （7）B

2．填空题

（1）BCNF

（2）MA

（3）删除异常

（4）完全函数依赖

（5）传递依赖于

（6）第二范式，2NF

（7）2NF，传递函数依赖

3．简答题

（1）答：各关系模式如下：

学生（学号，姓名，出生年月，系名，班级号，宿舍区）

班级（班级号，专业名，系名，人数，入校年份）

系（系名，系号，系办公地点，人数）

社团（社团名，成立年份，地点，人数）

加入社团（社团名，学号，学生参加社团的年份）

学生（学号，姓名，出生年月，系名，班级号，宿舍区）

“学生”关系的最小函数依赖集为：

Fmin={学号→姓名，学号→班级号，学号→出生年月，学号→系名，系名→宿舍区}

- 以上关系模式中存在传递函数依赖，如：学号→系名，系名→宿舍区
- 候选键是学号，外部键是班级号，系名。

班级（班级号，专业名，系名，人数，入校年份）

- “班级”关系的最小函数依赖集为：

Fmin={（系名，专业名）→班级号，班级号→人数，班级号→入校年份，班级号→系名，班级号→专业名}

（假设没有相同的系，不同系中专业名可以相同）

- 以上关系模式中不存在传递函数依赖。
- “（系名，专业名）→班级号”是完全函数依赖。
- 候选键是（系名，专业名），班级号，外部键是系名。

（2）答：

根据函数依赖的定义，以上三个表达式的含义为：

- 一个关系模式 $R(U)$中，X，Y 是 U 的子集，r 是 R 的任一具体关系，如果对 r 的任意两个元组 t1,t2，由 t1[X]=t2[X]必有 t1[ϕ]=t2[ϕ]。即 $X\rightarrow\phi$表示空属性函数依赖于 X。这是任何关系中都存在的。
- $\phi\rightarrow Y$ 表示 Y 函数依赖于空属性。由此可知该关系中所有元组中 Y 属性的值均相同。
- $\phi\rightarrow\phi$表示空属性函数依赖于空属性。这也是任何关系中都存在的。

（3）答：

1）

$\pi AB(F)$={$A\rightarrow B$，及按自反律所推导出的一些平凡函数依赖}

$\pi AC(F)$={$A\rightarrow C$，及按自反律所推导出的一些平凡函数依赖}

$\pi AD(F)$={$A\rightarrow D$，及按自反律所推导出的一些平凡函数依赖}

2）ρ 相对于 F 是无损联接分解。因此 ρ 相对于 F 的这个分解不保持函数依赖。

（4）答：

1）$\pi ACD(F)=\{A\rightarrow C\}$

$\pi BD(F)=\{D\rightarrow B\}$

2）因为根据 BCNF 的定义，要求关系模式是第一范式，且每个属性都不传递依赖于 R 的侯选键。BCD 中（A，D）为候选键，可是（A，D）$\rightarrow A$，$A\rightarrow C$，所以它不是 $BCNF$ 模式。

可进一步分解为：{*AC*，*DC*}，此时 *AC*，*DC* 均为 *BCNF* 模式。

BD 是 *BCNF*，因为 *R*2(*BD*)是第一范式，且每个属性都不传递依赖于 D（候选键），所以它是 *BCNF* 模式。

（5）答：

1）*F*={(*S#*,*C#*)→*GRADE*，*C#*→*TNAME*，*TNAME*→*TADDR*}

候选键是（*S#*,*C#*）。

2）在模式 *R* 中，*TNAME* 不完全依赖于键（*S#*，*C#*），因此需进行分解，可分解为下列两个关系。

SC={*S#*,*C#*,*GRADE*} *C*={*C#*,*TNAME*,*TADDR*}

分解后，SC 中，GRADE 完全依赖于候选键（*S#*,*C#*），在 *C* 中，主属性是 *C#*，*TNAME*、*TADDR* 均完全依赖于 *C#*。因此，该分解符合 2NF 模式。

3）3NF：若每个关系模式是 2NF，则每个非主属性都不传递于 *R* 的候选键。

按上述已分好的两个模式，SC 中已满足“每个非主属性都不传递于 *R* 的候选键”，已是 3NF，而在 *C* 中，*C#*→*TNAME*，*TNAME*→*TADDR*，*TADDR* 传递依赖于 *C#*，因此还需分成两个模式：*CT*(*C#*, *TNAME*), *T*(*TNAME*, *TADD*)。

分解后，总共有 *SC*={*S#*, *C#*, *GRADE*}, *CT*(*C#*, *TNAME*), *T*(*TNAME*, *TADD*)三个模式。

该分解符合 3NF 模式。

（6）答：

1）*R*1 (*A#*, *A*1, *A*2, *A*3, *B#*, *D*1)　　*R*2 (*B#*, *B*1, *B*2)

2）码是 *A#B#*

3）*RS* 满足 2NF，不满足 3NF。因为存在非主属性 *A*3 对码 *A#B#*的传递依赖，没有部分函数依赖。

4）不一定。因为 *R*3 中有两个非主属性 *B*1 和 *B*2，有可能存在函数依赖 *B*1→*B*2，则出现传递依赖 *B#*→*B*1、*B*1

*13.2.5　练习与实践七部分答案

1．选择题

（1）C　（2）D　（3）B

2．简答题

（略）

13.3　数据库开发应用习题部分

13.3.1　练习与实践八部分答案

1．选择题

（1）D　（2）A　（3）D　（4）C　（5）C

（6）B　（7）B　（8）A　（9）D　（10）C

2．填空题

（1）属性冲突，命名冲突，结构冲突

（2）属性

（3）属性

（4）学生_课程编码

（5）记录存储结构的设计，存储路径的设计，记录集簇的设计

（6）聚簇

（7）行为设计，结构设计，用户需求

（8）概念设计、逻辑设计

（9）任何 DBMS

（10）数据字典

3．简答题

（1）答：

按照规范化的设计方法，以及数据库应用系统开发过程，数据库的设计过程可分为以下六个设计阶段需求分析、概念结构设计、逻辑结构设计、物理结构设计、数据库的实施、数据库运行和维护。

（2）答：

1）调查组织机构情况。包括了解该组织的部门组成情况、各部门的职责等，为分析信息流程做准备。

2）调查各部门的业务活动情况，包括了解各部门输入和使用什么数据，如何加工处理这些数据？输出什么信息？输出到什么部门？输出结果的格式是什么？这是调查的重点

3）在熟悉业务的基础上，明确用户对新系统的各种要求，如信息要求，处理要求，完全性和完整性要求

4）确定系统边界。即确定那些活动由计算机和将来由计算机来完成，哪些只能由人工来完成。由计算机完成的功能是新系统应该实现的功能

数据流图和数据字典

（3）答：

通常是按照现实世界中事物的自然划分来定义实体和属性，将现实世界中的事物进行数据抽象，得到实体和属性

（4）E-R 图如何向关系模型转换？

1）一个实体转换为一个关系模式。

关系的属性：实体的属性

关系的键：实体的键

2）一个 m∶n 联系转换为一个关系模式。

关系的属性：与该联系相连的各实体的键以及联系本身的属性。

关系的键：各实体键的组合。

3）一个 1∶n 联系可以转换为一个关系模式

关系的属性：与该联系相连的各实体的码以及联系本身的属性

关系的码：n 端实体的键

说明：一个 1∶n 联系也可以与 n 端对应的关系模式合并，这时需要把 1 端关系模式的码和联系本身的属性都加入到 n 端对应的关系模式中。

4）一个 1∶1 联系可以转换为一个独立的关系模式。

关系的属性：与该联系相连的各实体的键以及联系本身的属性

关系的候选码：每个实体的码均是该关系的候选码

说明：一个 1∶1 联系也可以与任意一端对应的关系模式合并，这时需要把任一端关系模式的码及联系本身的属性都加入到另一端对应的关系模式中。

5）三个或三个以上实体间的一个多元联系转换为一个关系模式。

（5）答：

存在部分函数依赖、传递函数依赖、多值依赖，消除冗余的联系

（6）略

（7）答：

数据库的转储和恢复，数据库的安全性、完整性控制，数据库性能的监督、分析和改进。

13.3.2 练习与实践九部分答案

1．选择题

（1）C　（2）B　（3）A　（4）D　（5）B

（6）C　（7）D　（8）A　（9）C　（10）B

2．填空题

（1）数据安全

（2）数据库系统运行安全、数据库系统数据安全

（3）物理完整性、逻辑完整性

（4）系统安全性、数据安全性

（5）数据安全性

（6）数据库的存取控制、特权和角色、审计

（7）数据库的完整性和安全性

（8）计算机系统中的数据复制到磁带，磁盘，光盘

（9）转储、后备副本或后援副本

（10）完全备份、增量备份、差分备份和按需备份

（11）全盘恢复、个别文件恢复和重定向恢复

（12）系统安全性策略、用户安全性策略、数据库管理者安全性策略、应用程序开发者安全性策略

3．简答题

（略）

4．实践题

（略）

13.3.3 练习与实践十部分答案

1．选择题

（1）D　（2）B　（3）A　（4）D　（5）D

2．填空题

（1）结点

（2）主动数据库、被动性

（3）文件系统管理、扩充关系数据库、面向对象数据库

（4）面向主题、集成、时变、非易失

（5）网状、层次数据库系统、关系数据库系统、以面向对象模型为主要特征的数据库系统

3．简答题

（1）DDBS 的基本特点

物理分布性：数据不是存储在一个场地上，而是存储在计算机网络的多个场地上。

逻辑整体性：数据物理分布在各个场地，但逻辑上是一个整体，它们被所有用户（全局用户）共享，并由一个 DDBMS 统一管理。

场地自治性：各场地上的数据由本地的 DBMS 管理，具有自治处理能力，完成本场地的应用（局部应用）。

场地之间协作性：各场地虽然具有高度的自治性，但是又相互协作构成一个整。

（2）什么是多媒体数据库？

多媒体数据库系统，就是把组织在不同媒体上的数据一体化的系统。能直接管理数据、文本、图形、图象、视频、音频等多媒体数据的数据库就可称为多媒体数据库。

（3）什么是主动数据库？

要求数据库不仅存储数据，还要存储控制知识或者规则以及过程。系统要能自动地监视数据库的状态及其变迁，当相关事件发生且条件满足时自动而实时地执行相应的动作。这种能够主动监视数据库状态，并能在满足特定条件时执行预先定义的动作的数据库系统称为主动数据库。

（4）简述数据仓库的特点、数据挖掘的任务及 OLAP 系统的分类。

数据仓库的四大特点：

数据仓库的面向主题性、数据仓库的集成性、数据仓库的时变性、数据仓库是非易失的；

数据挖掘的任务主要是关联分析、聚类分析、分类、预测、时序模式和偏差分析等。

OLAP 系统按照其存储器的数据存储格式可以分为关系 OLAP（RelationalOLAP，简称 ROLAP）、多维 OLAP（MultidimensionalOLAP，简称 MOLAP）和混合型 OLAP（HybridOLAP，简称 HOLAP）三种类型。

（5）简述数据库新技术的发展趋势。

目前数据库新技术的发展有三大趋势：

支持 XML 数据格式、聚焦商业智能、支持 SOA 构架。

4．实践题

（略）

第 14 章　复习及模拟测试题部分答案

14.1　复习及模拟测试 1 答案

一、填空题（共 20 分，每空格 1 分）

1．数据库管理技术的发展是与计算机技术及其应用的发展联系在一起的，它经历了 3 个阶段：人工管理阶段、文件系统阶段和数据库系统阶段。

2．模式是数据库中全体数据的逻辑结构和特征的描述，反映的是数据的结构及其联系。它的一个具体值称为其的一个实例，反映的是数据库某一时刻的状态。

3．在数据库的三级模式体系结构中，模式与内模式之间的映像实现了数据库的物理独立性，模式与外模式之间的映像实现了数据库的物理独立性。

4．数据字典包括的主要内容有数据项、数据结构、数据流、数据存储和加工。

5．能唯一标识实体的属性集称为码。

6．数据模型通常包括数据结构、数据操作和完整性约束条件 3 个要素。

7．SQL 全称是结构化查询语言。

8．并发控制的主要方法是采用了封锁机制，其类型有排他锁和共享锁两种。

二、选择题（共 30 分，每小题 2 分）

1．B　2．B　3．A　4．A　5．A　6．C　7．A　8．D　9．D　10．B　11．A　12．A　13．C　14．A　15．D

三、计算题（每题 3 分，共 6 分）

设有如下所示的关系 R 和 S，计算

（1）答案：

A	B	C
a	b	c
c	b	c

（2）答案：

A	B
b	a
d	a

四、设有关系 R，S 如下表，求 $R \underset{R.学号=S.学号}{\bowtie} S$（8 分）

答案：

R.学号	姓名	年龄	S.学号	课程号	成绩
001	张三	18	001	数据库	68
002	李四	20	002	数据库	80
002	李四	20	002	英语	89

五、设关系 R，S 分别如下，求 R÷S 的结果。（8 分）

答案：

A
a1

六、设学生关系表 student，表中有 4 个字段：学号（字符型），姓名（字符型），年龄（整型），所在系（字符型）；选课关系表有 3 个字段：学号，课程号，成绩。用 SQL 语言完成下列功能：（每题 3 分，共 18 分）

答案：

```
（1）CREAT TABLE 学生（学号 CHAR（4），
姓名 VARCHAR（50），
年龄 INT，
所在系 VARCHAR（50））;
（2）SELECT 姓名，课程号，成绩
FROM 学生，选课
WHERE 学生.学号=选课.学号 AND 所在系=‘计算机系’;
（3）SELECT 学号，成绩
FROM 选课
WHERE 课程号=‘C1’AND 成绩>（SELECT 成绩
FROM 选课
WHERE 课程号=‘C1’AND 学号=
（SELECT 学号
FROM 学生
WHERE 姓名=‘张三’））;
（4）INSERT
INTO 学生（学号，姓名，所在系）
VALUES（‘001’，‘李江’，‘计算机系’）;
（5）DELETE
FROM 学生
WHERE 姓名=‘李丽’;
（6）SELECT *
FROM 学生
WHERE 年龄<ANY（SELECT 年龄
FROM 学生
WHERE 所在系=‘计算机系’）AND 所在系<>‘计算机系’;
```

七、设关系模式 R(ABCD)，F 是 R 上成立的 FD 集，F={ CD->B, B->A }。（10 分）

1．CD->B, B->A

CD——>A，存在传递依赖，所以不是 3NF 模式

2．R1(CDB)　R2(BA)

14.2　复习及模拟测试 2 答案

一、填空题（共 20 分，每空格 1 分）

1．数据库中的数据按一定的数据模型组织、描述和储存，具有较小的冗余度、较高的数据独立性和易扩展性，并可为一定范围内的各种用户共享。

2．数据库系统是由计算机硬件、数据库、数据库管理系统、应用程序系统和数据库管理员 5 部分组成。

3．在数据库的三级模式体系结构中，外模式与模式之间的映像，实现了数据库的逻辑独立性，而模式与内模式之间的映像，实现了数据库的物理独立性。

4．E-R 模型是对现实世界的一种抽象，它的主要成分是实体集、联系和属性。

5．关系数据库的标准语言是 SQL 语言，该语言的功能主要包括数据定义功能、数据操纵功能、数据控制功能。

6．若事务 T 对数据对象 A 加了 S 锁，则其他事务只能对数据 A 再加 S 锁，不能加 X 锁，直到事务 T 释放 A 上的锁。

7．数据库应用系统的设计应该具有对数据进行收集、存储、加工、抽取和传播等功能，即包括数据设计和处理设计，而数据设计是系统设计的基础和核心。

8．在 ORDER BY 子句的选择项中，DESC 代表降序输出；省略 DESC 时，代表升序输出。

二、选择题（共 30 分，每小题 2 分）

1．D　2．B　3．A　4．C　5．B　6．A　7．D　8．D　9．C　10．C
11．A　12．A　13．D　14．C　15．C

三、设有如下所示的关系 R、S、T，计算：（共 22 分）

解：

$R \cup T$

A	B	C
3	6	7
2	5	7
7	2	3
7	6	7
4	4	3
1	5	3

$\sigma_{C<A}(R)$

A	B	C
7	2	3
4	4	3

$\pi_{F,E}(S)$

F	E
5	4
3	2

$R \bowtie S$

$R.A$	B	C	E	F
3	6	7	4	5
7	2	3	2	3
7	6	7	2	3

$R \div S$

B	C
6	7

四、设有一个工程零件数据库，包括一下四个基本表。（每题 3 分，共 18 分）

答案：（1）CREAT TABLE 供应商（供应商代码 CHAR（4），
性别 CHAR（4），
所在城市 VARCHAR（50），
联系电话 CHAR（11））；
（2）SELECT 姓名
FROM 供应商
WHERE 供应商代码 IN（SELECT 供应商代码
FROM 供应零件
WHERE 工程代码='J1' AND 零件代码='P1'）；
（3）SELECT 供应商代码
FROM 供应零件
WHERE 工程代码='J1' AND 零件代码 IN（SELECT 零件代码
FROM 零件
WHERE 颜色='红色'）；
（4）SELECT 供应商代码，COUNT（工程代码）
FROM 供应零件
GROUP BY 供应商代码；
（5）SELECT 供应商代码
FROM 供应零件
WHERE 工程代码='J1'
INTERSECT
SELECT 供应商代码
FROM 供应零件
WHERE 工程代码='J2'
（6）INSERT
INTO 工程
VALUES（'0001'，'拖拉机制造'，'李平'，700000）；

五、设关系模式 *R*(ABC)，*F* 是 *R* 上成立的 FD 集，*F*={ *A*->*B*, *B*->*C* }。（10 分）

1．*A*->*B*, *B*->*C*

A——>*C*，存在传递依赖，所以不是 3NF 模式

2．*R*1(AB)　　*R*2(BC)

14.3　复习及模拟测试 3 答案

一、填空题（共 20 分，每空格 1 分）

1．数据库管理系统是位于用户与操作系统之间的一个数据管理软件，它主要包括数据定义功能、数据操纵功能、数据库的运行管理和数据库的建立与维护功能等。

2．数据库管理系统必须提供的数据控制和保护功能包括安全性保护、完整性控制、故障恢复、并发控制和事务支持。

3．SQL 语言的数据定义功能包括定义基本表、定义索引和定义视图。

4．若事务在运行过程中，由于种种原因，使事务未运行到正常终止之前就被撤销，这种情况就称为事务故障。

5．在数据库设计中，对数据库的概念、逻辑和物理结构和改变称为再组织。其中，改变概念或物理结构又称再构造，改变物理结构称为再格式化。

6．数据模型通常包括数据结构、数据操作和完整性约束条件 3 个要素。

7．E-R 模型是对现实世界的一种抽象，它的主要成分是实体集、属性和联系。

二、选择题（共 30 分，每小题 2 分）

1．A　2．A　3．D　4．D　5．D　6．D　7．C　8．B　9．A　10．C　11．C　12．D　13．B　14．C　15．B

三、将下图转化为关系数据模型，并在主码下加下画线。（10 分）

答案：

学生（学号，姓名，性别）；

教师（工号，姓名，性别）；

课程（课号，课程名，学分）；

学习（学号，课号，成绩）；

任课（工号，课号，评价）

四、设关系 *R*，*S* 分别如下，求 *R*÷*S* 的结果。（10 分）

答案：

学号	成绩
0001	89

五、对下列关系模式分别用关系代数和 SQL 实现下列查询。（每题 4 分，共 20 分）

答案：

（1）$\sigma_{学号='95001'}(学生)$

```
select *
from 学生
where 学号='95001'
```

（2）$\pi_{姓名}(\sigma_{课程号='001'}(学生 \bowtie 选课))$

```
select 姓名
from 学生
where 学号 in(select 学号
from 选课
where 课程号='001')
```

（3）$\pi_{学号，课号}(选课) \div \pi_{课号}(\delta_{课号='001' \vee 课号='003'}(选课))$

```
select 学号
from 选课 X，选课 Y
where X..学号=Y.学号 and X.课程号='001' and Y.课程号='003'
```

（4）
```
select 学号，成绩
from 选课
where 课程号=‘001’ and 成绩>（select 成绩
from 选课
where 课程号=‘001’  and 学号=
（select 学号
from 学生
where 姓名=‘张三’））;
```

（5）$\pi_{学号}(\delta_{课程号='001'}(选课))-\pi_{学号}(\delta_{课程号='002'}(选课))$

```
select 学号
from 选课
where 课程号= '001'
minus
select 学号
from 选课
where 课程号= '002'
```

六、设关系模式 R（ABCD），函数依赖集 F={A→C，C→A，B→AC，D→AC，BD→A}求出 R 的候选码，将 R 分解为第三范式。（10 分）

答：R 的候选码为 BD，第三范式{AC，BC，DC，BD}

14.4 复习及模拟测试 4 答案

一、填空题（共 20 分，每空格 1 分）

1．数据库系统（DBS）是指在计算机系统中引入数据库后的系统构成。一般由数据库、数据库管理系统（DBMS）、操作系统、应用系统、数据库管理员（DBA）和用户构成。

2．视图是一个虚表，它是从基本表中导出的表。在数据库中，只存放视图的定义，不存放视图的数据。

3．存取权限包括两个方面的内容，一个是要存取的数据对象，另一个是对此数据对象进行操作的类型。

4．在设计分 E-R 图时，由于各个子系统分别有不同的应用，而且往往是由不同的设计人员设计的。所以，各个分 E-R 图之间难免有不一致的地方，这些冲突主要有：属性冲突、结构冲突和命名冲突 3 类。

5．数据库系统分为内模式、模式和外模式三级模式结构。

6．数据模型通常包括数据结构、数据操作和完整性约束条件 3 个要素。

二、选择题（共 30 分，每小题 2 分）

1．D　2．A　3．D　4．C　5．A　6．B　7．B　8．D　9．C　10．D
11．C　12．D　13．B　14．C　15．B

三、已知 A, B 两个关系如下表所示，求 A∪B，A—B，$\pi_{X,Z}(B)$（10 分）。

答案：

$A \cup B$

X	Y	Z
X1	3	T1
X2	5	T4
X3	2	T3
X1	3	T4
X2	2	T3

$A—B$

X	Y	Z
X1	3	T1
X2	5	T4

$\pi_{X,Z}(B)$

X	Z
X1	T4
X2	T3
X3	T3

四、设关系 R，S 分别如下，求 $R÷S$ 的结果。（10 分）

答案：

工程号	数量
a1	58
a2	43

五、对下列关系模式分别用关系代数和 SQL 实现下列查询。（每题 4 分，共 20 分）

（1） $\sigma_{课程号='001'}(课程)$

```
select *
from 课程
where 课程号='001'
```

（2） $\pi_{学号}(学生)-\pi_{学号}(\sigma_{课程号='001'}(课程))$

```
select 学号
from 学生
minus
select 学号
from 选课
where 课程号='001'
```

（3） $\pi_{学号，课程号}(选课)\div(课程))$

（4）select 课程号，COUNT（学号）

from 选课

group by 学号；

（5） $\pi_{学号}(\delta_{课程号='001'}(选课))-\pi_{学号}(\delta_{课程号='002'}(选课))$

```
select 学号
from 选课
where 课程号='001'
minus
select 学号
from 选课
where 课程号='002'
```

六、设有关系 R 和函数依赖 F：（10 分）

解：R 是 1NF。侯选码为 WX，则 Y，Z 为非主属性，又由于 $X\rightarrow Z$，因此 F 中存在非主属性对侯选码的部分函数依赖。

将关系分解为：

$R1$（W，X，Y），$F1=\{WX\rightarrow Y\}$

$R2$（X，Z），$F2=\{X\rightarrow Z\}$

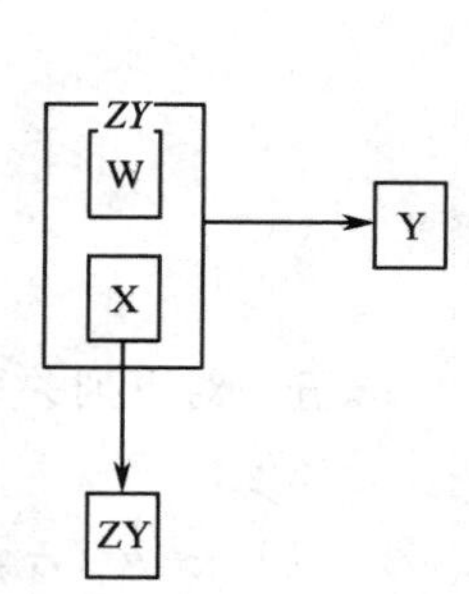

消除了非主属性对码的部分函数依赖。

$F1$ 和 $F2$ 中的函数依赖都是非平凡的，并且决定因素是候选码，所以上述关系模式是 BCNF。

14.5 复习及模拟测试 5 答案

一、填空题（共 20 分，每空格 1 分）

1．模型是现实世界特征的模拟和抽象。数据模型是数据库系统的核心和基础。

2．关系模型的基本结构是二维表，又称为关系；关系模型中数据之间的联系是通过公共属性实现的。

3．SELECT 语句中，表示条件表达式用 WHERE 子句，分组用 GROUP BY 子句，排序用 ORDER BY 子句。

4．事务具有 4 个特性：原子性、一致性、隔离性和持续性。

5．数据流图是从数据和处理两个方面表示数据处理系统工作过程的一种图示方法。

6．数据库系统中发生的故障大致可以分为事务内部的故障、系统故障、介质故障、计算机病毒和用户操作错误 5 类。

7．数据模型通常包括数据结构、数据操作和完整性约束条件 3 个要素。

二、选择题（共 30 分，每小题 2 分）

1．C　2．C　3．C　4．D　5．A　6．A　7．C　8．C　9．A　10．B　11．B　12．C　13．C　14．D　15．B

三、设有如下所示的关系 R 和 S，计算（每题 3 分，共 9 分）

答案：

$R \cap S$：

A	B	C
b	a	f

$R \times S$：

$R.A$	$R.B$	$R.C$	$S.A$	$S.B$	$S.C$
b	a	f	a	b	c
b	a	f	b	a	f
b	a	f	c	b	c
d	a	c	a	b	c
d	a	c	b	a	f
d	a	c	c	b	c

$\sigma_{C=A}(R)$

A	B	C
c	b	c

四、知两个关系 R 和 S 如下表所示，求 R 和 S 的自然连接。（11 分）

答案：

课程号	课程名	学号	成绩
201	英语	0001	89
201	英语	0002	77
202	数据库	0002	89
203	数据结构	0003	89

五、对下列关系模式分别用关系代数和 SQL 实现下列查询。（每题 4 分，共 20 分）

答案：

（1）$\pi_{姓名}(\sigma_{课程号='C2'}(选课 \bowtie 学生))$

select 姓名
from 学生，选课
where 学生.学号＝选课.学号 AND 课程号='C2'
（2） $\pi_{学号}(\delta_{课程号='C2'}$（选课））$\cap\pi_{学号}(\delta_{课程号='C3'}$(选课))
select 学号
from 选课
where 课程号='C2'
intersect
select 学号
from 选课
where 课程号='C3'
（3） $\pi_{学号，课程号}$(选课)÷(课程))
（4）create table 学生（学号 char（4）
姓名 varchar（50），
性别 char（4），
年龄 int，
所在系 varchar（50））；
（5）select 学号
from 选课
where count(*)>3
group by 学号；

六、设有关系 *R* 和函数依赖 *F*。（10 分）

（1）关系 STUDENT 是 1NF。

（2）首先消除部分函数依赖{S#,CNAME}→{SNAME,SDEPT,MNAME}

将关系分解为：

R1(S#,SNAME,SDEPT,MNAME)

R2(S#,CNAME,GRADE)

在关系 R1 中存在非主属性对候选码的传递函数依赖 S#→SDEPT，SDEPT→MNAME。所以，以上关系模式还不是 BCNF，进一步分解 R1：

R11(S#,SNAME,SDEPT)

R12(SDEPT,MNAME)

R11,R12 都是 3NF。

关系模式

R2(S#,CNAME,GRADE)

R11(S#,SNAME,SDEPT)

R12(SDEPT,MNAME)

R2,R11,R12 关系模式存在的函数依赖

S#,CNAME→GRADE　S#,SNAME→SNAME,SDEPT　SDEPT→MNAME

上述函数依赖都是非平凡的，并且决定因素是候选码，所以上述关系模式是 BCNF。

14.6　复习及模拟测试 6 答案

一、填空题（共 20 分，每空格 1 分）

1．数据库系统设计分为 6 个阶段分别为<u>需求分析</u>、<u>概念结构设计</u>、<u>逻辑结构设计</u>、<u>物理结</u>

构设计、数据库实施和数据库运行和维护。

2．数据库系统中最常使用的数据模型是层次模型、网状模型和关系模型。

3．关系模型的3种数据完整性约束为：实体完整性、参照完整性和用户定义完整性。

4．数据模型通常包括数据结构、数据操作和完整性约束条件3个要素。

5．关系代数语言可以分为3类关系：代数语言、关系演算语言、基于映像的语言。

6．数据库的保护功能主要包括确保数据的安全性、完整性、并发控制和数据库恢复4方面的内容。

二、选择题（共30分，每小题2分）

1．C　2．D　3．D　4．B　5．B　6．A　7．B　8．B　9．B　10．A

11．D　12．D　13．C　14．B　15．A

三、设关系R，S分别如下，计算（共19分）答案：

$\pi_{学号,成绩}(T)$

学号	成绩
0001	89
0002	77
0002	89
0003	76
0002	56
0002	34
0003	78

$T \div S$

学号	成绩
0001	89

$R \bowtie S$

课程号	课程名	职工号
201	英语	J01
201	英语	J05
202	数据库	J04
203	数据结构	J03
204	操作系统	J02

四、对下列关系模式用SQL实现下列操作。（每题3分，共21分）

答案：

（1）ALTER TABLE 课程 ADD 学时 INT;

（2）SELECT 姓名，成绩

FROM 学生，选课

WHERE 学生.学号=选课.学号 AND 课程号='202';

（3）SELECT 姓名

FROM 学生

WHERE 学号 IN(SELECT 学号

FROM 学生

MINUS

SELECT 学号

FROM 选课

WHERE 课程号='201');

（4）SELECT 学生.学号，姓名
FROM 学生，课程，选课
WHERE 学生.学号=课程.学号 AND 课程.课程号=选课.课程号
AND 课程.课程名='高等数学';
（5）CREATE VIEW VIEW1（姓名，性别，所在系，成绩）
AS SELECT 学生.姓名，学生.性别，学生.所在系，选课.成绩
FROM 学生，选课
WHERE 学生.学号=选课.学号 AND 成绩<60;
（6）SELECT A.课程号，B.先行课
FROM 课程 A，课程 B
WHERE A.先行课=B.课程号 AND A.课程号='202';
（7）SELECT 学号
FROM 选课
WHERE COUNT(*)>3
GROUP BY 学号;

五、设关系模式 *R*(ABCD)，*F* 是 *R* 上成立的 FD 集，*F*={ CD->*B*, *B*->*A* }。（10 分）

1．CD->*B*, *B*->*A*

CD——>*A*，存在传递依赖，所以不是 3NF 模式

2．R1(CDB)　R2(BA)

14.7 复习及模拟测试 7 答案

一、填空题（共 20 分，每空格 1 分）

1．数据库系统是由计算机硬件、数据库、数据库管理系统、应用程序系统和数据库管理员 5 部分组成。

2．数据库的保护功能主要包括确保数据的安全性、完整性、并发控制和数据库恢复 4 方面的内容。

3．在 SQL 中，用 DISTINCT 子句消除重复出现的元组。

4．在 SQL 语言中，为了数据库的安全性，设置了对数据的存取进行控制的语句，对用户授权使用 GRANT 语句，收回所授的权限使用 REVOKE 语句。

5．关系代数语言可以分为 3 类：关系代数语言、关系演算语言和基于映像的语言。

6．数据库设计分六个阶段进行，这六个阶段是需求分析阶段、概念结构设计、逻辑结构设计、物理结构设计、数据库实施和数据库运行和维护。

二、选择题（共 30 分，每小题 2 分）

1．D　2．D　3．B　4．B　5．B　6．B　7．C　8．A　9．D　10．B
11．B　12．A　13．D　14．A　15．B

三、设有如下所示的关系 *R* 和 *S*，计算（每题 3 分，共 6 分）

答案：（1）

R:　　　　　　*S*:

R.职工号	姓名	性别	*S*.职工号	部门号	工资
001	李平	女	001	123	800
002	张三	男	001	123	800
003	丁和	男	001	123	800
001	李平	女	003	121	890
002	张三	男	003	121	890
003	丁和	男	003	121	890

（2）

姓名	性别
李平	女
张三	男
丁和	男

四、知两个关系 R 和 S 如下表所示，求 $R \underset{R.成绩>S.平均成绩}{\bowtie} S$，$R \div S$。（16 分）

答案：$R \underset{R.成绩>S.平均成绩}{\bowtie} S$

R.学号	课程名	成绩	*S*.学号	年龄	平均成绩
201	英语	90	201	18	89
201	英语	90	202	20	77
202	数据库	78	202	20	77
201	操作系统	95	201	18	89
201	操作系统	95	202	20	77
202	英语	90	201	18	89
202	英语	90	202	20	77
201	数据库	78	202	20	77

$R \div S$

课程名	成绩
英语	90
数据库	78

五、设职工—社团数据库有三个基本表：（每题 3 分，共 18 分）

答案：

（1）CREAT TABLE 职工（职工号 CHAR（4）PRIMARY KEY，
姓名 VARCHAR（50），
年龄 INT，
性别 CHAR（4））;

（2）CREATE VIEW 社团负责人（编号，名称，负责人职工号，负责人姓名，负责人性别）
AS SELECT 社团.编号，社团.名称，社团.负责人职工号，职工.姓名，职工.性别
FROM 社团，职工
WHERE 社团.负责人职工号=职工.职工号;

（3）SELECT 职工号，姓名
FROM 职工，社团，参加
WHERE 职工.职工号=参加.职工号 AND 参加.编号=社团.编号 AND 社团.名称 IN（唱歌队，篮球队）;

（4）SELECT 姓名
FROM 职工
WHERE NOT EXIST(SELECT *
FROM 参加

WHERE 职工.职工号=参加.职工号);

（5）UPDATE 职工

SET 年龄=年龄+1;

（6）SELECT MAX（年龄）

FROM 职工;

六、设有关系 R 和函数依赖 F:（10 分）

R（W，X，Y，Z），$F=\{X\rightarrow Z,\ WX\rightarrow Y\}$。

解：R 是 1NF。侯选码为 WX，则 Y，Z 为非主属性，又由于 $X\rightarrow Z$，因此 F 中存在非主属性对侯选码的部分函数依赖。

将关系分解为：

$R1$（W，X，Y），$F1=\{WX\rightarrow Y\}$

$R2$（X，Z），$F2=\{X\rightarrow Z\}$

消除了非主属性对码的部分函数依赖。

F1 和 F2 中的函数依赖都是非平凡的，并且决定因素是侯选码，所以上述关系模式是 BCNF。

14.8　复习及模拟测试 8 答案

一、填空题（共 20 分，每空格 1 分）

1．数据模型通常包括数据结构、数据操作和数据完整性约束 3 个要素。

2．数据库系统中最常使用的数据模型是层次模型、网状模型和关系模型。

3．在 SQL 中，用 DELETE 命令可以从表中删除行，用 DROP 命令可以从数据库中删除表。

4．对并发操作若不加以控制，可能带来的不一致性有丢失修改、不可重复读和读“脏”数据。

5．在设计分 E-R 图时，由于各个子系统分别有不同的应用，而且往往是由不同的设计人员设计的。所以，各个分 E-R 图之间难免有不一致的地方，这些冲突主要有：属性冲突、命名冲突和结构冲突 3 类。

6．数据库系统设计分为 6 个阶段分别为需求分析、概念结构设计、逻辑结构设计、物理结构设计、数据库实施和数据库运行和维护。

二、选择题（共 30 分，每小题 2 分）

1．D　2．C　3．C　4．C　5．B　6．C　7．A　8．D　9．A　10．B
11．A　12．D　13．D　14．A　15．C

三、设有如下所示的关系 R、S、T，计算（22 分）

答案：

$R\cup T$

A	*B*	*C*
a3	b6	c7
a2	b5	c7
a7	b2	c3
a7	b6	c7
a4	b4	c3
a1	b5	c3

$S\times T$

S.A	*E*	*F*	*T.A*	*B*	*C*
a3	e4	f5	a1	b5	c3
a3	e4	f5	a3	b6	c7
a7	e2	f3	a1	b5	c3
a7	e2	f3	a3	b6	c7

$\pi_{A,E}(S)$

A	*E*
a3	e4
a7	e2

$R \bowtie S$

R.A	*B*	*C*	*E*	*F*
a3	b6	c7	e4	f5
a7	b2	c3	e2	f3
a7	b6	c7	e2	f3

$R \div S$

B	*C*
b6	c7

四、设工程—零件数据库中有四个基本表：（每题 3 分，共 18 分）

答案：

（1）SELECT 姓名，联系电话
FROM 供应商
WHERE 所在城市='上海市';

（2）SELECT *
FROM 工程
WHERE 预算 BETWEEN 50000 AND 100000
ORDER BY 预算 DESC;

（3）SELECT 零件名，数量
FROM 供应零件，工程
WHERE 工程.工程代码=供应零件.工程代码 AND 供应零件.工程代码='J2';

（4）SELECT 供应商.零件代码
FROM 供应零件，供应商
WHERE 供应零件.供应商代码=供应商. 供应商代码 AND 供应商. 所在城市='上海';

（5）SELECT 工程代码
FROM 供应零件，零件
WHERE 供应零件.零件代码=零件.零件代码 AND 零件.产地<>'天津';

（6）SELECT *
FROM 供应商
WHERE 年龄<ALL(SELECT 年龄
FROM 供应商
WHERE 所在城市='上海市') AND 所在城市<>'上海市';

五、设关系模式 R(ABCD)，F 是 R 上成立的 FD 集，F={ CD->B, B->A }。（10 分）

1．CD->B, B->A

CD——>A，存在传递依赖，所以不是 3NF 模式

2．R1(CDB)　R2(BA)

14.9　复习及模拟测试 9 答案

一、填空题（共 20 分，每空格 1 分）

1．信息的三种世界是指现实世界、信息世界和计算机世界。

2．数据库系统的三级抽象模式在数据库系统中都存储于数据库系统的数据字典中，是数据字典最基本的内容，数据库管理系统通过数据字典来管理和访问数据模式。

3．在 SQL 中，用 UPDATE 命令可以修改表中的数据，用 ALTER 命令可以修改表的结构。

4．事务故障、系统故障的恢复是由系统自动完成的，介质故障的恢复是由 DBA 执行恢复操作过程完成的。

5．在 E-R 图中，矩形框表示实体，菱形框表示联系，椭圆表示属性。

6．事务具有 4 个特性原子性、一致性、隔离性和持续性。

7．在 ORDER BY 子句的选择项中，DESC 代表降序输出；省略 DESC 时，代表升序输出。

8．在一个关系 R 中，若每个数据项都是不可再分割的，那么 R 一定属于 1NF。

二、选择题（共 30 分，每小题 2 分）

1．A　2．D　3．B　4．C　5．C　6．B　7．D　8．D　9．B　10．B　11．B　12．D　13．A　14．C　15．D

三、计算题

答案：

R-S:

书号	书名	数量
002	操作系统	156
003	系统结构	78

$\pi_{书号,数量}(R)$：

书号	数量
001	100
002	156
003	78

$\sigma_{数量=78}(R)$：

书号	书名	数量
003	系统结构	78

四、已知两个关系 *R* 和 *S* 如下表所示，求 $R \bowtie S$，$R \div S$（13 分）。

答案：

$R \bowtie S$：（6 分）

R.A	*B*	*C*	*D*	*E*
001	上海	红	18	89
002	宁波	蓝	20	77
002	上海	红	20	77
002	昆山	紫	20	77
001	宁波	蓝	18	89
003	宁波	蓝	17	45
001	上海	灰	18	89

$R \div S$（7 分）

B	*C*
宁波	蓝

五、设学生—学生会数据库有三个基本表：（每题 3 分，共 18 分）

答案：

（1）CREAT TABLE 参加（学号 CHAR（4），
部门编号 CHAR（4），
职务 VARCHAR（50），
CONSTRAINT C1 PRIMARY KEY（学号，课程号））；

（2）ALTER TABLE 学生 ADD 所在系 VARCHAR(50);

（3）SELECT 学号，姓名

FROM 学生，学生会，参加
WHERE 学生.学号=参加.学号 AND 参加.部门编号=学生会.部门编号 AND 学生会.名称 IN（学习部，体育部）;

（4）SELECT 姓名
FROM 学生
WHERE NOT EXIST(SELECT *
FROM 参加
WHERE 学生.学号=参加.学号);

（5）SELECT 部门编号，COUNT（学号）
FROM 参加
GROUP BY 学号;

（6）SELECT MAX（年龄）
FROM 学生

六、答案

1．*A->B*, *B->C*

A——>*C*，存在传递依赖，所以不是 3NF 模式

2．*R*1(AB)　*R*2(BC)

14.10　复习及模拟测试 10 答案

一、填空题（共 20 分，每空格 1 分）

1．在信息世界中，客观存在并可相互区别的事物称为实体，它所具有的某一特性称为属性。

2．关系代数运算都是集合级的运算，即它的每个运算分量是一个关系（或集合），运算的结果也是关系（或集合）。

3．在 SQL 中建立表结构中，可以定义关系完整性规则，用 PRIMARY KEY 指定表的主码，用 FOREING KEY　REFERENCES 指定表的外码和参照表。

4．对并发操作若不加以控制，可能带来的不一致性有丢失修改、不能重复读和读“脏”数据。

5．对于非规范化的模式，经过使属性域变为简单域转变为 1NF，将 1NF 经过消除非属性对关键字的部分函数依赖转变为 2NF，将 2NF 经过消除非主属性对主关键字的传递函数依赖转为 3NF。

6．数据模型通常包括数据结构、数据操作和完整性约束条件 3 个要素。

7．视图是一个虚表，它是从基本表中导出的表。在数据库中，只存放视图的定义，不存放视图的数据。

8．封锁对象的大小被称为封锁的粒度。

二、选择题（共 30 分，每小题 2 分）

1. A　2. D　3. D　4. A　5. D　6. B　7. C　8. A　9. B　10. C　11. C　12. A　13. D　14. D　15. B

三、设有如下所示的关系 *R* 和 *S*，计算（22 分）

答案：

$\pi_{职工号，姓名}(R)$

职工号	姓名
001	张三
003	李丽
002	李平

$\sigma_{职工号='001'}(S)$

职工号	姓名	课程号
001	张三	J3
001	张三	J2
001	张三	J4

$(R\cup S)\div T$

职工号	姓名
001	张三
002	李平

R：$R\underset{T}{\bowtie}S$

职工号	姓名	课程号	课程名
001	张三	J1	数据库
003	李丽	J2	多媒体
002	李平	J3	数据结构
002	李平	J4	编译原理

四、答案

```
（1）SELECT Sname,Sclass
FROM Student;
（2）SELECT Sclass
FROM Student
GROUP BY Sclass HAVING COUNT(*)>40;
（3）SELECT *
FROM Teacher
ORDER BY Tage;
（4）SELECT *
FROM Score
WHERE Score>80;
（5）CREATE VIEW VIEW1 (Sname,Ssex,Sclass,Grade)
AS SELECT Student.Sname,Student.Ssex,Student.Sclass,Score.Grade
FROM Student,Score
WHERE Student.Sno=Sore.Sno AND Grade<60;
（6）SELECT Sname
FROM Student，Score
WHERE Student.Sno＝Score.Sno ANDCno='C2';
```

五、设关系模式 R（ABCD），函数依赖集 $F=\{A\rightarrow C, C\rightarrow A, B\rightarrow AC, D\rightarrow AC, BD\rightarrow A\}$求出 R 的候选码，将 R 分解为第三范式。（10 分）

答：R 的候选码为 BD，第三范式{AC，BC，DC，BD}

反侵权盗版声明

举报电话：（010）88254396；（010）88258888
传　　真：（010）88254397
E-mail:　　dbqq@phei.com.cn
通信地址：北京市万寿路 173 信箱
　　　　　电子工业出版社总编办公室
邮　　编：100036